Kuayue Daerwen Jinhualun Xianjing

跨越达尔文进化论陷阱

——从生物演化基本规律到人类产生机制

刘小明 著

中山大學出版社
SUN YAT-SEN UNIVERSITY PRESS
·广州·

版权所有　翻印必究

图书在版编目（CIP）数据

跨越达尔文进化论陷阱：从生物演化基本规律到人类产生机制/刘小明著．—广州：中山大学出版社，2018.1
ISBN 978－7－306－06280－2

Ⅰ.①跨…　Ⅱ.①刘…　Ⅲ.①生物—进化—研究
Ⅳ.①Q11

中国版本图书馆CIP数据核字（2017）第329495号

出版人：徐　劲
策划编辑：曾育林
责任编辑：曾育林
封面设计：曾　斌
责任校对：付　辉
责任技编：何雅涛
出版发行：中山大学出版社
电　　话：编辑部 020－84110283，84113349，84111997，84110779
　　　　　发行部 020－84111998，84111981，84111160
地　　址：广州市新港西路135号
邮　　编：510275　　　　传　真：020－84036565
网　　址：http://www.zsup.com.cn　　E-mail:zdcbs@mail.sysu.edu.cn
印 刷 者：广州家联印刷有限公司
规　　格：787mm×1092mm　1/16　20.25印张　316千字
版次印次：2018年1月第1版　2018年1月第1次印刷
定　　价：60.00元

如发现本书因印装质量影响阅读，请与出版社发行部联系调换

作 者 简 介

刘小明　大学毕业，当过科研人员、公务员，现为工程师。早年曾在《动物学报》《水产学报》《水生生物学报》等刊物上发表过生物学研究论文，近年在《生物学通报》上发表一系列生物演化和人类进化研究的新成果，出版专著《生物演化理论十大误区——由大型动物演化规律挑战达尔文进化论》。

内 容 简 介

人是如何产生的？自然选择产生人的假设对吗？这一问题令人瞩目。书中以事实为依据，揭露达尔文进化论的基础错误，否定自然选择产生人。人类获得唯一的进化机制：即“依靠工具”突破和心理选择机制产生进步性的推动力，使人类开启了全新的进化历程。

生物有共同祖先，为什么不见了演化中间过渡种？哺乳动物的祖先是谁？恐龙是如何产生和灭绝的？生物大灭绝事件是怎么回事？为什么大熊猫成为濒危动物？应该如何保育？书中通过建立生物演化规律，一一解答了这些问题。

生物演化规律缺失和人的产生机制错误造成进化论困难重重，它制造出诸多理论陷阱，在书中将做系统解剖。这是一部重新审视生物演化理论的专著，方法和观点独特、新颖，它将人的“进化”和一般生物“演化”分开，并对有关进化定义、生物进步标准、人的定义等作全新的解答，绘出人类进化的未来。

前　言

生物演化理论是生命科学的指导思想。达尔文进化论是该理论的基础，它的主要观点有两处：一是生物通过逐渐演化生成，包括我们自己的所有生物都是由共同祖先演化而来；二是演化过程依靠自然选择机制。

这一理论告诉我们，人是自然产生的动物，由其他动物演变而来。但是，人是如何演变的？如果人与猿的演变都是同一个自然选择机制，为什么我们与它们差异如此巨大？人们提出了各种质疑。

我在《生物演化理论十大误区——由大型动物演化规律挑战达尔文进化论》一书[1]，通过建立大型动物演化规律，阐明生物演化的本质问题。气候严酷、压力大的环境产生了大型动物，在气候舒适、压力小的环境又灭绝了它们。无论它们变得如何强大，如恐龙等，必然有环境变化和灭绝的一天，遵循大型动物演化规律。人“依靠工具”生存而适应各种环境，成为唯一的超越演化规律的进步物种。由此表明，“演化”和“进化”是不同的概念，两者必须分开研究。

这一新观点挑战了进化论，引起学者关注。引述一位生物学博士生所言：“说实话读完这本书的第一遍，我感觉这不是鬼扯吗？但是，被文章的理论所吸引，我又读了第二遍，彻底被其中的理论所震撼”，“虽然这些

理论和我目前所接触到的理论格格不入，我感觉我有必要打破我的所有的思维定式，对我的知识架构进行重构”。可见他认同我的观点。但他能够重构基础知识吗？值得怀疑。目前充斥学术界的仍然是“演化”和“进化”性质混淆的达尔文进化论，它已经形成根深蒂固的思想观和进化生物学理论，如果“重构知识”，他的博士论文有可能无法通过，毕业也会成为问题。

我发现，达尔文布下了一个大棋局。在这个棋局中，人的位置弄错了，生物演化基本规律弄丢了，生物演化性质模糊不清，制造了“进化”与“演化”合一的“迷魂阵”。因此，我们不但要解决生物演化规律，还要解决人的进化机制，才能看清这个大棋局。我在前书建立了演化规律，但对人的产生方式、机制尚未明晰，在本书补充这些新内容，也是我在新作《人类进化的新模式和心理选择机制》等所阐述的[2-3]。这样，从生物演化基本规律到人的进化机制形成了环环相扣，从而解开达尔文的大棋局。我希望以此为后生学者“重构知识”扫除障碍。

人的产生方式和机制是重大问题，进化论的解释不明不白。对于我挑战进化论，许多人的第一反应就是问有什么证据，他们似乎认为进化论已有了化石等证据，挑战它就必须发现另一个不同化石的证据，我反复听到这一说法。其实，这是一种误解：进化论只有生物演变的证据，包括人发生了演变的证据，但却未有人是如何演变的证据。人是自然选择的“演化”，还是心理选择的"进化"？化石并没有任何标示。达尔文进化论断然将人类产生纳入自然选择的"演化"，既没有任何证据，又不符合自然选择原理，更不符合人的进化方向性和进步性事实。因此，如果不摆出事实、讲清道理，也就不能暴露其荒谬，甚至让荒谬成为"真理"。

自然选择是进化论的核心机制。但是，自然选择这一概念十分空泛，"选择什么"和"如何选择"并没有具体的、统一的指引，不同的学者存在不同的观点，使进化论充斥各种争议，出现诸多的问题和陷阱。

首先是"选择什么"。自然选择"保留有利的变异、清除不利的变异"，这是达尔文对选择的预期，但"有利"和"不利"是由环境所决定的，环境变化将使"有利"变成"不利"，因此选择一个随环境改变的"有利"或"不利"，它不符合生物演化本质。其实，自然选择只是选择能够与环境维持依存关系的变异或物种，"维持"就是保持原来的。如在食物波动环境选择了大型动物体型变大，在食物稳定环境选择了大型动物体型变小，都是维持了物种与环境的依存关系。因此，选择一个不随环境改变的适应特征，即维持物种始终不变的环境关系，它才是符合演化本质，成为生物演化基本规律的基础。

其次是"如何选择"。环境变化对生物结构做出选择，某类型生物在某一气候时期成为优势种，说明其适应或符合某一特定气候环境要求，当地球气候出现周期性转换时，某类生物将出现反复演替，这种对应性关系也就成为不同类型生物的演化规律，如大型动物演化规律、哺乳动物演化规律或爬行动物演化规律等。它们解决了自然选择如何选择的问题。

大型动物演化规律是我首次建立的，是一个具有实质内涵、意义重大的规律。大型动物是指同类动物中体型较大者，包括哺乳类、爬行类、鸟类、鱼类等。大型动物演化的共同特点是以较大体型适应气候波动（季节性）的较高压力环境，在严酷环境中它们增加活动、增大体型，形成独特的行为和生殖的特点，与特定的环境相适应、相依存。而当失去较高压力环境（如气候稳定、环境舒适），它们出现行为改变、生殖力退化、灭绝，产生了大型动物容易灭绝的普遍的历史现象。也就是说，大型动物演化规律是生物“强者”的演化规律，是以动物体型增大（可能较聪明等）适应特定环境的演化规律，它揭示了任何物种都必须依存于特定环境的道理。进化论没有建立起不同气候环境与生物类型的对应关系或演化规律，难以解释生物演化历史或“如何选择”问题。

为什么某类型物种能够在某种环境中获得选择，成为优势种类，另一类型却出现濒危、灭绝，虽然它们曾经是那么“强大”，如恐龙等。生物演化的基本规律揭示了原因：即演化只“维持”它们与环境依存关系，它们逃不出环境的“掌心”，环境变化使它们灭绝了。因此，生物演化的基本规律阐明自然选择的极限性，即自然选择的演化不能够产生适应各种不同环境的物种（如人)。由生物演化的基本规律和各种类型的演化规律，它们共同解决了“选择什么”和“如何选择”，也就解决了生物演化性质和实质的问题。

进化论没有解决“选择什么”和“如何选择”，自然选择理论出现“空心化”，沦为某些人随心所欲的理论。由同一个自然选择机制既产生猿又产生人，就是一个凭主观想象炮制的“故事”：它违背了生物演化的基本规律，不符合人类进化方向性、进步性的本质特征，使进化论出现严重问题。为此，本书将分为三部分进行阐述。

第一部分论述生物演化基本规律和不同类型物种演化规律。生物演化是物种通过结构调整（修改）以适应特定环境，即演化是为了维持物种与环境的依存关系，除了人，任何物种在环境关系性质上一致。这就是生物演化的基本规律。在这一总规律的基础上，建立了不同类型生物与环境关系的演化规律，如大型动物演化规律、哺乳动物演化规律、爬行动物演化规律等。

大型动物演化规律揭示大型动物的产生和灭绝问题，如在2.5亿年前大型兽孔类动物灭绝，在6500万年前恐龙灭绝，在1万年前猛玛象等大型动物灭绝，都可以从大型动物演化规律得到解释。爬行动物演化规律解释了中生代的爬行类具有优势的原因，哺乳动物演化规律解释了新生代哺乳类具有优势的原因，即它们都与地球气候演变模式相对应，遵循不同的演化规律。

通过规律还揭示演化过渡种缺失原因、哺乳动物起

源，以及生物大灭绝事件原因、岛屿生物易灭绝原因等，并对岛屿生物地理学理论做重要修正，为濒危大型动物保育提供新的方法。

建立生物演化基本规律和不同类型物种演化规律，将自然选择作用或演化性质限定在“维持物种与环境依存关系”上。人类“依靠工具”（使用工具防御、捕食等）适应不同气候环境，如森林、草原、荒漠等，即人类进化发生环境关系性质改变，由此区分一般生物“演化”与人的“进化”性质。这一部分在本书第1—6章做介绍。

第二部分是人的进化问题。以往人类学理论套用了自然选择原理，即人由古猿渐变演化产生，人的产生成了“亦人亦猿”模式。这是一种错误的人类观。人“依靠工具”使生存方式发生改变，这是人类进化的启动点。本部分通过对人的进化方式、进化性质、进步标准等做新的阐述，说明“依靠工具”是人类进化突发的“全新的因素”，使人发生了唯一的进步性改变或进化。

“依靠工具”意义在于其进步性：从一般动物可有可无的非进步的“使用工具”自然行为，变成了离不开工具的人的行为，即“依靠工具”，它产生人的生存方式改变和进步性。从心理学上证明人类产生的根本原因：即人的祖先具备结构上和心理上的便利或优势，在环境机遇作用下发生了工具意识突破，从“使用工具”行为跃升为“依靠工具”行为，使人类进化出现不可逆转的方向性改变。

人类进化机制是核心问题。人的完全直立等结构不是适应特定环境的改变，而是适应工具、文化的改变，它不符合自然选择原理或生物演化基本规律。人“依靠工具”导致生存方式改变，人的生存质量取决于心理意识作用，即产生心理选择机制，它成为人的完全直立、脑容量增大等改变的推动力。心理选择机制阐明人类进化出现的方向性和进步性性质改变，成为建立人类进化新模式的基础。这一部分在本书第7—9章做介绍。

第三部分是对演化论和进化论进行修正。生物演化只是维持物种与环境依存关系，任何物种演化的性质一致。就是说，不同生物依存其特定环境，生物与环境是不可拆分的有机整体，任何预示生物有利、改进、完善的演化观，或留下生物进步“小尾巴”，都是分拆开整体，是完全错误的。

进化论出现广泛争议，在于它将物种演化与人类进化两种不同性质问题统合，既要兼顾一般生物演化，又要兼顾人的进化，产生相互矛盾。而为了掩饰“演化”与“进化”性质矛盾，它必须留下生物进步“小尾巴”，或通过一些含糊用词，如“适者生存”等，制造“一叶障目，不见泰山”“退五十而笑百步”等理论陷阱。一一解剖这些陷阱，才能看清达尔文进化论的问题所在。

对演化论修正，就是建立生物演化基本规律，明晰生物演化性质，将人的进化从演化体系中清除，即分开“进化”和“演化”。生物演化主导机制是自然选择，它产生新结构、新物种，包括人类祖先起源。在这种生物

演变中，所有物种演化性质一致，也就是维持物种与环境的依存关系，遵循生物演化基本规律。本书通过建立大型动物演化规律、哺乳动物演化规律、爬行动物演化规律等，揭示了不同类型动物与环境气候的依存关系，阐明了它们演化的历史和演化实质。

生物演化规律符合自然选择原理，构成了演化论的基本框架。以往不同学者对生物演化理解不一、观察角度不同，在演化方向、速率、动因等方面存在广泛争议，往往成为理论和专著的关注点。其实，这就是自然选择在“选择什么”和“如何选择”的问题，只要建立起生物演化规律，明白生物演化就是使物种能够生存下去，演化目的是“维持”物种与环境依存关系，即遵循生物演化基本规律，许多争议都可以获得较好的解决，或者成为无足轻重的问题。本书将关注点放在生物演化规律和演化本质上。

对进化论修正，就是要以人的产生、发展为主体，以进步性为进化核心，纠正“进化”与“演化”不分或人与猿性质混淆的错误。“进化”是人类的专用词，人与古猿不再是渐变连续的“演化”，而是突破或断开的“进化”。“依靠工具”突破是人类进化的启动点，它产生以心理选择为主导的进化机制，成为人的结构改变和生存进步的方向性推动力。人的进步实质是人与工具、文化实现了有机结合，它产生人的环境关系性质改变，以及人的结构、心理、语言、社会和文化等进步。

本书建立生物演化基本规律和人类进化的新模式，

使一般生物演化与人类进化从性质和机制上分开，形成概念清晰、逻辑严谨、内容统一的新理论。对进化论的主要创立者拉马克、达尔文和华莱士的演化观做比较，还原历史人物的真相。在最后对人类未来进化做出全新的展望。这一部分在本书第10—13章做介绍。

关于进化论的研究论述已有200多年历史，形成了一个由多学科互相交织的理论体系，进化论问题也是系统性的问题。本书从建立生物演化规律、澄清生物演化历史、解决演化性质这些基础性问题开始，通过阐明人类工具突破和人的产生机制，揭示人的进化性质，形成相辅相成、基础扎实的论证体系，有序地解决进化论的系统性问题。本书既是对生物演化历史画卷的新扫描、新构建，又是对人类进化诗篇的新解读、新发现。它修正“进化”定义，明晰人的定义、人类产生时间和社会生物学等问题。它揭示大型动物（如大熊猫、藏羚羊、海龟和森林象等）濒危的原因和保育方法；它真正触及生物演化和人类进化的焦点问题，为一般读者和研究者提供不同视角的历史观、思想观，值得一读。

必须指出的是，本书一些观点并非我独创，如地球气候变化与恐龙演替关系（赖尔），或自然选择原理不适用于人（华莱士）等，但这些观点或被无视或被否定，因为都没有找到合理的支撑基础，即没有揭示演化规律或人的突破点及进化机制。本书的贡献在于对前人的思想精华做出合乎事实的证明，发现规律和真理，剔除伪劣或糟粕，从而清晰地展现生物演化和人类进化的本质。

本书主要观点已在2009—2016年的《生物学通报》上发表，见参考文献[2]—[9]。《生物学通报》由中国动物学会、中国植物学会和北京师范大学主办，是国内生物科学类核心期刊。本书观点与上述已发表论文一致，前后呼应、相得益彰，这得益于《生物学通报》的严谨性和专业性，因为每一个观点都经过专家审核，并得到及时指正，在此对审稿专家深表敬意并致谢。

目　　录

第1章　进化论的发展和存在问题

进化论是达尔文等理论家的思想集成，它以物种变异、生存竞争以及自然选择为基础，阐明所有的生物都是由少数的共同祖先逐渐演化而来，包括人的产生。进化论发展充满各种争议，从拉马克进化学说到达尔文进化论以及现代综合进化论，进化论一些重要观点仍然未能统一。现代综合进化论继承了达尔文进化论的核心机制，即自然选择，确立生物演化的基本单位是群体而不是个体，由自然选择决定进化的方向。

进化论主要问题在于没有建立符合全体生物演化的基本规律，也没有建立不同类型的生物演化规律，在自然选择认识上出现偏差。最大问题是人的产生方式和机制出现错误，即由同样一个自然选择机制既产生猿，又产生人，它既不符合自然选择原理，又不符合人类进化的进步方向。进化论没有揭示人“依靠工具”的心理行为改变，没有解释人的进化原因和推动力，即心理选择机制，造成人的进化与一般生物演化性质混淆，在人类学理论上出现“亦人亦猿”的根本性错误。进化论必须做基础性的改变：即把“进化”与“演化”分开。

1.1 进化论的发展历史

1.1.1 物种演化思想的萌芽

生物世界纷繁多彩，物种形态千奇百怪。

不同生物各有生存绝活。地面的走兽，上天的飞禽，下地洞的鼠类，或者入水的鱼儿，各有各的招。身体弱小者依靠生殖上的便利，生息不断，身体强大者则以高存活率而称霸一时。

物种从何而来？古代的先贤们早已想了千百年。

有以神为造物主的创造论。一种说法是，神创造出世上万物后，再创造了人。

达尔文进化论以自然方式解释生物演变，即生物变异和自然选择，产生从共同祖先到人的多姿多彩的生命世界。

在当今世界上，没有一种理论如此广泛地渗透到整个生命科学，影响生物学、人类学、心理学等不同学科。没有一种理论如此穷尽生物学家、哲学家们的心血，它既留下了丰富的思想遗产，同时也留下了纷纷的争议。它就是达尔文进化论，通常称为进化论。

进化思想观可以追溯到远古年代。古代人在与大自然斗争中不断思考，朦胧地意识到生物的改变。古希腊和古罗马人猜想，包括人在内的动物是由鱼变来的。亚里士多德（Aristotle）、柏拉图（Plato）和笛卡尔（Rene Descartes）等后来的哲学家们，也表述过一些生物发生变化的进化思想。

直到18世纪，哲学家和博物学家才开始认真地思考生物演化问题，出现一些认同生物变化的观念，即生物从不变到可变的思想萌芽。

瑞典著名生物学家林耐首次建立比较完整的生物分类系统，这是18世纪自然科学的重大成就。但他认为物种是不变的，“造物主一开始创造多少种，现在就存在多少种”。

同样是18世纪，法国皇家植物园园长布丰（Georges Louis Leclere de Buffon）明确地提出物种演变观点。布丰的代表作是《自然史》，共44卷。在这部巨著中，他试图描述一个从太阳到地球的非生物界和生物界，一个完整的自然发展史和现实的自然世界图景。

布丰认为，地球和其他行星原来是离开了太阳的熔化物体，地球的地层是逐渐形成的。因此地球存在的生物，生活条件的改变就必须反映在有机体的结构上。随着他对生物有机体的研究工作深入，布丰逐渐认识到生物之间存在某种连续性[10]。

布丰和他的助手一起研究了200多种不同的四足兽，发现在它们之间存在某些类似性和亲缘性，认为它们可能最初起源于同一对亲体。他说："只要有足够的时间，大自然就能够从一个原始的类型发展出一切其他的生物物种来。"

布丰"物种可变论"影响了当时的许多生物学家，包括拉马克（Jean Baptiste Lamarck），他建立起第一个较为系统的生物进化学说。

1.1.2 拉马克进化学说

拉马克生于法国北部的一个没落贵族家庭，17岁时参加作战部队，22岁退伍。由于对生物学的兴趣和追求，他进入高等医科学校，在学习中，他经常到皇家植物园听讲座，结识了布丰和法国启蒙思想家卢梭（Jean Jacques Rousseau）。

拉马克专心研究植物学，写成了三卷本的《法国植物志》。在布丰的提议下，拉马克成为法国科学院院士。

在此之后，拉马克转到动物学研究上，因为他发现在林耐的分类系统中，蠕虫纲是最紊乱的一纲。拉马克首先创建无脊椎动物和脊椎动物这两个概念，他把动物分为两大类，明确自己研究的动物是无脊椎动物。他在分析大量的无脊椎动物标本的基础上，重新划分和建立分类系统，成为无脊椎动物学的创始人。

布丰的物种可变思想，卢梭哲学思想中朦胧的生物进化观念，对拉马克产生很大的影响，形成最早的生物进化思想，1809年，拉马克的《动物学哲学》出版。

在这部著作里，拉马克根据当时的科学资料，全面系统地讨论了生物的本质、物种的性质、生命发展的趋向以及环境、习性

与变异的关系等有关进化问题，集中地反映了他的进化论思想。

拉马克认为，生物是进化而来的，进化具有向上发展的方向。他把无脊椎动物和脊椎动物划分为6个等级，依次排列，建立起一个从最简单的滴虫类、水螅类动物开始，逐渐上升到高等哺乳类动物和人的分类系统，一目了然地显示出动物由低级到高级的进化次序。

拉马克曾把生物进化看作一个直线系列，但他逐渐认识到生物的发展是一种复杂的现象，存在着两种情况，一种是直线式的上升，一种是分枝式的发展。于是他进一步把生物进化直线系列改成有多个分枝的系谱树。

在这种进化系谱树中，生物从单细胞的原生动物开始，最后进化到高等动物和人类。

关于生物进化的动力，拉马克认为每种生物都有一种内在的力量，它有天然的向上发展的能力，能从最简单的单细胞生物一步步地发展到复杂的高等生物，生物发展的链条是连续的。

但是，生物进化并不是直线的，拉马克认为这是外力的作用造成的。由于生活环境变化，必然影响生物的生活习性变化，生物不断地改变自身，打乱了生物逐级向上发展的倾向，繁衍出不同的类型。

关于生物适应环境的演化机制，拉马克提出“用进废退”和“获得性遗传”两条重要法则。

用进废退，就是经常使用的器官就发达，不使用就退化。拉马克说，凡是没有达到其发展限度的动物，它的任何一个器官经常利用的次数越多，就会促使这个器官逐渐地巩固、发展和增大起来，而且其能力的进步与使用的时间成正比例。同时，器官经常地不使用，会使其削弱和衰退，并不断地缩小它的能力，最后必会引起器官的退化。

获得性遗传，就是指用进废退的变化是可以遗传的。拉马克说："由于生活习性的变化，就会使动物发生相应的变化，这种后天获得的变化可以遗传给后代。"

例如长颈鹿原来生活在非洲干旱地区，由于牧草稀少，只好吃树上的叶子，低树叶子吃光了又吃高树叶子，因而不得不用力把颈伸长，前肢也伸长而高出后肢，变成高大的动物了。

伸长的肢颈又遗传给后代，于是在环境朝一定方向变化的影响下，经过许多世代向同一方向努力，长颈鹿得到同一方向的发展，成为现代动物中长得最高的动物。

拉马克是历史上第一个提出比较完整的进化理论的学者，为科学生命观的建立做出了重大贡献。他撰写《无脊椎动物的自然历史》最后两卷时，是口述其内容，由他的女儿做笔录来完成。他为科学事业奉献了自己的毕生心血。

1.1.3 达尔文进化论

自从拉马克《动物学哲学》在1809年出版之后，没有谁在讨论物种、动物区系、分布、灭绝和多样性的其他方面时，能够继续忽视生物演变的可能性。但是直到达尔文时代，生物演化思想才真正为学术界接受。

达尔文（Charles Robert Darwin），1809年生，恰好与拉马克出版《动物学哲学》同年。达尔文的父亲是当地名医，一名皇家医生，其祖父是一位动物学家，曾出版《动物法则》一书。达尔文自小就对自然学领域具有广泛兴趣，他爱好收集动物和植物标本，喜欢钓鱼和打猎等。大学时代他学习古典文学、数学和神学等，广泛阅读有关自然的书籍，为今后写作奠定了坚实的基础。依靠有利的家庭背景，他参加贝格尔号环球航行活动，接触一些地质学家、昆虫学家、植物学家和博物学家，这为他认识自然世界提供了良好的视角和学术基础。

达尔文读过中国关于金鱼人工选择的过程和原理。在中国古代有人把一种带有朱红色鳞的金鱼放在缸里饲养，鱼的后代渐渐表现出各种形态上的变异，人们把不同形态的鱼挑选出来，分缸饲养，结果变化越来越大，经过长年累月的不断选择，终于培育出不同品种的金鱼。

达尔文搜集有关动物和植物在人工培养或自然状态下发生变异的资料，他得出结论：具有不同特征的动物和植物品种，可起源于共同祖先，它们在人工的干预下，保留和发展了对人类有利的变异，逐渐形成了人们所需要的新品种。

那么，自然界的物种是怎样进化的呢？

达尔文偶然翻到马尔萨斯的《人口论》。马尔萨斯认为，人口是按 2，4，8，16，32，64 等的几何级数增加，而食物只能按 1，2，3，4，5，6 等的算术级数增加，由于存在这种矛盾，人类就会发生食物短缺，就会发生战争等生存斗争。

达尔文认为自然界物种也是由于这种矛盾作用，即物种繁殖力远大于环境承受能力，而必然会出现生存竞争，产生优胜劣汰的物种演变。

于是达尔文在 1859 年出版了《物种起源》，论述物种变异、生存竞争、自然选择等原理。他从简单生物到复杂生物，从低等生物到高等生物，从生物历史分布到生态分布，以及根据人工选择等大量例子，论证生物的演化和发展。

在《物种起源》中，达尔文首先讨论动物在家养状况下的变异，让人们看到通过对变异种的人工选择，可以产生不同的新性状。接着讨论在自然条件下的变异和自然选择原理。因为每一个物种所产生的个体远远超过其可能生存的个体，每个生物都必须“为生存而斗争”，因此无论变异如何微不足道，只要是有利于其自身生存的变异，就会有较多的使个体获得生存的机会，留下较多的后代，这样的变异就被自然选择了。

自然选择每日每时都在检查每个生物的变异，它剔除了坏的变异，保存和积累了有利的变异，达尔文把“保存有利的变异，剔除有害的变异”称为自然选择[11]。自然选择学说成为进化论的核心基础。

关于自然选择理论，我们不能忽视另一位大人物，即自然选择理论的共同发现者、生物地理学的奠基人华莱士（A. R. Wallace），因为是他首先将自然选择机制的作用过程形成论文，并将论文稿件交给达尔文。一个重大发现分别由不同的独立人同时完成，这在科学史上绝无仅有，因此在讨论自然选择理论的发现权时，对达尔文和华莱士共同发现过程必须交代清楚，以公正、客观的态度还原历史面目。对他们的彼此关系、观点的差异等，将在后面讨论。

达尔文进化论与拉马克进化学说相比较，既有共同点也有不同点。

拉马克的主要观点是：①物种是可变的，而不是神创造的；②生物是从低等向高等转化的；③环境变化可以引起物种变化，导致变异的发生以适应新的环境；④用进废退和获得性遗传，即经常使用的器官发达，不使用就退化，这种变化是可遗传的。

达尔文的主要观点是：①物种是变异的；②变异是逐渐发生的；③物种强大繁殖力超过自然承受力时，必然有生存竞争和优胜劣汰；④物种变异各不同，只有适应环境的变种才能够成功生存，将优势遗传给下一代；⑤对物种竞争胜败的裁决是自然选择。

可见拉马克和达尔文理论共同点是对生物演化的预期：即生物发生了演变，向着有利、改进方向变化，使生物更好地适应环境。不同点在于生物演变机制：拉马克采用的是获得性遗传机制，达尔文采用的是自然选择机制。

达尔文理论独特之处在于自然选择机制。物种发生变异，自然环境对每一个生物变异做出选择，保留了适应环境的有利变异，由此实现生物的渐变和传代过程。达尔文采用自然选择机制解释物种演化，比拉马克的获得性遗传机制要高明，在科学界引起了巨大的共鸣。达尔文进化论成为现代进化论的基础。

1.1.4 现代综合进化论

随着生物科学发展，如在遗传学等新的发现，一些学者对达尔文进化论做出新补充或修正，产生了现代综合进化论。该理论将自然选择学说与现代遗传学、系统分类学、古生物学以及其他学科的新成果综合起来，用以说明生物演化，它又被称为新达尔文进化论。

孟德尔（Johann Gregor Mendel）是奥地利遗传学家，一个修道院院长。他在业余时间做豌豆种植试验，发现生物性状遗传物质是以独立的因子存在，它们可能隐藏不显示，但不会消失。这一发现改变了以往认为遗传物质是以混合状存在的错误观点。魏斯曼（August Weismann）是德国动物学家，他提出了“种质论”，即生物的特性是生殖细胞结合后，通过成对因子重组表现出来，它的预言为后来科学家证实；摩尔根（Lewis Henry Morgan）是美国遗传学家，他提出基因在染色体上呈直线排列。一些生物学家将群体遗传学引入生物演化研究中，进化基本单位由个体改为群体。这些新发现对生物演化理论做出新的补充。

在19世纪后期到20世纪初期的一段时间，关于生物演化的争论十分热烈，主要为两个不同的阵营：博物学家阵营和遗传学家阵营。争议焦点在于生物演化是渐进还是剧变。

博物学派强调生物渐变和连续变异在进化中的作用。这种观点符合自然选择理论，如达尔文认为“自然界无跃进”，生物进化是由很小的变异逐渐积累形成。

遗传学派强调不连续变异在进化中的重要意义。某些物种变异超出正常变异范围，新物种起源于突然发生的剧变。

不同观点和争议难以弥合，谁也说服不了谁。直到1947年在美国召开的一次国际学术会议上，大多数人达成谅解，博物学派接受遗传学派某些观点，遗传学派也接受博物学派的某些观点，形成多数人都同意的现代综合进化论。

现代综合进化论基本观点是：①基因突变、染色体畸变和通过有性杂交实现的基因重组是生物进化的原材料；②进化的基本单位是群体而不是个体；③自然选择决定进化的方向；④隔离导致新物种的形成。

现代综合进化论的主要贡献者有：辛普森（George Gaylord Simpson），他著有《进化的节奏与模式》（1944年）及《进化的主要特征》（1953年），论证了古生物学资料完全适用于新达尔文主义；杜布赞斯基（T. Dobzhansky），他在《遗传学与物种起源》（1937年）阐述群体遗传学的基本原理与遗传变异，以大量的物种差异等资料支持演化论；迈尔（Ernst Mayr），他在《系统分类学与物种起源》（1942年）详细论述地理变异的性质及物种的形成；斯特宾斯（George Ledyard Stebbins），他在《植物中的变异和进化》（1905年）综合了植物遗传学和系统分类学，指出新达尔文主义的遗传学原理不仅可以说明物种的起源，而且也同样能够解释高阶元单位的起源；赫胥黎（Sir Julian Sorell Huxley），他在《进化：现代的综合》（1942年）全面地综合了遗传学和系统分类学。这些相关学者被认为是现代综合进化论的奠基者[12]。

迈尔是现代综合进化论的主要倡导者之一，是国际学术界公认的进化生物学权威。他著述甚丰，曾在学术刊物上发表论文500余篇，主编《综合进化论》（1980年），出版《进化生物学》（1981年）、《生物学思想发展的历史》（1982）等著作，他被誉

为“20 世纪的达尔文”。可以说，他的观点代表了现代学术界主流，因此我在后面将有一些引述。

除了上述这些公认的综合进化论倡导者和奠基者，我认为还应该补入一位进化论的大人物，他就是美国著名古生物学家、演化生物学家古尔德（Stephen Jay Gould）。他曾任哈佛大学教授，获美国“国家科学院院士”称号。他的作品十分丰富，以生物演化为主题的专著就出版了 20 多本，其中《奇妙的生命》一书曾获得美国国家科学奖。在《生命的壮阔——从柏拉图到达尔文》[13]中，古尔德论证了生物进步趋势是“人类自大的偏见”，他否定在进化论者中流行的生物“进步观”。对这一个涉及进化论核心问题的观点，后面将有较多的讨论。

现代综合进化论继承了达尔文进化论，如自然选择学说，使用一些规范的术语，如基因突变等，它对不同的学术观点采取求同存异的态度，成为大多数学者能够接受的主流理论。但毕竟是观点的综合，现代进化论在一些重要问题上并没有取得一致，如对于“自然选择决定进化的方向”，如何决定或什么方向？不同学者就会有不同的理解。

在生物演化和人类进化性质和实质上，现代综合进化论与达尔文进化论观点一致。因此在本书中提及进化论，既指达尔文进化论，也指现代综合进化论。

1.1.5 进化论与人的进化

进化论是解释物种形成的理论，也是人的形成理论。但在上述进化论主要观点中，并没有涉及人的进化问题，说明人的进化只是属于生物演化的一部分，或人的进化过程并没有特别的例外因素，也就不需要与一般生物演化分开讨论。本书观点正相反，人的进化和生物演化性质不同，两者必须分开讨论。因此有必要单独对进化论的人类进化观做一个简单回顾。

进化论产生于欧洲，它的出现是对基督教的上帝创造论的挑战。达尔文知道进化论中所蕴含的关于人的产生是最具争议的部分，公众对于这一问题的感性色彩深厚，他决定在《物种起源》中不涉及人，只是在书的结尾添加了一句“这将有助于阐明人类的起源”。一般认为他是为了避免造成与教会的对立而产生不利的冲突。直到 1871 年达尔文出版《人类的由来》[14]，他才真正讨论这个问题，但也成为一个有争议的问题。

人只不过是高等的猿这一观点，从一开始就使很多思想家感到害怕，反对之声可想而知。达尔文的好友、英国著名地质学家奈尔（Charles Lyell）坚持认为，人类的起源需要发生突然的跳跃，才能使生命上升到一个全新的台阶。另一位支持者、自然选择理论共同创立者华莱士，他认为人的心智和意识不是自然选择能够解释的。但达尔文认为人的产生并没有突然引入“全新的因素”，人的进化并非一般生物的例外，除非是为了捍卫传统的人类观。他坚持人是由自然选择产生的观点。

进化论将人贬为自然界的普通物种，使许多学者不愿意接受它。直到 19 世纪末期，这种不情愿才被逐渐克服，因为当时进化论强调了自然发展中的进步特征，即生物演化具有进步趋势，这样的话，人是生物界最顶层的进步生物，人的崇高地位仍然完好无损。同理，也就可以将不同种族看成演化过程使然，黑人是演化的低阶段，白人是演化的高阶段。它符合了当时欧洲白人的自大心理。

在体质上与人最为接近的是猿，最有力的证据是显示从猿到人的直接联系，如身体结构和化石。著名的动物学家欧文（Richard Owen）反对进化论，他坚持认为猿是“四手”（即前肢和后肢无多大分别），人是“二手”，在分类上应属于不同的“目”，而且他认为人脑的某些部分在猿脑中根本没有。直到解

剖证实人与猿具有同样的大脑基本结构，又发现了人类的早期化石，争议才算平息。“爪哇猿人”“北京猿人”等的相继发现，证明了人与猿之间存在“缺失的环节”，人是由远古的某种猿逐渐演变而来的观点得到了支持。

人类进化为何能够出现一枝独秀？迄今仍然见解不一。文化演进模式成为解释人类进化的模式之一，因为它是可以支持人类发展的线性模式。但是，如果社会化行为和文化对我们祖先有用，为什么其他猿没有抓住同样的机会？即并没有出现离猿较远、离人较近的种类。这是一个既难以解释又无法验证的问题。

达尔文强调人与猿的连续性，他认为人具有的每一种能力，至少在高等动物中，在一定程度上已经具备了。人与它们在心智上的差异只是程度上的，人的心智能力只不过是它们能力的发展。它们具备了人的所有情感，包括愤怒、厌倦、敬畏等，也可以通过简单语言形式与同类交流，也有为其他个体利益而劳作的道德本能。达尔文努力缩小人与它们之间的差距，他认为人只是自然发展的盲目作用所产生的一个物种。

达尔文认为，因为智力是有用的，所以自然选择就会发展这种性状。至于为什么我们祖先比其他同类更能获得这种有用的性状，是因为我们祖先采用了直立的姿势，使双手可以解放出来，用以制造工具，从而额外增加对智力的刺激，激发人对心智的使用。猿之所以受到限制，是因为它们继续用前肢在树上攀援。这种“姿势创造人”的观点得到许多生物学家支持，如著名的德国动物学家海克尔（Ernst Heinrich Philipp August Haecke）认为，直立姿势是人类进化中关键的一跃，华莱士认为由于当时气候变化，人类祖先离开树上生活，从而发展了直立姿势。目前的主流观点认同直立是人类产生的关键。

从自然无方向的物种演化或偶然的自然选择产生人，而人在生物结构、心理、语言、文化和社会等呈现出具有方向或目的的改变，如何解决两者连续性或合理衔接，这成为一个大问题，在进化论者中产生不同的观点和争论。

一种观点认为，生物演化使自身变得更具组织化，从长远角度上，演化必然逐渐将生命推向更高的组织形态，人类就是最成功的组织形态或体制。从这一观点引申，生物进化必须依靠自然机制，因此动物的生存法则、道德基础也就符合人类社会。这种观点的代表人物是当时名声显赫的哲学家、社会学家、进化论者斯宾塞（Herbert Spencer）。在他的努力下，达尔文进化论成为当时社会学的新宠，他主张通过自由竞争改善人类和社会，他普及了具有进步含义的“进化”一词，又发明了“适者生存”这一名句，斯宾塞被称为“社会达尔文主义之父”。但由于该理论对人类社会造成恶劣影响，损害人类道德基础，最后被清算和抛弃。

另一种观点认为自然是一个没有目标的机械系统，不符合人类社会特征。这种观点的代表人物是博物学家赫胥黎（Thomas Henry Huxley），他认为不能将进化的残酷价值观作为我们的价值观，人类文明之所以有价值，是因为冒犯了自然的基本准则。但是，如果生物学机制不能带来人类成功，那么人的产生只能是偶然的意外了，赫胥黎认为人的心灵产生“可能是宇宙中的偶然事件”。

在后来的进化论学者中，有一些人相信是文化因素或拉马克的演进机制作用造就人的进步，如古尔德的“文化变异”观点，也有很多人仍然相信生物演化存在改进或进步因素，人的进步就是这种自然进步的极致。总之，如何从偶然的自然选择机制解释人类进化的进步性或目的性问题，涉及方方面面的重要人物和不同观点，但并没有一致的统一的观点。读者可以从著名进化历史学家鲍勒（Peter Bowler）《进化思想史》[15]获得更详细的资料。

人的产生是进化论的一个焦点问题，它仍然存在较大的争议，原因在于人的产生方式和机制上。我将提出全新的解决方案，它解释人为什么会发生唯一的人为改变或进化，也解释为什么其他动物不能发生同样的改变。

人的产生是进化论的全局性问题，一着不慎，就会满盘皆输。

1.2　进化论的存在问题

1.2.1　未能解决理论的关键性问题

从拉马克进化学说到达尔文进化论和现代综合进化论，进化论已经走过了200多年。进化论揭示生物演化，解释物种产生原因和机制，否定神创论或创造论，对人类思想观的发展产生重大影响。

生物有共同祖先，通过物种变异和自然选择，产生各式各样、生活在不同环境的物种，这是进化论主体思想。进化论把整个生物学联系在一起，成为包括各种不同学科理论的基础。"对于进化论的主体，任何一位严肃的生物学家都没有异议"，这是学术界对进化论的一个基本判断。

但是时至今日，反对者阵容仍然强大，质疑和否定的声音从来没有停息。而在进化论者阵营中的争议也没有消失，正如鲍勒所说，"科学界最近争议的依然是我们曾经认为已经大致解决了的基本问题"[15]。

为什么有许多人反对进化论？学者在争论什么？其中必有缘故。有神论者和创造论者不相信进化论，这存在宗教信仰的原因。一部分人不能接受进化论，转而相信某种创造论，如科学创造论。

在相信生物演化的人群中，完全相信达尔文理论的仅是一部分人，将信将疑的为数不少。这些人认为生物可能发生变异，演化产生不同物种，如猴子和黑猩猩等，但不相信同样的自然选择方式产生人。

生物随着时间在发生改变，这可以从地质学和古生物学的发现证明，是一个基本事实。达尔文《物种起源》列举了大量的地质学、生态学、解剖学等例子，以及人工选择产生新品种的事实证据，现代科学揭示遗传学的新发现、新成果，都能够证明生物发生演变。就是说，要想证明生物曾经发生过变化并不难，它不是质疑进化论的主要问题。

要证明生物如何从一种生物演变成为另一种生物，这也不太难，只要分析寒武纪生物与现代生物的差异，几乎可以推定这就是生物演化的杰作。达尔文认为过渡种化石缺失是进化论的最大困难，因此反复论证和解释这一问题，其实，它只是物种如何演化的问题，如演化方式和地点（本书第 5 章将讨论新的方案）。这一问题也不是质疑进化论的关键问题。

进化论引人注目之处在于解释人的产生问题，无论是拉马克提出前进式或获得性遗传方式，还是达尔文提出自然选择方式，都在试图解决这一问题。达尔文采用自然选择机制解释所有物种起源，包括人的产生，这是前所未有的思想创举，它动摇了传统的人类观，换言之，人只不过是一种高级的猿，这是进化论一个标志性观点。但是，正是在这一点上，人们看不到有任何实质性证据。

人与猿等存在巨大差异。事实上，人类在结构、心理、语言、社会和文化等，都发生了具有方向性的变化，并随着时间推移不断地扩大与其他动物的差距，人们完全有理由怀疑同一个演化机制产生出人与猿。换句话说，生物发生了演变，它并不是人们必须接受进化论的唯一理由，人们相信生物发生了改变，但不相信由同一个自然选择机制既能够产生猿等，又能够产生人。这

是对进化论的最大挑战。

人的产生是以一般生物演化方式，还是以其他独特方式，它决定了人在生物界的位置或性质，即人应该在生物演化体系之内，还是应该离开生物演化体系单列，它也就决定了进化论的思想基础和结构基础，是理论的关键性问题。

古人类学上提供了一些古猿结构逐渐演变、接近人的特征的化石证据。但是，这些证据只是证明了人的身体构造来自古猿，却无法证明人的演变是如何发生的：是有普遍的自然选择机制，还是有其独特的产生机制，如心理选择机制，这在化石上根本无法看清。比如说，人类发生心理行为改变或"依靠工具"，因适应工具而逐渐直立，而进化论认为人因适应特定环境（草原）而直立，这两种不同的直立方式根本不能从化石中得到答案。而且现实证据都不利于自然选择方式：为什么其他近亲都没有产生接近人的结构和行为方式？无论是攀援的黑猩猩、下地行走的大猩猩，甚至是进入草原的狒狒等，它们都是四足行走，都是与它们祖先类似的小脑袋。

进化论认为人的产生过程并没有突然引入"全新的因素"，对这一点不容置疑。但就我的观察发现，人类具有动物界唯一的"依靠工具"行为，它是因心理改变而产生的突发行为。由于它改变了人的生存方式，形成工具进步和结构改变的方向性推动力，即心理选择机制，使人的结构向适应工具、文化方向改变，即出现完全直立和增大脑容量等。这一新的观察结果与进化论的假设完全不同。进化论漠视人的心理优势和工具行为突破，又没有可以检验其自然选择产生人的方法，其正确性也就存疑。

人类历史短暂，只有数百万年，却能够产生如此巨大变化，在结构、心理、语言、社会和文化等方面，人的进化具有方向性和进步性特征。而猿等历史漫长，已有数千万年，它们仍然保持其自然的本色。唯一的解释是，人与猿的分异上存在一个突破点或启动点，只有破解这个启动点，才能解决人的产生问题。但是，进化论却将一般物种的自然选择或演化方式套用到人类上，而自然选择方式没有启动点，不能解决人的进化问题。

人的进化方式是进化论未能解决的关键性问题。

我在《人类进化的新模式和心理选择机制》等论文[2-3]，揭示人的工具意识突破和“依靠工具”进步性实质，建立以心理选择机制为主导的人类进化新模式。在这一新模式中，人与猿在心理行为上“断开”，出现人类进化唯一的性质改变。从而解决进化论的关键性问题。

1.2.2 未能建立生物演化的基本规律

历史上曾经产生无数生物，其中99.999%的生物已经灭绝[16]，现代生物是这些生物演化产生的后代，它们的未来必然以祖先的演化方式为样板，也就是被未来的生物所取代，遵循共同的生物演化基本规律。然而，进化论并没有建立符合全体生物演化的基本规律。

拉马克通过用进废退和获得性遗传解释生物演化，他认为生物存在内在的向上力量，使生物不断提升层级，出现从简单生物到复杂生物、从低等到高等的改变。达尔文从生物过度繁殖和物种变异、生存竞争上，得出自然选择“保留有利的变异，清除不利的变异”的演化结果。可见进化理论家都试图从生物的复杂化或演化的有利、改进等，寻求解决生物演变的规则、规律。

生物从简单到复杂演化，这只是少数复杂生物的演化方式，不是多数生物的演化方式，更不是全体生物的演化规律。如寄生虫的结构一直在简化，或数量庞大的微生物一直如此简单，这是显而易见的事实。

生物从低等到高等演化显然是人的认识观，因为划分生物低等和高等，就是一个仁者见仁、智者见智的问题。比如说，一些构造复杂物种或者不能广泛分布，或者已经灭绝或濒临灭绝之中，因此构造复杂不是生物等级的划分标准。

其实，以生物结构比较的“进步观”，都是将人当作演化结果或预期，或多或少加入了人的价值观，与生物演化规律并不沾边。任何物种都与环境相依存，结构与环境是有机结合，是不可分拆的整体，只论生物结构，也就是分拆开整体，偏离物种演化的本质。因此从结构比较上不能构建演化规律。

生物演化基本规律就是从演化本质上解决生物演化或自然选择在“选择什么”。自然选择是“保留有利的变异，清除不利的变异”，还是选择“维持”物种与环境依存关系？这是一个关系重大的问题，也是生物演化基本规律的核心问题。生物演化只是维持物种与环境依存关系，所有物种演化性质一致，这就是生物演化基本规律。而进化论将人置于生物演化体系之内，将人类进化的“有利”套用在其他生物演化上，造成“进化”和“演化”性质矛盾，它也就不能建立符合全体生物演化的基本规律。

没有生物演化基本规律，自然选择理论出现“空心化”，进化论成为某些人随心所欲的理论。同一个自然选择机制既产生猿，又产生人，它就是一个违背自然选择原理的人类观。事实上，人类发生环境关系性质的改变，人与环境关系不是一般生物的对应关系，而是动态的对应关系，如人生活在森林、草原、荒漠等气候环境，则人的进化性质不同。可见生物演化基本规律意义重大，它将人剔除出“演化”。

自然选择将“如何选择”？这又是一个大问题。自然选择必须有不同类型物种的演化规则或规律相配套，才能使人知道各种物种从何处来、往何处去，即“如何选择”。如大型动物演化规律是某种特定环境对大型动物的自然选择，哺乳动物演化规律是特定环境对哺乳动物的自然选择，爬行动物演化规律也是特定环境对爬行动物的自然选择，它们明晰了生物演化的基本脉络。建立不同类型的演化规律，是对自然选择理论的必要补充。

建立生物演化的基本规律以及不同类型生物演化规律，一步一个脚印地前进，才能形成坚实的理论基础。但是，以往进化论没有做好这一理论基础，成为一个没有规律的“空心化”理论。

1.2.3　未能揭示人类的进化机制

按照进化论，人从某种古猿渐变，与古猿到现代猿的渐变一样，人只不过是自然选择产生的适应环境变化的另一种猿。可以说，这一观点既成就进化论的精彩，也可能成其败笔，关键在于人的进化方式和进化机制。

进化论采用渐变直立解释人的演变，它认为直立行走导致增加工具使用，使人的智力和工具等发展。实际上，半直立和完全直立是不同的机制作用：半直立是适应攀援和下地行走的混合结构，是自然选择产生的适应特定环境的结构，也是长期存在的“正常”自然结构，而完全直立是人体适应工具和文化的结果，它使人类适应各种不同环境，是不符合自然选择原理的“非常”结构，它有着独特的作用机制和工具支撑。如东非狒狒是一种灵长类，可见到它们不时直立瞭望，但它们在草原上对抗狮子攻击，全靠灵活的四肢行走的方式。大猩猩、猩猩等也常见有直立姿势，但如果将完全直立作为它们的生存方式，它们将是不可能生存的动物。

自然选择产生结构类似的不同物种，如大猩猩、黑猩猩、猩猩等，而人类是唯一的，无论是生活在森林还是草原，都是直立的、大脑袋的人，并不见有离猿较远、离人较近的中间种类，这不符合自然选择基本原理。

人为什么会违反生存法则，发生结构完全直立等改变？很明

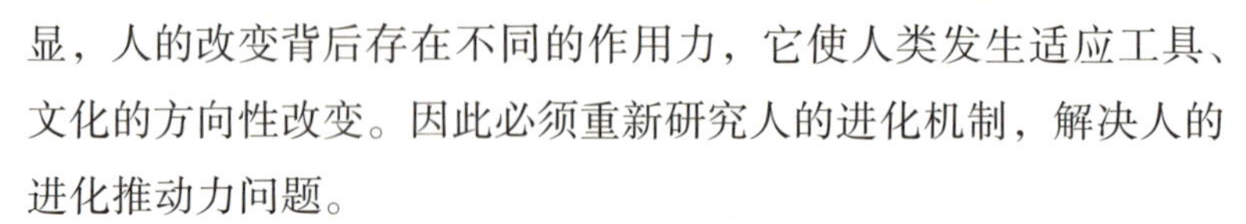

显，人的改变背后存在不同的作用力，它使人类发生适应工具、文化的方向性改变。因此必须重新研究人的进化机制，解决人的进化推动力问题。

人类发生“依靠工具”行为改变，它改变了人的生存方式，产生了心理选择机制，它使人向着适应工具、文化的方向改变，也就出现人类完全直立、增加脑容量的方向性推动力。

心理意识是大脑的产物，可以在自然科学领域得到合理解释。进化论忽视人的心理优势，没有揭示人“依靠工具”突破及其进步性特征，没有考虑人的心理选择机制及其产生的推动力，也就是没有触及人的进化实质。进化论将一般生物产生方式套用了人，造成理论的种种问题。

进化论没有建立生物演化的基本规律以及各种类型演化规律，没有揭示人类进化实质，没有解决人们关注的焦点问题。虽然它已经有200多年历史，并经由许多理论大师不断塑造，其外表光鲜华丽，其实只是皇帝的新衣，一旦揭穿也就赤裸裸了。

相关问题将在后面逐一介绍。

第2章　生物演化的基本规律

生物演化历史是生物适应所处环境、不断调整结构的历史，其中99.999%的物种已经灭绝，说明生物演化只是维持物种与环境依存关系，不能维持环境关系者灭绝，遵循生物演化的基本规律。“维持”就是保持原来的，即生物演化基本规律对生物演化性质做了基本的规定，除了人，所有生物演化性质一致，不存在任何例外。它解决自然选择在“选择什么”的基本问题，将一般生物“演化”和人的“进化”分开。

根据生物演化基本规律建立不同物种类型的演化规律，表明不同气候环境与生物类型的对应关系，它们解决自然选择在“如何选择”的基本问题。如大型动物演化规律表明环境气候波动对大型动物的选择，哺乳动物演化规律表明寒冷气候对哺乳动物的选择，爬行动物演化规律表明温暖气候对爬行动物的选择，它们澄清了演化的基本历史。生物演化基本规律和不同类型演化规律解决了自然选择理论的“空心化”问题。

2.1 生物演化和物种多样性

地球生物由简单生物开始，随着演化时间增加，生物类群不断发展壮大，形成今日的物种多样性。根据测算，地球产生于大约45亿年前，开始于一个高温、低氧的无生命世界。随着地球的运转，地表温度下降，逐渐形成适合某些生命体生存的环境。地球生命大约在38亿年前发生，由原始的生物结构到单细胞结构，在10多亿年前产生了多细胞生物。随着生物演化和种类增加，在4.5亿年前出现了鱼类，接着是两栖类、爬行类和哺乳类。

由无生命的地球到多姿多彩的生命世界，经历了数十亿年的演化，我们难以想象最初生命是什么样子，它们是如何形成的。但是，从古生物化石的演变证据来看，我们无法否认生物是随着时间在不断变化，即由最初简单、少数的种类，通过漫长的演化过程，达到如今的物种多样化。

生物演化是因物种异质性和环境变化导致的变种分离，即对变异做新的选择，产生新的结构和物种。生物演化既可能是以新物种取代其祖先旧物种，也可能仅是在旧物种的基础上又增添一个新物种。

生物演化过程出现自身的改变，也出现生物环境的改变。如地球早期生物曾经是蓝绿藻的天下，它们适应低氧的大气环境，经过漫长的生物演化过程，逐渐发生由低氧到富氧等物质环境的改变，成为今日适宜人类生存的地球。生物演化不断地增加新物种，形成新的生物环境，新环境又促使生物发生新的改变。例如只有通过演化形成雨林环境和生态位，包括各种高大的乔木和丰富物种，才能出现适应雨林环境的各种灵长类动物，因此现代生物与早期生物的形态结构已经完全不同。

生态位是“铸造”新物种的“模子”，不同的生态位“铸造”出不同的物种。例如，火烈鸟的嘴巴为什么是弯弯的，因为它们生活在咸水湖和沼泽地带，主要靠滤食藻类和浮游生物生存，而弯弯的嘴巴使其滤食效率更高。物种多样性增加得益于生态位的增加，而物种的增加创造出了更多的生态位。因此物种增加和生态位增加互为因果、互相促进，共同创造出地球如此丰富的物种多样性。

生物与环境形成不可分割的有机整体，生物与环境之间是依存关系，生物通过结构调整或演化，不断维持物种与环境依存关系。这就是生物演化的本质，是建立生物演化基本规律的认识基础。

在生物演化历史上，可以发现不同类型生物与不同环境的对应关系，如古生代寒冷气候时期出现兽孔类动物（早期哺乳动物）为优势种类，中生代温暖气候时期出现爬行动物为优势种类，或新生代大冰期出现大型哺乳动物群等。动物生态分布特点也表明不同物种类型与环境对应关系，如爬行类与哺乳类分布特点不同，大型动物有其自身的分布特点。不同类型物种与气候环境形成对应关系，成为建立不同类型生物演化规律的依据。

2.2 生物演化的基本规律概述

对生物演化基本规律有不同的见解。

有人认为生物是由简单到复杂演化，遵循由简到繁的渐进演化规则。但是，由简到繁的演化并不符合所有生物，如寄生虫的结构不断简化，数量庞大的简单生物一代又一代地发生改变，如流感病毒等，它们一直保持其简单的构造。有人认为生物是由低等到高等演化，但物种低等或高等只是人的认识不同，所有物种都具备完备的结构和功能，通过演化适应环境变化。还有人认为物种通过生存竞争和自然选择，使结构逐渐改进、完善或进步。但结构完善是以适应环境为标准，物种适应的环境不同，且环境在不断地发生变化，任何结构完善的比较都是不合适的。上述几种观点有一定的代表性，可归纳为“演化由简到繁”或生物“进步观”。

从简单生物到复杂生物经历了漫长的演化时间，因为只有出现多样化的简单生物，才能形成复杂生物的结构基础及生存环境（生态基础），从而演化产生复杂生物。从较短时段来看，物种是稳定的；而从较长时段来看，部分物种发生由简到繁的结构改变，如单细胞到多细胞等，它们同样是在调整结构适应环境改变，如生态基础改变。可见无论是从简单到简单还是从简单到复杂，所有物种演化都是通过调整或修改生物结构适应特定环境，形成物种与环境的依存关系。

“演化由简到繁”是因地球生物始于简单结构，演化不具有方向性。通过对一些种类做有选择的排列，可以出现生物演化的某种趋势：如从单细胞－多细胞－鱼类－哺乳类的排列中，出现符合结构由简到繁的演化趋势。但是，从小部分生物推导整体的演化观，不符合生物演化的基本规则，因为多样化的简单生物才是演化的主力军，不去追随主力军，也就不能把握整体大局。从小部分生物的演化特点推导整体，不符合大部分生物的演化特点，它也就不可能是生物演化的基本规律。

美国著名演化生物学家古尔德曾有专著论述演化趋势或生物“进步观”，他做了一个生动的比喻：选择一小部分物种排列以说明整体演化的进步趋势，如同一条狗的“小尾巴”撼动整个身体一样不可思议[13]。他以严谨的逻辑推理，否定“演化由简到繁”或生物“进步观”，指出生物演化没有趋势。

生物演化历史展示各种生物适应所处环境、不断地调整结构的变化历程。无论是简单生物还是复杂生物，它们都以演化适应环境改变，每一个生存下来的物种都是环境的适者，而已经灭绝的物种也曾经是适者，它们适应了逝去的环境。生物演化以结构调整适应环境，环境变化主导物种演化，演化无方向性，它不断地改变生物的形态结构，维持了物种与环境的依存关系，这就是生物演化的基本规律。

生物演化基本规律阐明所有的演化只是维持物种与环境依存关系，这是其关键点和核心实质，符合生物演化的本质。生物某一个结构（基因）适应某环境而被选择，它也就规定了其结构必须是这样的，而不能是那样的，当环境发生了改变，生物结构就必须做出相应的调整，或产生新结构、新物种，才能继续维持物种与环境依存关系。生物演化基本规律符合自然选择的基本原理。

生物演化基本规律符合全体生物（包括现存的和已灭绝的）演化特点。所有物种都具备完备结构功能，具有同样的环境关系性质，环境变化主导物种演化。一些不能维持环境关系的物种逐渐灭绝，产生新物种和旧物种演替。生物演化基本规律阐明演化作用方式（环境变化）、演化方向（无方向性）、演化结果（维持了环境关系），它对生物演化规则做了基本的规定，所有的物种演化都符合了规定。

2.3 生物演化基本规律的构成

生物演化基本规律是生物演化的总规律，它由不同的规律构成，如哺乳类演化规律、爬行类演化规律、大型动物演化规律等。不同类型物种遵循不同的演化规律，它们反映了某类型物种与某种环境的依存关系，它们都遵循生物演化基本规律这一总规律。

例如哺乳动物和爬行动物具有不同的生物结构和适应环境的特点，遵循它们各自的演化规律。

哺乳动物结构的主要特点表现在其身体恒温上，其表皮具有的皮腺、毛发、致密真皮以及皮下发达的脂肪组织等，具有较好的保温功能。胎生和哺乳能较好地适应寒冷气候，使后代成活率增加。因此，哺乳动物适应寒冷气候环境，当地球出现寒冷气候周期，哺乳动物将演化成为优势种类。这就是哺乳动物演化规律。

爬行动物结构的主要特点表现在身体变温上，其体表由角质鳞片覆盖，缺乏皮腺，保水性较好但保温性较差，适合于高温环境。爬行动物演化适应温暖环境，当地球出现温暖的气候周期，爬行动物将演化成为优势动物种类。这就是爬行动物演化规律。

哺乳动物和爬行动物演化规律容易得到验证，因为它们的结

构和适应性原理一致，可以观察到两者生态分布的显著差异，如在地球热带或亚热带地区集中分布爬行动物主要种类，而较高纬度或寒冷地区集中分布哺乳动物主要种类。在历史分布上，爬行动物优势时期出现在气候温暖周期，如中生代以爬行动物为优势种类，如恐龙等，哺乳动物优势时期出现在地球气候寒冷周期，如第四纪冰期出现的大型哺乳动物群。这些分布特点是它们演化规律的最好验证。

大型动物演化规律也是一个动物结构与环境相适应的规律，即大型动物在压力较大环境中演化产生，在低压力环境中退化灭绝。该规律揭示大型动物演化特点，包括动物体型变大和灭绝原因以及作用机制，是一个能够较好解释动物演化历史的重要规律。将在下一章做详细介绍。

由此类推，其他各种类型物种将有其适应特定环境的演化规律。这些形态各异、林林总总的生物，它们的结构和功能不同，生态分布各异，遵循各自不同的演化规律。

恐龙是历史上存在时间较长、种类繁多的爬行动物，它们在温暖的中生代遍布地球各个角落。特别是大型爬行动物较好地适应一些旱季和湿季交替的不稳定环境，产生一些体型巨大的恐龙。但当地球气候周期发生改变，出现温暖、湿润气候或稳定的环境时，它们的优势地位也就发生改变，出现退化、灭绝，在白垩纪末恐龙由中小型爬行类等取代之。

长途迁徙的鸟类，它们飞越千山万水，适应不同的生殖地和越冬地；非洲大型动物在干旱与湿润交替的季节性环境下，它们年复一年迁徙，体型逐渐变大。正是这种因环境所迫的迁徙行为，使它们获得必要的食物和体能维护，达到正常繁殖和物种延续。而一旦环境变化，它们将可能面临不幸。如一些误入热带雨林的大型动物，它们处于食物无忧、养尊处优的环境中，它们体型逐渐变小，走上退化、灭绝之路。

某种生物演化，它们或者是由一个规律作用，或者是由多个规律共同作用，如恐龙由爬行动物演化规律和大型动物演化规律作用。一些种类演化过程产生某些新的适应构造、功能，如爬行动物采用冬眠等方式适应较寒冷环境，或哺乳动物通过减小体型、减少体毛，或采用袋生方式（如袋鼠），适应较温暖环境等，增加了它们的适应范围。关键是，生物演化万变不离其宗，就是所有的生物都遵循共同的演化基本规律。

因此，我们无须建立所有不同类型物种的演化规律，因为它们演化都是使物种能够生存下去，所有改变都符合环境要求，也就是维持物种与环境依存关系，遵循生物演化的基本规律。

2.4 生物演化基本规律的意义

从生物演化基本规律推衍，建立不同类型生物的演化规律，它们阐明自然选择“如何选择”的问题。

生物演化或自然选择产生各种物种，这些物种在历史不同的气候时期或不同环境中，或者占尽优势，成为天之骄子，或者走向衰退、灭绝，由此证明某种气候或环境对物种的选择。气候环境演替与物种类型形成的对应关系，导致物种类型出现反复的、有规律的演替，也就形成了不同类型生物的演化规律。

例如，大型动物演化规律表明体型较大动物适应较大压力环境，压力减小则发生退化和灭绝，即环境压力变化对动物的选择。哺乳动物演化规律表明寒冷气候环境对哺乳类的选择，爬行动物演化规律表明温暖气候环境对爬行类的选择。它们明晰物种从何处来，又将往何处去，解释不同类型生物的历史分布和生态分布相关问题，使其演化脉络变得清晰。

在100多年前达尔文就曾无奈地说，“在南美洲的四足兽特别少，虽然那里的草木如此繁茂；而在南非洲，大的四足兽却多到不可比拟，为什么会这样呢？我们不知道……”。达尔文没有建立演化规律，当然也就不能回答这些问题。

在中生代恐龙为什么可以统治地球上亿年？在新生代早期为什么成为中小型动物的天下？在新生代中、后期为什么哺乳动物获得大发展？从不同类型动物演化规律中可获得解答。

生物演化的基本规律解决自然选择在“选择什么”的问题。

自然选择是在选择“有利”或“改进”的结构，还是在选择“维持”物种与其环境依存关系，这是一个必须明晰的问题，因为它产生了截然不同的演化观。

在进化论中，自然选择“保留有利的变异，清除不利的变异”，即生物演化既有适应环境的结构改变，又有“有利”或“改进”生物结构的作用。许多人认为生物演化是“试错”过程，即抛弃劣品，保留精品，也就是生物“进步观”。一些学者反对生物演化直线式前进的“进步观”，而采用某种曲线式的“进步观”，即保留了生物进步“小尾巴”。

生物演化基本规律杜绝了生物“进步观”。物种演化只是维持物种与其环境依存关系，它只能有一种结果：要么能“维持”关系而继续生存，要么不能“维持”关系而灭绝，演化目标清晰，没有丝毫含糊，它彻底清除生物改进或进步“小尾巴”。

生物演化基本规律为演化制定了一个严格框架。所谓强势物种，就是其环境关系正常；所谓弱势物种，就是其环境关系不正常，通过演化不能修复的，它们必定走向灭绝。换句话说，生物演化不能产生进步，因为只是维持生物与环境依存关系不是进步。生物演化基本规律排除了物种演化出现任何例外，即不允许人类这一适应各种环境的进化物种混入其中。这是生物演化基本规律的威力所在，它揭示了生物演化的本质。

人类进化发生工具突破，人与特定环境关系不再是依存或对应关系，而是动态关系，如人类适应森林、草原和荒漠等，即人发生了环境关系性质的改变，脱离了生物演化的基本规律。因此，生物演化基本规律揭示人类进化的不同性质，区分“演化”和“进化”，它具有全局性的重大意义。

建立生物演化基本规律以及不同类型的演化规律，是打造科学理论的第一步。

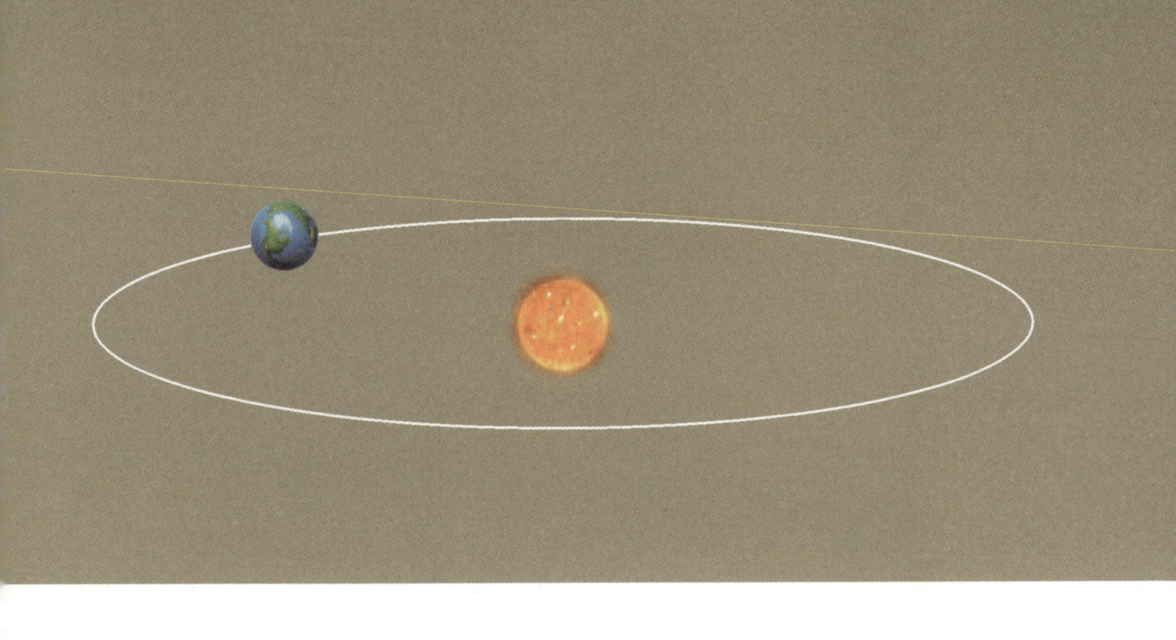

第3章 大型动物的演化规律

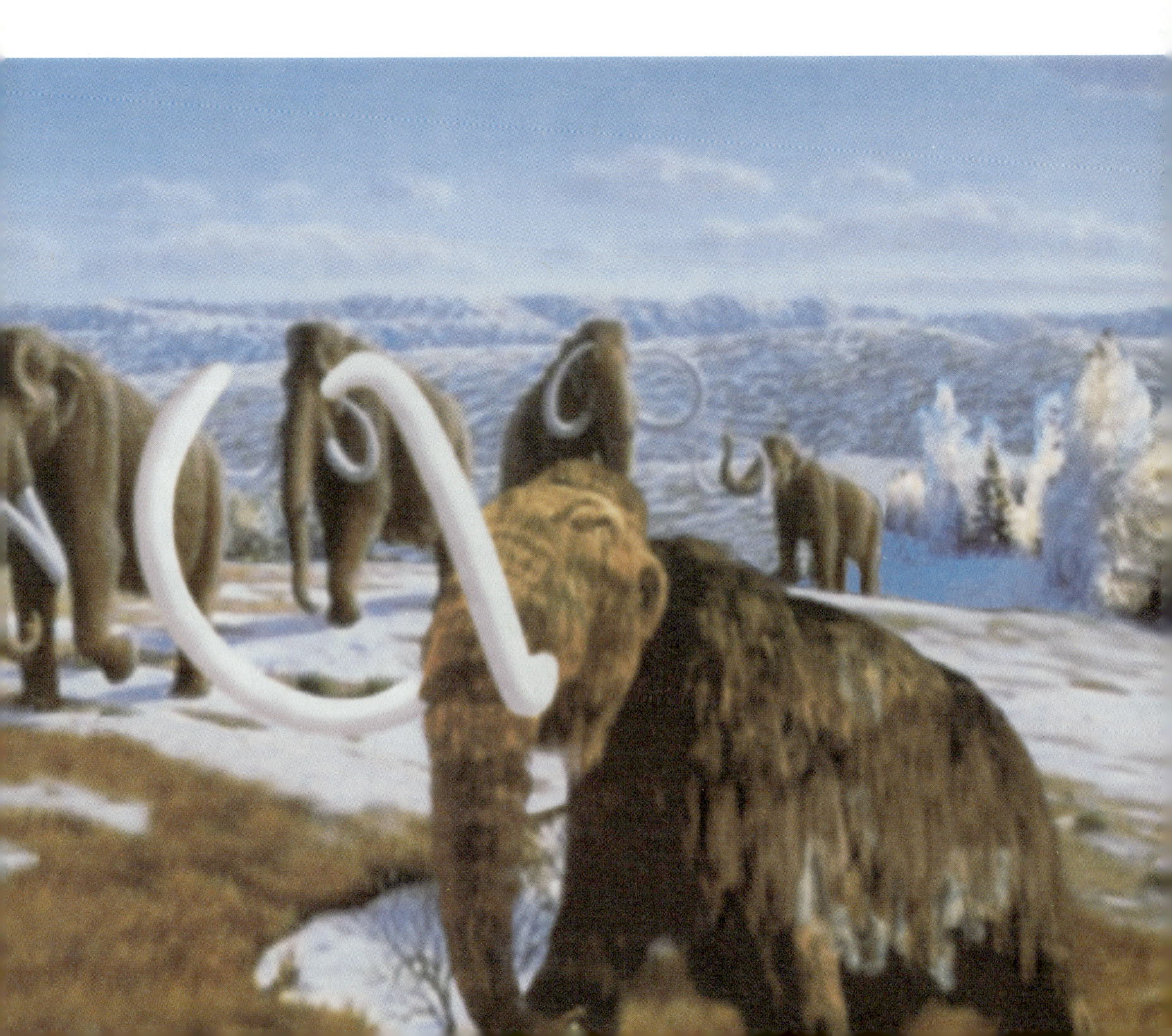

大型动物演化规律由动物体型变化规律和生殖力响应规律组成，它阐明大型动物演化环境、作用机制等问题。大型动物因适应气候或食物波动的高压力环境，出现迁徙等行为改变，使体型逐渐变大，而动物生殖力随着环境压力发生改变，在中等压力环境生殖力较大，在低压力环境生殖力减小。因此当出现气候环境低压力，容易造成大型动物生殖力退化，发生物种灭绝。建立大型动物演化基本模式，揭示了其灭绝前夕体型变小的原因和作用机制，即因环境低压力导致行为改变所致。它澄清了大型动物演化历史。

大型动物演化规律表明物种无论如何演化，或无论变得如何强大，它们都摆脱不了气候环境变化的掌控，原因是它们所喜欢的舒适环境将导致其行为和生殖力改变，最终必然导致物种退化、灭绝。因此，大型动物演化规律澄清了进化生物学理论一些误区，它证明生物演化只是维持物种与环境依存关系，它成为生物演化基本规律的重要支柱。

3.1 动物生殖力响应规律

3.1.1 动物生殖力相关理论

任何生物都必须繁殖后代，生殖成败决定了物种兴衰。不同动物的生殖方式大有不同，如卵生、胎生等，繁殖数量相差悬殊，如有的每次繁殖数量数以万计，如鱼类等，也有的每胎仅得一子，如大象等。

物种繁殖是长期适应环境的演化结果，任何物种能够延续下

来，说明其生殖数量恰当、合理。例如大象繁殖每胎只得一子，成活率较高，鱼类繁殖每次成千上万，成活率较低，结果都维持了物种延续。

同一个物种在不同地域或不同气候时期发生生殖力变化，即环境变化对生殖力作用，它表明环境与生殖的关系。当环境发生变化，动物繁殖将如何改变？这一问题早已引起学者关注，他们还提出了相关理论。

按照进化生物学理论，长期的选择压力使物种达到最大的生殖适合度。简单理解就是，在不同的环境物种将有不同的繁殖数量，即出现与环境相适应的或最适当的后代数量。如对于同样的能量分配，可以生产“或者许多小型后代，或者少量较大型的后代”[17]。

一些学者列举例子证明这种生殖适合度。如在较高纬度或高原寒冷地区，鸟类、啮齿类等动物每次繁殖能够产生更多的后代数量。这一现象被解读为动物生殖权衡：在高寒地区它们每年只能繁殖1次，一次性较大的繁殖投入更为合算，能够得到较大的繁殖量。而在较低纬度或温暖地区，它们每次繁殖量减少了，但因提早生育、增加繁殖次数，也能获得较多的后代数量。说明动物能够权衡不同环境生育，达到物种延续的最佳效果。

动物能否根据不同环境调节其后代数量？要知道，人尚且没有这种调节生育的能力。一些富贵人家生活条件好，想要多生几个孩子，但往往事与愿违；一些贫穷人家生活条件差，结果却是人丁兴旺。而其他动物却有权衡生育的本事，这令人生疑。

食物丰富或竞争压力小的环境，是动物繁殖的最适环境，应该出现多生和种群数量增长才对。但其实不然。一些大型动物或迁徙鸟类在四季如春的优质生境，或当其种群数量较少，该物种处于食物充裕、缺乏竞争的环境中，往往因其生殖力严重退化，难以正常生殖，出现物种濒危、灭绝。这显然不符合进化生物学理论的生殖适应原理。

对于一些动物的繁殖问题，达尔文在《物种起源》中就曾经记述。他指出许多猛兽和猛禽在人类饲养环境中不能繁殖，“即使在原产地，在几乎自由的状态下，也不能生育”。动物驯养是“最容易的事”，但要使它们交配和生育却是“最困难的事”，“肉食性猛禽，除极少数例外，几乎都不会产出受精卵。”但是，达尔文把造成繁殖困难的原因归结于“不明原因”。

如此看来，只有弄清“不明原因”，才能认识动物生殖与环境关系，解决上述问题。

3.1.2 动物生殖力响应规律概述

对动物生殖力的计量有不同的指标，如每次繁殖量和年繁殖量，这是两个不同的概念。每次繁殖量对于每年繁殖一次的动物，就是年繁殖量，对于每年多次繁殖的动物，它小于年繁殖量，而对于多年才生育一次的，它大于年繁殖量。采用每次繁殖量为指标，还是采用年繁殖量为指标，在比较生殖力变化上的结果不同。

例如在食物充足的圈养环境，一些小型动物（如布氏田鼠、黑线仓鼠等）出现每次繁殖量减少，但因提早生育和增加繁殖次数等，年繁殖量增加了，即如果按照年繁殖量计算，它们的生殖力增大了。但是，在同样圈养环境的大型动物（如大象等）每次繁殖量减少，年繁殖量也减少，甚至出现不育，即如果按照年繁殖量计算，它们的生殖力减小了。可见在同样的圈养环境，小型动物和大型动物的年繁殖量出现不同方向的变化。

如果比较它们的每次繁殖量，小型动物与大型动物每次繁殖量同样都减小了。也就是说，在圈养环境下，不同动物生殖力都出现减弱，生殖力与环境关系具有一致性。说明每次繁殖量才是

反映生殖力变化的关键指标，它真实反映了机体生殖功能强弱变化。因此，动物生殖力变化指标应以每次繁殖数量为准。

动物环境包括各种因子，如生物因子和非生物因子。生物因子包括各种有利的生物，如可以食用的动物和植物等，也包括各种不利的生物，如竞争对手等。由各种因子形成相互作用的复杂关系，产生不同物种的生存环境。可用环境压力来表示物种的生存环境：压力低表明该物种生存环境较优或栖息地质量较高，如食物较丰富、密度较低、捕食压力较小等，动物有趋向低压力环境的本能；压力高表明该物种生存环境较劣或栖息地质量较低，如环境食物较缺乏、密度较高、捕食压力较大等，动物有逃避高压力环境的本能。

动物生殖力与环境压力相关。例如，在气候较稳定的福建和湖南，小家鼠平均胎仔数分别为4.43只和4.88只；而在气候较不稳定的新疆和内蒙古，胎仔数分别为7.86只和7.08只[18]；室内饲养的黑线仓鼠平均每胎仔数4.70只，野外的为6.07只；实验室布氏田鼠平均胎仔数为4.73只，野外的为8.25只[19]。很明显，在这些例子中，南方地区或室内温度较稳定，食物较丰富，即环境压力较小，但动物生殖力也较小。北方地区或野外环境气候较波动，食物较缺乏，即环境压力较大，但动物生殖力也较大。

对多种不同动物的观察表明，鸟类每次繁殖的窝卵数随着地理纬度增加和海拔升高而增加，多种啮齿类胎仔数也随着地理纬度增加而增加[20]。地理纬度或海拔变化造成环境压力变化，在较低纬度或较低海拔地区气候温和，食物较丰富，即环境压力较小，在较高纬度或较高海拔地区气候严酷，食物出现季节变化或不均衡特点，即环境压力较大。也就是说，随环境压力增加，动物增加了每次繁殖的数量。

高原鼠兔是广泛分布于青藏高原的一种啮齿动物，以挖掘洞道和采食牧草生存，鼠兔造成草原植被退化甚至荒漠化。对一些受害严重地区的鼠兔进行调查统计发现，高原鼠兔每窝繁殖胎仔数为 1 ～ 8 只，偶有 9 只。但是，一些地区经过多年的鼠兔防治，高原鼠兔数量得到有效控制，草原植被得到恢复，在此环境条件下，高原鼠兔每窝胎仔数为 1 ～ 5 只，偶有 6 只[21]。说明由于草原植被恢复和食物增加，即环境压力减小，高原鼠兔每次繁殖数量或生殖力出现减弱变化。

对布氏田鼠进行连续捕杀实验[22]。当第一年捕杀后，地块中田鼠数量由高密度变为中等密度，其残留鼠的怀孕率有所提高，当第二年继续灭鼠，田鼠数量密度继续减少，但其残鼠怀孕率却下降了 20%。可见随着灭鼠产生的密度减小变化，环境压力出现由高—中—低变化，田鼠生殖力也相应出现较低—较高—较低对应变化。

野外环境动物生殖力随着压力变化而改变，人工养殖环境也是如此。在鱼类繁殖上，我验证了动物生殖力与环境压力的对应关系。

我曾经从事基层水产养殖业，熟知我国传统四大家鱼的繁殖特点。首先是在较大鱼塘强化培育亲鱼，这是家鱼繁殖成败的关键环节。如在草亲鱼培育上，通常采用适量精饲料（如玉米等）和粗饲料（如草等）配合投喂，两者搭配比例恰当，才能产生较理想的繁殖效果。如果单凭草料喂养或精饲料投放不足，草亲鱼成熟度较低，达不到繁殖效果，但如果精饲料投放过多，亲鱼活动减少，造成体腔脂肪堆积，怀卵量及产卵量大幅减少，而且在繁殖时容易出现亲鱼难产。草亲鱼生活在自由的环境中，食物充裕程度是影响其活动的主要因素，适量食物投喂有利其觅食、摄食活动。可见鱼类繁殖特点符合生殖力与环境压力对应关系。

上述各种例子清楚表明了环境压力与生殖力关系：即当环境

压力为高—中—低变化，不同动物生殖力相应出现低—高—低变化（见图3－1）。

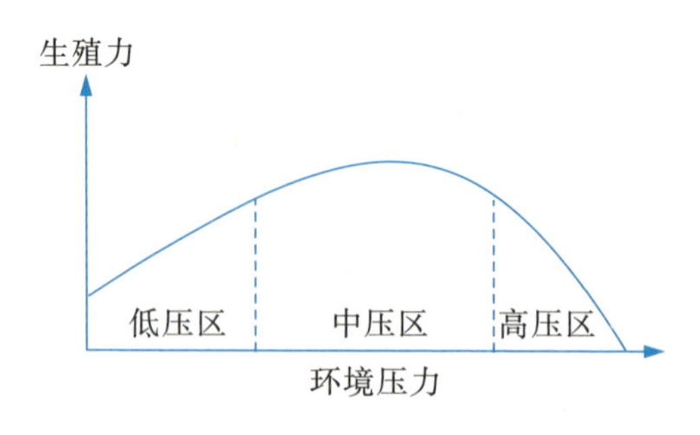

图3－1　生殖力与环境压力关系

如果将环境压力强度分为高、中、低的三个梯度区，不同动物生殖力较大值将出现在各自的中压区，生殖力较小值出现在高压区和低压区，即由中压区的生殖力高点，向两端逐渐走低变化（见示意图）。

在食物充裕的圈养环境，大象、马、狮子、虎等大型动物生殖力明显退化，出现繁殖困难或不繁殖。但对于中小型种类，如猪、兔、鼠等，生殖力下降幅度相对较小，并且它们可能通过增加繁殖次数等获得补偿，年产仔总量并没有减少。表明大型动物和中小型动物在生殖力响应模式上存在差异。

在不同环境压力下，动物生殖力出现规律性变化：在中等压力环境动物生殖力较大，在低压力和高压力环境生殖力减小，大型动物在低压力环境更容易出现生殖力减弱、退化，这就是动物生殖力响应规律[4]。

很明显，在高压力环境动物生殖力减弱，是因个体生长发育较差、生殖机能受损及胚胎发育不良等所造成。但在低压力环境动物生殖力也减弱，特别是大型动物容易发生生殖退化，它与生殖力作用机制有关。

上述例子都是针对一些活动能力较强的动物，如哺乳动物、鸟类及鱼类等，它们都符合生殖力响应规律。对于其他一些活动力较弱的动物，比如软体动物，它们是否也符合这一规律？值得实验验证。

我曾在贝类学方面做过研究，并取得骄人的成果。如首次发现贝类一个全新的组织结构——外套膜表皮“板块”结构[23]，它揭示了贝壳物质的主要输送通道，证明贝壳是由外套膜表皮和内部结缔组织共同分泌产生，并观察到组织中的分泌细胞、分泌物质形成过程[24]。另一个新发现也是世界首次，即揭示贝壳三层构造（角质层、珍珠层、棱柱层）形成机理[25]，它说明为什么田螺的内壳是哑色无光，而鲍鱼的内壳呈现出夺目光彩的道理。这些新发现受到权威学者关注，因而我被邀请加入了“中国贝类学会”。

研究和实践使我对贝类组织结构轻车熟路，对软体动物生殖问题验证，也就选用人们熟知的一种软体动物——田螺。我亲自收集一些在不同环境生长的田螺，对其进行实体解剖观察。

对体重相同、生长环境不同的田螺进行解剖比较，可以发现食物较丰富环境的田螺（肥塘螺），与食物较贫乏环境的田螺（瘦塘螺）有明显差别。肥塘螺的贝壳边缘生长线（螺纹）较宽，肉质肥美，体内怀卵量较少但卵大；瘦塘螺壳缘生长线较细密，壳略厚些，肉质结实，怀卵量较多但卵小。就是说，在中等压力环境的田螺生仔较多，但仔小；在低压力环境生仔较少，但仔大。这表明贝类繁殖特点也符合动物生殖力响应规律。

有趣的是，环境压力对植物也有类似作用。枝繁叶茂的果树上结实较少，而看似树叶凋零的树枝上却挂果累累。在营养充足环境的植物只顾枝叶生长，不顾繁殖后代，这在植物学上称为“营养生长”与“生殖生长”之矛盾，有经验的生产者都能够采取合理措施，解决这一矛盾。如一般生产上采取抑制作物的营养生长，即修剪、控水、控肥等，可以有效促进作物的生殖生长，获得作物高产。可见动物与植物在繁殖方面有异曲同工之妙。

3.1.3　动物生殖力作用机制

在食物较多时期，一些肉食动物对猎物的主动追捕减少，一些大型动物或鸟类在气候变暖或食物较丰富时期，发生了迁徙行为改变或不再长途迁徙。在实验中添加高质量附加食物后，根田鼠（microtus oeconomus pallas）的巢区范围缩小，攻击力减小，活动减少。这些例子都说明环境变化影响动物行为，即当食物增加或环境压力减小，动物活动随之减少。

动物行为变化影响生理和生殖机能。例如，筑巢繁殖的朱鹮，产卵时间可由 5 ～6 月提前至 3 ～4 月，活动量较大的筑巢朱鹮生殖较为理想；多种鸟类和啮齿类在高纬度、高海拔地区每次繁殖数量增加，同样是因环境压力较大，行为适应必须进行更多活动，即动物活动增加使生殖力增大；一些动物必须经过艰辛跋涉迁徙或洄游，才能使性腺逐渐成熟，达到成功繁殖，如一些鱼类、海龟等。这些例子充分表明动物行为与生殖力密切相关，良好的行为有利于维持正常生理和繁殖机能，或者说，生殖力作用机制有“奖勤罚懒”作用。

动物正常活动强化了身体内部功能，有利于激发或增加生理活动，改善生殖功能。如在圈养环境，东北虎生殖力不及半散放环境的生殖力，显然圈养环境动物活动较少。这种情况对一般动物如此，对人也是如此。所不同的是，现代人类通过体育等活动以及科技进步解决了问题，而一般动物显然无能为力，它们缺乏人的智慧。

人们都知道，气候季节性变化产生环境压力变化，迫使一些大型动物迁徙。迁徙行为的好处不仅是能利用不同栖息地资源，而且也是通过这种良好行为作用，使动物生理机能达到最佳繁殖状态。如非洲草原大型动物长途迁徙，能够实现正常繁殖产仔，或一些鸟类飞越万里，回到旧地正常繁殖。因此当我们赞叹自然界充满野性活力的动物迁徙场面，为它们突破艰难险阻的行为所感动时，也应该知道其背后存在的生存和繁殖上的无奈，这是大型动物延续后代所必须的付出。

当环境发生变化，如出现温暖、湿润气候，食物稳定或增加时，一些动物可能活动减少，这必然影响其生理和生殖功能。特别是大型动物长期适应较高压力环境，具有迁徙等特化行为，环境低压力造成的行为变化对动物生理影响较大，使其生殖力退化，如大象、犀牛等草原动物，它们在圈养环境中生长正常，但生殖力明显退化，甚至不能繁殖。又如大型马等在南方食物丰富环境，它们生长正常却不能繁殖。在大型动物灭绝的大量例子中，出现环境低压力的例子比比皆是，我在后面还将说明。

环境变化影响动物行为，也就决定了一些动物的生殖力。换言之，当环境压力改变，导致大型动物出现与正常生理、生殖不相符的行为，将造成其生殖力减弱或退化。这就是大型动物生殖力作用机制。

3.2 动物体型变化规律

3.2.1 大型动物体型和适应特点

大型动物是指一些在同类动物中体型较大者，包括哺乳类、爬行类、鸟类、鱼类等。它们主要分布在一些气候较不稳定地带或食物季节性波动环境中，动物出现迁徙行为或活动区间较大。如在较高纬度寒冷地带，产生马、熊、鹿等，季节性冷暖气候变化使大型动物以迁徙（迁移）适应，如北美驯鹿在冬季出现大

迁徙；又如在气候呈干湿季变化的非洲草原，有大象、野牛、斑马、长颈鹿等大型动物，它们以迁徙行为适应环境波动，出现草原动物旱季大迁徙。在海洋，在靠近南、北极区域也较多出现一些迁徙性大型动物，如鲸鱼在南极暖季时迁徙到来，大量捕食丰富的磷虾，在冷季时返回温暖水域，运动距离达数千公里。

体型较大动物在利用资源等方面有明显竞争优势。如大型动物长途迁徙回避环境不利变化，较好地利用不同区域资源，在植物生长季节可以大量进食迅速增重，在冬季能够刨开积雪觅食枯草，或在干旱时节能够消化一些低质量的植物等，即大型动物在较严酷环境有适应优势。因此在历史气候较严酷时期，或在生存环境较严酷区域，自然选择产生一些体型较大动物。

在温暖湿润雨林环境，四季如春，食物均衡稳定，即环境压力较小，动物活动区间减小，体型也较小。如南美热带雨林有种类繁多的小型哺乳动物，如卷尾猴等，又如在印尼等岛屿上生活着只有百多克重的眼镜猴等。一些迁入雨林的大型动物也出现变小趋势，如非洲热带雨林的倭象、倭河马、倭牛等，或爪哇雨林的侏儒象、犀牛等，它们体型明显变小。

3.2.2　大型动物体型变化规律

不同地理气候环境导致动物行为差异，动物行为适应性变化是体型改变的主要原因。大型动物由小型动物逐渐演化，当出现寒冷或干旱等气候波动变化，即环境压力增加时，动物行为出现适应性改变，如活动范围扩大、迁徙距离增加等，体型较大者能够较好适应环境变化，自然选择使动物体型变大。例如在第四纪冰期出现种类丰富的大型动物，因为寒冷气候迫使动物选择较大的迁徙区间，体型较大者具有生存优势，自然选择使体型变大；又如非洲草原象栖息地为热带稀树草原，季节变化迫使其不断迁徙，找寻水源和草地，使草原象体型远大于雨林的森林象；再如鲸鱼体型出现逐渐变大，与新生代海洋温度逐渐变冷一致。蓝鲸在极地和赤道之间洄游，完成由觅食到生殖的过程，新生代海洋变冷使得它们必须进行更长距离的洄游，蓝鲸也就成为体型最大的哺乳动物。

动物体型变大才能跑得更快，有更大的耐力，迁徙距离更远，较好地适应环境压力较大的波动。如马类演化由体型小如狐狸、适应湿润密林的小型马，到体型中等、适应疏林的三趾马，再到体型高大、适应干旱草原的大型马，即它们体型改变是适应不同环境压力的结果。犀类、象类等也有类似的体型变化过程。

另外，当环境食物均衡稳定，即环境压力减小，较小活动区间足以解决物种生存问题，体型较小动物具有生存优势，自然选择作用使动物体型趋向变小。如南美热带雨林是生物多样性最丰富地区，也是最缺乏大型动物的地区。据报道，一些较高纬度动物在温暖气候下也出现体型变小趋势，如苏格兰希尔塔岛上的绵羊变得越来越小，在过去 24 年中绵羊体型已经缩小 5%[26]。这表明气候变暖或环境食物增加导致动物体型变小。

环境压力增大或减小变化，动物体型相应出现增大或减小变化，这就是大型动物体型变化规律。

大型动物体型变化规律符合以迁徙或迁移适应季节性环境变化的类型，它们通过增加活动，体型逐渐变大。而对于一些非迁徙或通过身体功能特化适应环境的小型动物等，如采取地下生存方式等，它们有着不同的生态位和适应特点，承受环境压力方向不同，也就可能不符合大型动物体型变化规律。这是必须要注意到的。

3.3 大型动物的演化

3.3.1 地球气候周期变化概况

地球气候周期变化与大型动物演化密切相关，它造成历史一些年代的大型动物大量涌现，另一些年代却不见其踪影。地球气候活动相当复杂，这里仅是对地球气候周期基本概况做简单说明。

地球环绕太阳运转和时刻不停地自转，地球表面热量和温度分布不均衡，产生不同区域的气候特点，使同一区域气候出现季节性变化，形成气候的多姿多彩变化。根据不同的气候特点，地球表面分为热带、亚热带、温带、寒带等气候带。如较高纬度地区一般为温带和寒带，气候干燥寒冷，年间温差波动幅度大，出现由寒冬到酷暑的巨大反差；而在较低纬度的热带地区，年间温差变化较小，全年皆夏，温暖湿润。这些不同的气候特点对生物分布产生重大影响。

在气候历史上，出现气候周期的不断反复变化。各种地质和气候观察资料表明，地球气候呈波浪式变化发展，冷暖和干湿气候周期相互交替，周期时间长短不一。一般认为地球气候一直经历着长度为几十年到上亿年的周期性气候变化。气候的长周期和短周期举例如下：

大冰期与大间冰期，时间尺度为几百万年到几亿年。

亚冰期与亚间冰期，时间尺度为几十万年。

副冰期与副间冰期，时间尺度为几万年。

还有时间尺度在几百到几千年的寒冷期与温暖期，以及世纪内出现的短期气候变动。

历史明确记载的有3次大冰期：震旦纪大冰期（6亿年前）、

石炭－二叠纪大冰期（约2.7亿年前）、第四纪大冰期（约200万年前至今）。大冰期过后是大间冰期，一些较短的气候周期插入在长周期中，形成了复杂的气候周期和气候波动。据研究，在冰期的一些时段，地球大量陆地为冰川覆盖。如在1.8万年前的第四纪末次冰期，地球陆地有32%面积为冰川覆盖，因大量水分滞留在陆地上，使海平面下降达130多米；而在间冰期的一些时段，陆地冰层覆盖面积缩小，甚至在南极和北极地区也不见有冰层分布。

因此在不同的历史时期，地球气候带将发生改变，带来了生物分布的变化。如在石炭纪，我国大多数地区处于热带气候，形成丰富的煤矿资源。又如在早新生代，北极的格陵兰地区可见到温带树木。气候历史变化与动、植物地理分布变化具有一致性，成为建立气候环境模式与物种演替模式对应关系或演化规律的可靠依据。

3.3.2 大型动物灭绝机制

在历史不同气候周期产生一批又一批的大型动物，然后一批又一批被替换，上演一台“你方唱罢我上台”的演化连续剧。大型动物演替是与气候周期转变共进退的演化现象，遵循大型动物演化规律。

每一个大型动物都有其形成历史或演化特点，但其产生机制、发展路径及最终结局都一样。它们祖先产生于小型动物，可能是来自热带雨林某个不起眼的小动物，繁殖较多。它们或因气候改变，或因离开雨林，环境改变带来行为习性等改变，如从肉食性变为植食性，小个子变成了大个子，或由一胎多仔变为一胎一仔等。如大熊猫就是从原来食肉的小个子变成食竹的大个子，如今它们出现了生殖问题。

体型大和生殖力弱是大型动物的一个重要特征。如黑猩猩每年可生产一胎，大猩猩数年才能生产一胎，大熊猫生殖力不如小熊猫，大鸟产卵少于小鸟等。造成这种现象的原因尚不是很清楚，可能有大型动物交配困难、繁殖配子生成较少或精卵输送等问题，也可能有孕期和哺乳期较长的问题。这应该是一种正常现象：试想，假如它们可以大量繁殖，出现漫山遍野的大型动物，自然界如何承受得了？自然选择使大型动物的后代数量较少，也是自有其道理。

大型动物的存活率高，生一个便可能活一个。不幸的是，大型动物有迁徙等特化行为，通过迁徙行为适应环境波动，形成物种生殖力与环境较高压力的适应或依存关系。当环境气候改变或压力减小，它们将成为弱势群体，容易出现生殖力退化或繁殖失败。因此环境低压力是对大型动物生存延续的挑战。

事实上，历史上多次发生的大型动物群灭绝事件，都与气候周期转换或出现环境低压力相对应。例如，在白垩纪晚期到第三纪早期出现漫长的气候湿热周期，对应了恐龙灭绝；在晚更新世出现了一段延续时间较长的大暖期，对应猛玛象（见图3-2）、披毛犀等大型动物群灭绝。又如，普氏野马（Equus ferus przewalskii）的历史分布区曾到达我国中、东部地区，在气候变暖后仅存于西北部地区，即它们随着暖湿气候带的推进而后退[27]。这说明大型动物灭绝于环境低压力时期。

大型动物生殖退化与环境压力相关性，在圈养环境中得到充分验证，圈养环境就是典型的低压力环境。

圈养环境大型动物生殖力普遍退化，但寿命普遍延长，这是因为有稳定的食物保证，动物生存于低压力环境。如对一些圈养动物进行野化或回归自然试验，它们往往表现出对人工环境的依恋，一些动物离开后又千方百计重新返回。说明对动物来说，圈养环境较舒适（低压力环境），适合生长。但是，圈养环境不是

图3－2　猛玛象

一种1万年前灭绝的生存于寒冷气候的古象，在西伯利亚冻土中还保存着完整的猛玛象遗体

大型动物的健康生殖环境，如大象、犀牛、马、虎等在圈养环境中生殖力严重退化。对非洲鸵鸟圈养繁殖的实践表明，提供较大的活动场地，并确保鸵鸟正常活动，是繁殖成功的基本条件。一些鸵鸟养殖场面积较小，食物营养过高，出现大量的无精蛋、特大蛋以及难产现象，繁殖率较低。

由此可见，无论是自然环境还是圈养环境，对动物生殖力影响和作用机制是一致的，即环境低压力导致大型动物生殖力减弱。当气候周期由寒冷期变为温暖期，干旱草原变为湿润森林，环境压力减小，一些大型动物出现行为变化或不再迁徙，活动范围缩小，造成生殖力退化。这就是历史上轮番上演的大型动物灭绝的原因，而大型动物灭绝机制就是前面揭示的动物生殖力作用机制。

大型动物体型大而生殖力弱，必须依靠特定环境或适当压力才能正常繁殖。反过来说，它们能够较好适应气候波动、压力较大的特定环境，当出现环境变化或压力减小时，也就决定了大型

动物的命运。这是一种可怕的物种灭绝机制：因为用不着你死我活的生存竞争，就能够使看似强大的物种陷于灭绝之地。相比于一般的物种竞争，捕食者和被捕食者能够维持一种互相依存的数量平衡关系，即捕食者随着被捕食者数量减少而减少，结果两者都不会消亡。而在大型动物灭绝机制中，面对它们的是没有竞争的“杀手”，即低压力的舒适环境，它造成生殖的问题，使其种群数量不断减少，从而进一步造成无竞争的、更低压力的环境，如此恶性循环下去，也就产生不可逆转的灭绝。显然，这是大型动物自身无法解决的问题，怪就怪在它们喜欢低压力的舒适环境，却是不利于生殖的环境，结果必然是发生灭绝。

当气候变得严酷，环境压力增大，动物演化尚且可以变得体型更大些，产生巨型动物，继续与严酷环境抗争。也可以后退一步，如回到一些较低纬度、环境压力减小的区域，增加食物保障，也就能够继续维持其生存繁衍，即它们还有充分的回旋之地。而当环境压力减小，在较低压力环境的种群将最先灭绝，剩下种群只能在较高压力区（如高纬度区）维持生殖延续，一旦这些地带的气候也发生改变，出现食物充裕的低压力环境，这些最后的种群也就陷于绝境了。如在 1 万年前晚更新世出现大暖期，使猛玛象、披毛犀等大型动物灭绝了。

因此，动物生殖力响应规律成为大型动物的“杀手锏”，上演一场又一场的大型动物“灭绝剧”。无论是哺乳类、爬行类、鸟类，无论其演化历史是长还是短，只要其足够强大、凶猛，都难以逃脱环境气候的掌控。当气候温暖湿润，植物葱绿繁盛，出现了低压力环境，它们将落入大自然温柔的圈套中无法自拔，气候环境变化决定了它们的命运。

3.3.3 大型动物演化规律概述

大型动物演化规律由动物生殖力响应规律和体型变化规律构

成，它揭示大型动物产生和灭绝过程。一方面，大型动物由小型动物演化产生，是为了适应环境由低压力到高压力变化，自然选择使动物体型逐渐增大；另一方面，体型较大动物生殖力较小，必须在较高压力环境下才能维持正常的繁殖，当气候周期回到温暖湿润的环境低压力状态时，一些种类因繁殖失败而灭绝。环境压力增大使动物体型逐渐变大，最后因环境压力减小导致大型动物灭绝，这就是大型动物演化规律。

大型动物灭绝必然性在于环境压力必然发生变化。

其一，不同物种增长速度不同，导致环境压力发生变化，使一些大型动物面临低压力环境。如在寒冷期，生物量处于较低水平，大型动物环境压力较大；当气候变暖，生物量迅速增长，大型动物环境压力减小。由于大型动物与中小型动物、植物增长速度有较大差异，如中小型动物种类多、繁殖周期短、繁殖量较大等，其数量增长较快，而大型动物生长期较长、繁殖周期长、繁殖量较少，使其数量增长较慢，导致一些大型动物数量远远小于环境可容纳量，即出现了低压力环境。

其二，地球历史出现冰期与间冰期不断交替，环境压力必然出现周期性变化，导致大型动物的演替。例如在寒冷冰期中产生较多种类的大型动物，当出现间冰期的温暖、湿润气候，环境由草原到森林演替，形成低压力环境，导致一些长期适应高寒环境的大型动物退化、灭绝，如猛犸象、披毛犀等；而在一些较低纬度的雨林地区，在冰期可能出现雨林解体、破碎，发生由雨林到草原的演替，环境压力增大产生了一些大型动物，而当气候周期回到间冰期，或重现了湿热雨林，环境压力减小，造成这些大型动物退化、灭绝，如南美有蹄类等大型动物，因气候周期变化而灭绝。

事实上，大型动物演化历史就是它们与环境气候变化的对应史。大型动物化石较多出自较高纬度等环境不稳定地区，特别是

大灭绝事件的化石，如北美洲的阿拉斯加既是白垩纪晚期恐龙化石富集区，又是晚更新世灭绝时期的大型动物化石富集区。显然，大灭绝时期气候持续温暖、湿润，大型动物较多生存于较高纬度等一些能够维持较高压力的地区，但这些最后种群也无法摆脱灭绝的命运。

一些在冰期迁移到温暖地带的大型动物，它们走上了一条不归路。例如，在冰期气候较干燥、海平面较低时期，分布在东南亚及马来半岛的一些大型动物，如大象、犀牛、虎等，纷纷通过露出的陆桥扩散，进入苏门答腊、爪哇、加里曼丹岛等地。当气候逐渐恢复温暖、湿润，海平面上升，这些动物发生了体型变小和灭绝现象。其中苏门答腊大象、犀牛、虎已经极度濒危；爪哇侏儒象在200年前灭绝了，爪哇虎在得到保护后也灭绝了，现存的爪哇犀牛已几乎不生育，极度濒危；加里曼丹岛的侏儒象、犀牛情况也类似，在获得严格保护后，种群数量并无起色。

地球气候周期反复变化产生大型动物的反复演替，成了大型动物演化规律的最好验证。

在中生代温暖气候周期，环境酷热使干旱连连，出现大面积的旱季和湿季交替气候带，迫使一些爬行动物进行季节性迁徙，体型逐渐变大。恐龙凭着较大体型、变温和卵生等特点，较好地适应了气候干旱和食物季节性变化环境，选择压力使恐龙体型不断变大，如一些蜥脚类体长超过30 m。在体型结构上，蜥脚类恐龙的四肢粗壮有力，要比鳄类等更适宜在陆地上长途行走，即它们有更强大的迁徙能力，它们演化产生的体型也就超过鳄类，成为历史上最大的陆地动物。

在新生代寒冷气候周期，环境压力增大使哺乳动物体型变大，形成各种由小变大的动物系列。如马类系列，从体型小如狐狸的始新马，到身高2 m的现代马；象类系列，从体型小如猪的始祖象，到体长达 5 m、高度 3 m 的冰河时期猛玛象；熊类系列，从始新世的体小如猫，到冰河时期体重超过 700 kg 的巨穴熊；鹿类系列，从早期体小如兔子的古鼷鹿，到 7000 多年前灭绝的、高度达 2 m 的爱尔兰巨鹿；猿类系列，从小狐猴到体重 200 ～ 500 kg、站立高度达 3 m 的巨猿；还有鲸类系列等。一些适应长途迁徙的鸟类体型也变大。这些大型动物从冰天雪地到茫茫戈壁，在应付各种严酷气候中奋力拼搏，展现了它们的强者风范，为生物演化谱写出一曲曲悲怆的生存之歌。

但是，当环境改变，时运变迁。大型动物有本事应对严酷气候或食物短缺的季节性环境，却难逃温和气候时期的环境摆布，食物充裕环境使动物陶醉沉迷，死神来临却全然不觉，这才是可怕之处，这些生命强者最终都走上了灭绝之路。可以预期，假如气候变化改变非洲大草原干湿季气候，均衡雨水使草原不再凋零，兽群不再逐草迁徙，必将使一些大型动物消失；假如南极变暖，蓝鲸不再洄游返回温暖海域，蓝鲸也将灭绝。

大型动物演化规律为我们揭开一幅幅令人扼腕叹息的动物史画卷，它解决大型动物从何处而来，又将去向何处的问题，还原其演化历史。它又表明生物演化的极限性，即生物演化只能维持物种与环境依存关系。大型动物由严酷环境演化产生，它们必然依存于这一环境，遵循生物演化基本规律。

3.3.4 大型动物演化模式

古生物体型增大定律是由古生物学家德帕锐（Charles Deperet）等提出的，古生物每一个小的分支都是从小的体型开始，当体型逐渐增大达到最大体型时，这一分支就灭绝了[28]。我国著名的古生物学家裴文中对这一定律做出重要的修正，他指出当

动物演化达到最大体型后又缩小，在缩小过程中这一分支开始灭绝。很明显，动物体型变大是因气候严酷或环境压力增大，体型变小是因气候温和或环境压力减小造成，而体型变小伴随灭绝则是因环境低压力作用，引起生殖力退化的结果。就是说，体型变小和灭绝的根源都是环境低压力作用，遵循大型动物演化规律。

裴文中以敏锐的洞察力发现了古生物灭绝前发生体型变小，修订了"古生物体型增大定律"，这也是对生物演化理论的重大贡献。有学者认为应该将定律命名为"德帕锐－裴文中定律"，这十分有必要，因为他揭示大型动物演化模式，当之无愧。而大型动物演化模式由大型动物演化规律获得圆满解释，它阐明动物体型变大—变小—灭绝与环境变化的关系，即环境压力增大使动物体型变大，环境低压力导致大型动物体型变小、生殖力退化和灭绝。

对晚更新世大型动物群的体型和牙齿进行测量，发现在灭绝时期食草动物平均齿冠高度降低，平均体型减小[29]。动物齿冠高度降低，表明环境青绿植物增加，与当时出现温暖湿润气候、植物生长繁盛的背景相一致。就是说，在严酷气候环境中产生大型动物，在温和气候环境中则体型变小和灭绝，符合大型动物演化模式。

实际上，大型动物演替是一个相当缓慢和反复的过程，与环境生态演替过程相一致。当气候变化或环境出现由草原到森林的逐渐变化，一些大型动物可能出现迁徙行为变化，生殖力减弱导致种群数量减少，而当草原气候环境恢复，一些尚存的种群可能迎来一次转机，即它们重新恢复以往的行为、生理和生殖，使种群得以延续。气候变化模式决定大型动物演化模式，也就决定大型动物的命运。

大型动物演化模式可用下面两个例子清楚地说明：

一是非洲草原象在干旱草原环境中终日为食物和水源奔波迁徙，在忍受饥渴后才能迎来短暂的温饱季节和生育高峰，非洲草原象目前仍然在正常演化，数量较稳定。

二是爪哇犀牛处于终年草木青绿的雨林环境，饱暖安逸，体型变小，出生率低（据认为比正常低4倍），爪哇犀牛将逐渐走向灭绝，正如爪哇侏儒象已经灭绝一样。

大型动物演化模式对物种保育具有重要的现实意义。如一些雨林的大型动物出现了体型变小，繁殖率低而处境濒危，意味着它们的生存环境并非合适的生殖环境，应该采取相应的物种保育措施。

3.4 大型动物演化的认识误区

3.4.1 动物生殖力与环境关系

动物生殖力与环境关系是建立大型动物演化规律的基础。以往对这一问题出现认识偏差，我认为主要有两方面原因：

第一，疏忽环境低压力对大型动物生殖的不利作用。在自然环境中食物增加，出现种群数量增长，一般认为是动物生殖力增加。但是，这里面有两种不同的情况：一种是从食物短缺状态开始的食物增加，产生动物生殖力改善或正面作用，这种情况较多符合一般的中小型动物；另一种是从食物已经基本满足开始的食物增加，如当大型动物种群数量稀少，或它们通过迁徙已经满足了食物要求，这时食物增加就是多余的，它对动物生殖力的作用将可能是负面的。

对于一般中小型动物来说，在这种情况下，种群还是可以继续保持稳定或增长，但这种增长可能是将动物提早繁殖、多次繁殖和存活率增加等的贡献也算进里面。就是说，它们的生殖力可能减小，但却能够获得额外的生殖或生存补偿，使种群从食物增加中得到数量增长的好处。

对于一些称王称霸的大型动物，或生殖力弱、存活率高的种类，当出现食物富余的情况时，它们的结果将大不同。

大型动物一般每年只繁殖1次或多年1次，生殖力较弱，环境低压力使生殖更少。它们存活率较高，环境低压力造成生殖减少的数量超过了存活率增加所获得的补偿，即入不敷出，其种群数量将逐渐减少。事实上，在灭绝前夕的大型动物数量已经十分稀少，种群密度极低，这使得环境食物资源变得十分充裕，但它们生殖力衰退，难以挽回繁殖失败的灭绝命运。如最后的恐龙产生大量堆积的不受精的恐龙蛋，就是最好的证明。

达尔文曾记述南美洲的马、乳齿象、大地懒、箭齿兽等大型动物化石，对它们的灭绝感到惊讶，他说："大型马被西班牙人带到南美洲之后，已经在整个大陆恢复了野生状态，其数量增长速度之快，堪称史无前例。"他惊讶在如此有利于生存的环境条件之下，南美马却在这么近的时期发生灭绝。他假设这些物种如果生存至今，一定是稀少的分布，因为物种变得稀少就是灭绝的前奏。他认为环境必然存在某种不利因素在不利于它们生存，"但这种不利因素是什么？我们向来都难以回答"。

其实，达尔文碰到的问题就是大型动物演化规律所揭示的问题。南美马等是在南美洲产生，因为北美洲并没有发现其种类，根据大型动物演化规律，说明南美洲在历史上曾出现过压力较大环境或气候周期，适合产生各种大型动物，而它们发生灭绝是出现气候周期的改变，即环境低压力。遗憾的是，达尔文没有从环境变化上解释原因，而是从物种优胜劣汰上解释原因。他发现南美马与现代马不是同一个物种，他认为生存竞争或演化能使一些改进类型（现代马）占有优势，或使一些较少改进的类型（南美马）逐渐地灭绝，因而现代马可以在南美洲很好地生存而南美马却灭绝了。

在这里，达尔文忽略了气候环境改变的作用。历史上南美洲和北美洲曾经出现陆地桥（通道）连接，有多种大型动物在两地迁移或交换，如北美洲的乳齿象、剑齿虎等到达南美洲，或南美洲的大地獭、犰狳进入北美洲，它证明当时的海平面较低，或气候较寒冷干燥，产生了南美洲和北美洲的大型动物。在晚更新世出现海平面升高100多米，证明气候变暖了，即过去的气候出现了冷暖波动变化。就是说，现代马在南美洲可以生存，是因为灭绝南美马的低压力气候模式已经过去，恢复了压力增大的气候模式。达尔文没有建立气候模式与物种类型对应关系，即没有建立大型动物演化规律，无法看清气候环境改变对大型动物的演替作用，也就不可能解释南美马的灭绝问题。而他所建立的自然选择理论，对于物种“选择什么”的基本问题，也就成为一种空洞的、各自解释的问题。这点在后面将有较多的讨论。

第二，在演化理论上存在误区。进化生物学理论假定生物具有高度适应性，生物演化能够不断获得或增加适应性，如使物种具备最大繁殖力的特征，或物种将对不同环境采取最适当的繁殖策略，如对胎仔数和仔大小进行权衡[30]。最适繁殖对策成为进化生态学理论的支柱之一[31]。

这是一个误解。其实，生物演化只是在维持物种与环境的依存关系，即遵循生物演化基本规律。环境变化使物种生殖力改变，有的物种能继续维持正常生殖，有的无法维持正常生殖，这是动物对环境的必然响应。如在种群密度小、食物充裕的环境，大型动物却少生育，或在人类提供食物的圈养状态，它们不能正常生育。它们在有利于繁殖的条件下却减少生育，显然不符合进化生态学理论的繁殖对策原理，如此“权衡”将使其走向灭绝。

就繁殖力强盛的人类来说，如果一些人长期沉迷于食物堆里只顾快乐，也可能难以正常生育后代。研究表明，食物过量和活动少，导致出现肥胖症。许多肥胖者常伴有生殖无能综合征或生

殖器官退化症，因为生殖激素很容易在脂肪中溶解，体脂增加可使雄激素转化为雌激素，使体内雄激素偏低，性欲和性功能减退。所幸的是，人类具有高度智慧，懂得合理饮食、加强运动等，维护自体健康和生殖，并采用先进的生育技术，提高母婴成活率，人口增长并没有出现问题。

一般动物可就没有这么好的运气。一些大型动物在食物丰富的密林中出现繁殖问题，如爪哇犀牛、侏儒象等。它们生殖力不断退化，难以维持其种群数量，物种濒临灭绝。可见它们并没有演化出完善的生殖策略，而是重复了千万年来大型动物生殖力对环境的响应规律，即环境低压力产生生殖退化，使它们难以摆脱同样的灭绝命运。

高纬度地区鸟类每次窝卵数较大，一些学者认为是因高纬度有较长的白天，允许亲鸟有更多觅食时间和喂育较多的窝雏数，即环境食物条件较有利产生较大窝卵数。但是，在高原地区鸟类的窝卵数也增加，这些地区并没有较长的白天，不存在有利的食物条件。这说明食物条件不是它们增加繁殖数量的主要因素。又如高原鼠兔等在食物资源宽松时期，胎仔数减少，而在资源紧张时期，却出现了较大的胎仔数，这同样是生殖策略与环境条件不相符。动物为何喜欢在食物较不利环境每次生育更多后代，或者在食物较有利环境每次生育量减少？这是由于生殖力响应规律作用，生多生少是身不由己。

高原鼠兔一般年产一胎，在植被恢复或食物较充裕的环境下，它们增加年繁殖次数，即出现冬季前繁殖。繁殖次数变化被认为是动物生殖策略与环境变化相适应。但高原鼠兔增加繁殖次数往往是无效繁殖，因为冬季出生的幼仔基本上是冻死，没有过冬存活能力。对这一不符合生存法则的生命大浪费，一些学者的解释是，这些无效个体存在将有利于其他个体生存，如减少一些健壮个体被捕食危险，即所谓的稀释保护效应。这不是荒谬吗？

增加繁殖次数明明是因植被恢复、营养充足，动物加快发育和发情，有交配就必然要怀孕，有怀孕必然要出生，出现冬季生殖是不得已而为之。

在热带雨林环境，一些小型鸟类的代谢率降低，出现繁殖投入较少或繁殖成功率低等现象，但其寿命普遍增加，这种现象被称为“生活节奏”策略[32]。研究认为这体现生活史策略中的交换权衡原则，即动物放慢生活节奏或减少繁殖而换来寿命的延长，它对延长人类寿命有所启示。其实，动物减少生育而获得长寿的类似例子不胜枚举，如在雨林的大型动物寿命普遍较长，而它们生殖较少，在圈养环境的动物寿命普遍延长，但生殖力明显退化。说明因食物充裕而减少活动和减少生殖，这是动物对环境变化的必然响应，将其提升为策略是过于抬高它们了，因为减少活动、减少生育与增加寿命的交换，对于一些多产的小型动物还可以，但对于一些大型动物或迁徙鸟类，可能就会有灭种之忧。

很明显，动物生殖权衡或最大生殖适合度理论是一场误会。自然选择获得的生殖特征只是符合或适应特定环境的生殖特征，而不是适应不同环境的生殖特征，因为生物演化只是维持物种与其环境依存关系，大型动物来自严酷的环境，它们的生殖也就必须依赖于这一环境，即遵循演化规律。进化生物学理论做出生物演化提升了生殖适合度的假设，它偏离生物演化本质，不符合大型动物在低压力的优质环境出现生殖退化的事实，是一种脱离事实的理论。

动物生殖是机体对环境变化的必然响应，是否生殖、生多生少是由环境决定的，动物并没有权衡生殖的本事，它们是被动的一方。特别是动物本性更喜欢慢节奏、竞争较小的低压力环境，不喜欢快节奏、竞争较大的高压力环境，与动物生殖力“奖勤罚懒”机制存在矛盾，它们也就不可能有正确的生殖权衡，除非具备了人类的智慧。

3.4.2 大型动物体型与环境关系

动物演化发生体型变化，一些变大，另一些变小。在解释动物体型变化影响因素和作用机制上，不同专家学者见解不一。

贝格曼定律是由学者 Bergman 提出，其原始定义是："在相等的环境条件下，一切定温动物身体上每单位面积发散的热量相等。"这一定律被一些学者用来解释恒温动物体型的地理变异，即"在同种动物中，生活在较寒冷气候中的种群，其体型比生活在较温暖气候中的种群大"。因为"大型动物具有小的体表面积与体积之比，在体温调节中比小型动物消耗的能量少。"换言之，在寒冷环境中大型动物可以减少体热散失，体型增大是对寒冷环境的适应[33]。

但是，在非洲干热草原并非寒冷之地，如何演化出现大型动物群？在中生代高温气候环境下，为何能够演化产生出种类繁多的、体型巨大的恐龙？在热带草原或高温气候时期，动物演化应该增加散热，体型变小才对，却出现体型变大，与贝格曼定律完全相反。这说明采用贝格曼定律解释动物体型演化是错误的。

一些学者提出"食物条件决定动物体型变化"的观点，认为食物丰富，营养充足，身体强壮，一代一代地遗传下去，身体就逐渐增大[34]。但是，哺乳动物在第四纪冰期达到了最大体型，这可是极其寒冷的冰河时期，出现冰天雪地、食物贫乏的严酷环境，与食物丰富对不上号。

在岛屿上一些动物体型变小，据认为是由于岛屿面积小，食物相对缺乏，体型变小更适合生存。但是，在热带雨林动物也变小，如南美热带雨林是各种小型动物的聚集地，唯独缺少大型动物，非洲森林象和爪哇犀牛等在雨林体型也变小。雨林广大和食物丰富，不存在面积小和食物缺乏问题。这说明以食物条件解释体型演化不符合实际。

由此可见，以往对动物体型改变原因和作用机制仍然不明晰。大型动物为何体型变大？是环境食物稳定或营养作用，还是环境食物波动对动物行为作用所致，这是两种相反结论，将导致对大型动物演化环境的不同判断，是建立大型动物演化规律必须解决的基本问题。

在生态分布上，现代大型动物是适应气候不稳定或环境食物季节性波动的佼佼者。如在地球高纬度区或非洲大草原，正是环境食物波动使它们必须维持较大的活动区间，出现动物迁徙等行为，随着环境压力增大而动物体型变大。

在历史分布上，大型动物大量涌现时期是环境较为严酷的气候周期。如中生代出现由高温的旱季与湿季交替的气候环境，它使爬行类的恐龙体型变大，演化出大型动物的极致。在新生代第三纪早期气候温暖湿润，中小型爬行类、小型哺乳类和鸟类为优势，在第三纪中后期气候趋冷，动物迁徙产生各种大型哺乳动物，在第四纪冰期气候更加寒冷或严酷，大型动物迁徙路程更远，演化产生各种体型巨大的哺乳动物。

显而易见，大型动物体型变大是环境气候波动所造成的动物行为等适应性结果。气候环境波动或食物季节性改变，出现大型动物迁徙等行为，体型增大有利于物种生存，自然选择压力使得动物体型变大。这就是动物体型与环境关系，是构建大型动物演化规律的基础。

大型动物演化规律意义十分重大，它澄清了演化历史。以往疏忽这一重大规律，原因显然在于上述两大失误，即没有解决好环境与生殖力关系、环境与动物体型关系，因而缺乏大型动物演化的认识基础。该规律有助于一系列问题的澄清和解决，如生物大灭绝事件、演化过渡种缺失原因、岛屿物种易灭绝原因以及濒危大型动物保育等，它产生了对生物演化历史的重新认识，或导致一些普遍的演化观的“大回转”，是对达尔文进化论问题的产生根源做了深层次的解剖。对这一个我首次发现和建立的重大规律及其涉及的一系列问题，还将在后面几章做进一步介绍。

大型动物演化规律成为大自然控制生物“强者”——大型动物的作用工具，即无论物种如何演化，或无论它们变得如何强大，都摆脱不了气候环境变化的掌控。它揭示了自然选择的局限性，即演化只“维持”物种与其环境依存关系，任何物种演化性质一致，从而明晰生物演化性质。它成为建立生物演化基本规律的重要支柱，具有重大的意义。

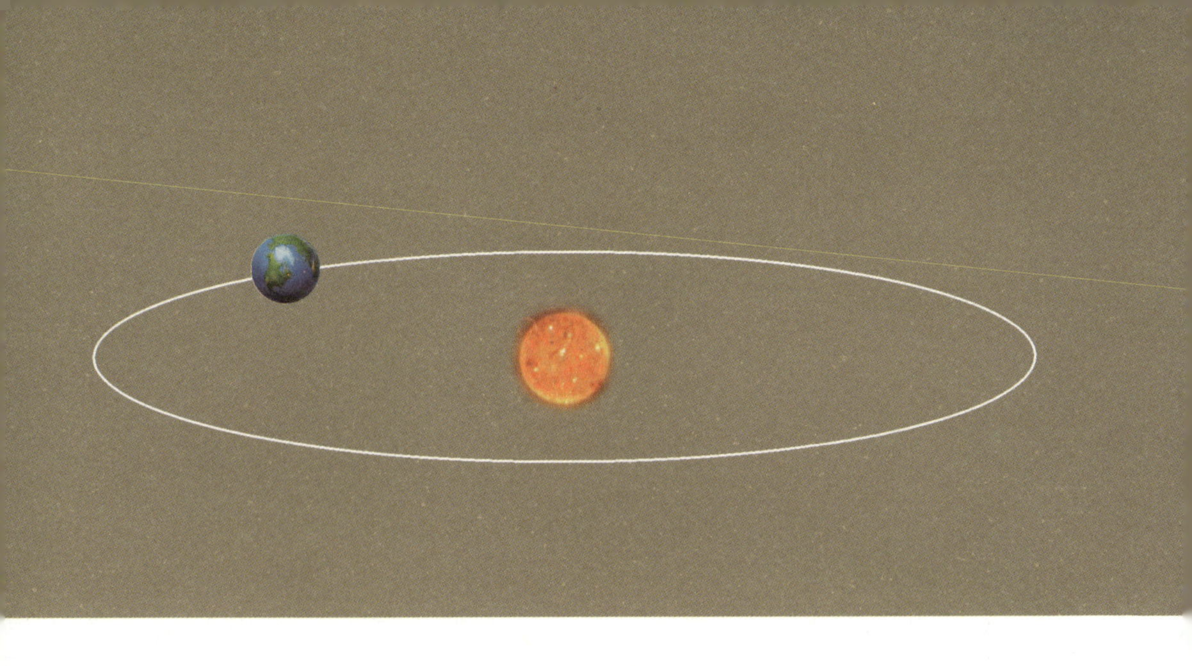

第4章　生物大灭绝事件的原因

历史上发生了多次生物大灭绝事件，与地球气候周期和气候演变具有对应性，从大型动物演化规律可以解释事件发生的主要原因。如二叠纪末发生大型兽孔类动物灭绝，或白垩纪末发生恐龙灭绝等，都符合大型动物演化规律。事件波及其他生物，也是气候周期波动过程所带来的不同作用，如气候从温暖到寒冷改变，造成一些浅海软体动物发生灭绝。这说明以往对事件中灭绝物种的统计，只是涉及局部环境或一些能够较多保存化石的种类，它们不具有整体的代表性，对大灭绝事件规模存疑。

新生代晚更新世大型哺乳动物灭绝事件的例子，以及现代人类活动对大型动物濒危、灭绝影响的例子，充分表明大型动物演化规律作用，它说明生物大灭绝事件的实质就是地球气候变化产生的生物演化。

4.1 大灭绝事件的争议

历史上发生多次的生物大灭绝事件，它们往往成为划分地质期的标志。如二叠纪末大灭绝事件是古生代与中生代的界限，白垩纪末大灭绝事件是中生代与新生代的界限。但是，以往对大灭绝事件的原因、发生过程和规模等仍相当模糊，不同研究者说法不一，成为长期争议的老问题。

大灭绝事件的一个共同点，就是发生一些大型动物“突然”消失的地层记录：古生代末发生大型兽孔类灭绝，中生代末发生恐龙灭绝，新生代晚更新世发生大型哺乳动物群灭绝，历史记录了一次又一次的动物群“突然”消失或灭绝事件。

在二叠纪末大灭绝事件上，一些大型兽孔类（似哺乳类爬行

动物）消失，同时被记录灭绝的还有其他一些种类，如海洋的三叶虫和一些软体动物等。陆地和海洋生物同时出现大灭绝，这必然会是一次惨烈的惊天动地的灭绝事件，学者纷纷做出各种推测。有人认为当时有一颗小行星撞击地球，或发生火山大爆发，也有人认为是气候变化的原因，结论不一。在灭绝时间上，有认为是迅速灭绝，也有认为是延续了十万年的灭绝[35]，甚至延续时间达百万年以上[36]。

在白垩纪末恐龙灭绝事件上，主流观点认为是发生小行星撞击地球，它产生的尘埃遮天蔽日，使气候变冷和植物枯萎，恐龙失去食物而灭绝[37]。这一观点来源于小行星“撞击坑”，或地层微量元素变动的分析报告，证据似乎确切。恐龙与一些海洋生物等同时灭绝，成为历史上又一个惊天动地的大灭绝事件。

对这两个事件发生原因的争议，首先是在灭绝时间上无法取得一致，有人认为是突然的，有人认为是十万年甚至上百万年。如在恐龙灭绝上，一些学者发现在不同地层的恐龙化石种类呈逐渐减少的趋势，表明其灭绝时间延续数万至数十万年，小行星灭绝恐龙之假设也就不合理。其次是中小型动物种类为什么能够继续生存下来的问题，如几个科的大型鳄类灭绝了，几个科的中小型鳄类生存下来。这些问题无法解释，也就难以合理解释事件原因。

例如，小行星撞击之后产生的尘埃如何可能在空中长时停留，使气候变冷，植物枯萎？这不符合物理学原理。大型动物因缺乏食物而首先灭绝，这也不合逻辑：动物世界是大鱼吃小鱼，大型动物有捕食小型动物的能力，也有更强的忍饥挨冻的耐力，以及长途迁徙回避不利环境的优势，最先灭绝者应是中小型动物才对，而它们却能够生存下来。可见小行星灭绝恐龙之假设破绽百出，不能自圆其说。对二叠纪末大灭绝事件的解释也是如此，解释上充满了矛盾。

陆地与海洋生物被认为是同时发生的灭绝。但是，陆地和海洋地质特征不同，要确定数千万年乃至上亿年地层的时间年代，误差在数十万到百万年尚属正常，如此，又如何能够确定陆地和海洋同时发生了生物大灭绝？它只能是凭猜测或估计。这当然不是严肃的科学。

还有一个逻辑问题。生物演化中间过渡种化石缺失是一个基本事实，而在一个远古的突然事件中，却能够得到几乎完整的物种化石数据，如在二叠纪末大灭绝事件中，就有“70%的陆地动物和96%的海洋动物”[38]灭绝了，其数据已经涵盖绝大多数生物。如果这是真的，它就产生了一个问题：即到底是相信大灭绝事件的数据，还是相信物种演化中间过渡种化石的缺失？数据与事实存在矛盾。

如此看来，必须对生物大灭绝事件进行一次重新梳理，还原历史真相。关键点还是大型动物的灭绝问题，因为每次大灭绝事件都离不开它们。大型动物演化规律成为解决问题的关键钥匙。

4.2 大型动物的分布特点

从寒武纪开始到二叠纪结束，古生代延续时间近3亿年，从三叠纪开始到白垩纪结束，中生代延续时间近1.6亿年，在6500万年前恐龙灭绝后进入新生代（见表4-1）。在古生代、中生代和新生代都出现过一些体型较大的动物，如似哺乳类爬行动物的兽孔类、爬行类的恐龙和现代的大型哺乳动物等。

表4－1　地质年代与陆地脊椎动物演替对照

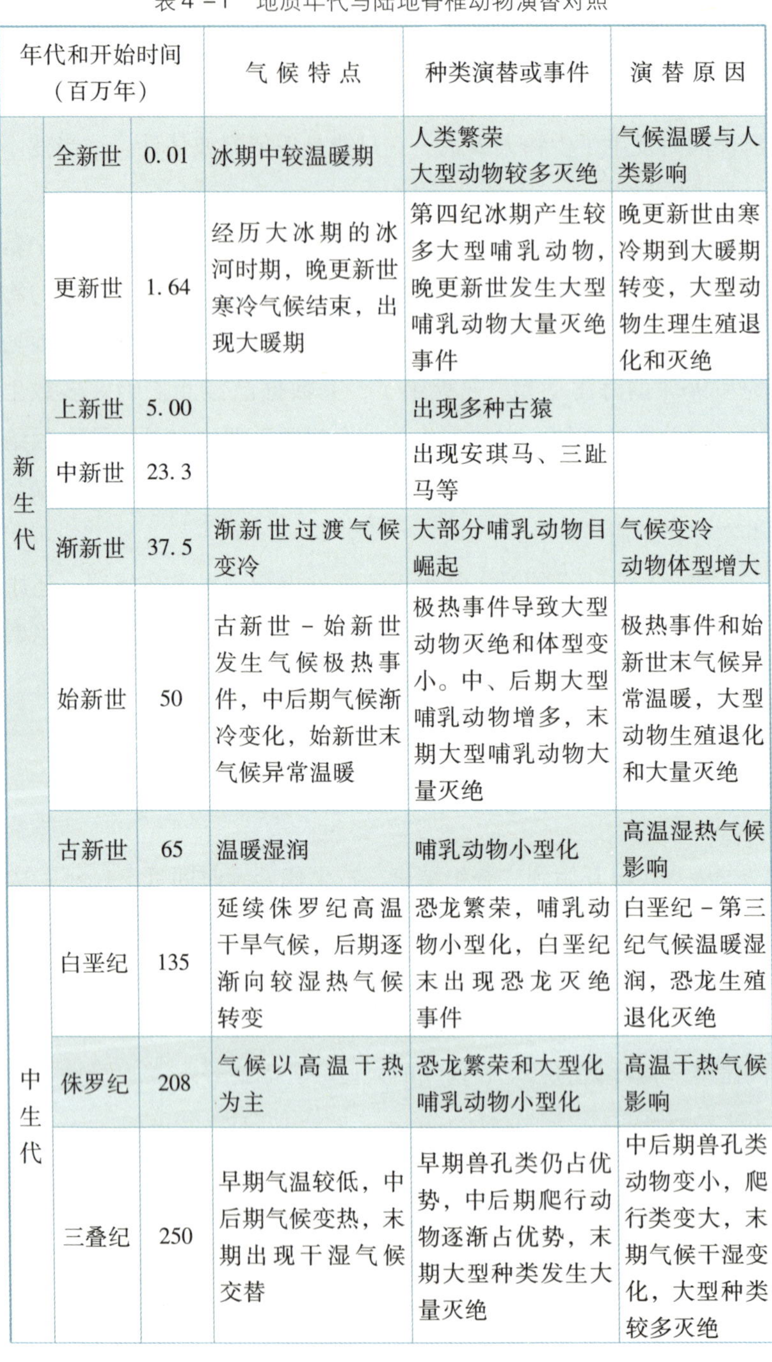

年代和开始时间（百万年）			气候特点	种类演替或事件	演替原因
新生代	全新世	0.01	冰期中较温暖期	人类繁荣 大型动物较多灭绝	气候温暖与人类影响
	更新世	1.64	经历大冰期的冰河时期，晚更新世寒冷气候结束，出现大暖期	第四纪冰期产生较多大型哺乳动物，晚更新世发生大型哺乳动物大量灭绝事件	晚更新世由寒冷期到大暖期转变，大型动物生理生殖退化和灭绝
	上新世	5.00		出现多种古猿	
	中新世	23.3		出现安琪马、三趾马等	
	渐新世	37.5	渐新世过渡气候变冷	大部分哺乳动物目崛起	气候变冷 动物体型增大
	始新世	50	古新世－始新世发生气候极热事件，中后期气候渐冷变化，始新世末气候异常温暖	极热事件导致大型动物灭绝和体型变小。中、后期大型哺乳动物增多，末期大型哺乳动物大量灭绝	极热事件和始新世末气候异常温暖，大型动物生殖退化和大量灭绝
	古新世	65	温暖湿润	哺乳动物小型化	高温湿热气候影响
中生代	白垩纪	135	延续侏罗纪高温干旱气候，后期逐渐向较湿热气候转变	恐龙繁荣，哺乳动物小型化，白垩纪末出现恐龙灭绝事件	白垩纪－第三纪气候温暖湿润，恐龙生殖退化灭绝
	侏罗纪	208	气候以高温干热为主	恐龙繁荣和大型化 哺乳动物小型化	高温干热气候影响
	三叠纪	250	早期气温较低，中后期气候变热，末期出现干湿气候交替	早期兽孔类仍占优势，中后期爬行动物逐渐占优势，末期大型种类发生大量灭绝	中后期兽孔类动物变小，爬行类变大，末期气候干湿变化，大型种类较多灭绝

续表 4 –1

年代和开始时间（百万年）			气候特点	种类演替或事件	演替原因
古生代	二叠纪	290	处于石炭 – 二叠纪大冰期中后期，气温仍较低，二叠纪末出现气候冷暖较大波动	似哺乳类爬行动物占优势，早期为盘龙类，中后期为兽孔类；二叠纪为大型种类逐渐灭绝	二叠纪末气候冷暖交替导致一些体型较大的兽孔类动物和海洋贝类等大量灭绝
	石炭纪	362		似哺乳类爬行动物出现 爬行动物出现	
	泥盆纪	410		两栖动物出现 鱼类繁荣	
	志留纪	439			
	奥陶纪	510		鱼类出现	
	寒武纪	570		寒武纪物种大爆发	经历漫长物种演化过程

似哺乳类爬行动物就是早期的哺乳动物，在后面将有介绍。在二叠纪这类动物曾十分繁荣，它们体型大小不一，有的体长达到 3～5 m，与今日的大象不相上下。在二叠纪末灭绝事件中，一些体型较大种类灭绝，包括捕食性的丽齿兽（gorgonopsid）、草食性的二齿兽（dicynodon）和麝足兽（moschops）等。

直到三叠纪早期，似哺乳类爬行动物仍然是优势种类，如广泛分布的水龙兽（lystrosaurus）等，它们体型类似猪或羊的大小。在美国亚利桑那州的一个化石点，发现有 40 多个肯齿兽化石，它们长有较长的獠牙和强壮的喙状嘴。据分析，肯齿兽特化的獠牙和嘴适合挖掘植物根部，尤其是在旱季，植物在地面上部

分已枯衰，但地下部分鲜嫩，富含水分。

由此表明在二叠纪末事件发生之后，中小型的似哺乳类爬行动物种类生存了下来。在南部非洲、俄罗斯和北美洲等地区，似哺乳类爬行动物化石发现较多，体型较大，说明这些较大型的早期哺乳动物主要分布在气候季节性波动的较寒冷地区，符合哺乳动物和大型动物演化规律。

在三叠纪中后期，爬行动物逐渐崛起，包括槽齿类、恐龙等，与当时地球气候变暖一致。中生代气候高温、干旱，如白垩纪平均气温高于现今约 10 ℃。恐龙是中生代占优势的大型爬行动物的总称，包括陆地行走的恐龙、海洋的鱼龙和天空上的翼龙，有草食性、肉食性等。目前已经发现的恐龙有 285 个属，约 500 种，有专家估计生存在中生代的恐龙种类为 900 ～ 1200 种。

在分布上，在美国发现的恐龙有 64 属，蒙古有 40 属，中国 36 属，加拿大 31 属，英国 26 属，阿根廷 23 属，它们占恐龙总数的大半以上。这些地区都是季节性明显或气候较为波动之地，符合大型动物的产生和分布特点。这证明恐龙演化符合爬行动物演化规律和大型动物演化规律。

新生代从恐龙灭绝开始至今。新生代大型哺乳动物种类十分丰富，气候研究资料也比较完整，能够较好地展现不同动物与气候环境相依存的关系或演化特点，成为检验演化规律、澄清演化历史的有力证据，值得详细分析研究。

动物学上根据地球不同区域气候特点和动物地理分布差异，将动物地理分布划分成不同的界，如古北界、新北界、埃塞俄比亚界、东洋界、新热带界、澳洲界等。

古北界和新北界位于北半球，包括欧洲、俄罗斯和北美洲等地，属于北方寒带和温带动物区系。古北界和新北界同样受到北极气流影响，且两地在历史上存在交流通道，物种分布上有相似性。寒冷季节性环境使一些动物适应迁徙行为，动物活动区间较大，盛产一些体型较大种类，如马、骆驼、象、牛、虎、熊、鹿等。

该地区出现的动物演替或灭绝事件较为频繁。如古新世—始新世交界发生了“极热事件”，动物群发生替换，始新世—渐新世交界气候变化，出现动物“大置换”事件，晚更新世出现“大暖期”，发生了大型动物群灭绝事件等。这些事件都是因气候改变，由新的动物类群取代旧的动物类群，标志着旧的地质年代结束和新的地质年代开始。

位于非洲等地的埃塞俄比亚界和位于亚洲等地的东洋界，两地现存有较多种类的大型动物。非洲干湿季气候变化形成广阔的热带草原，大型动物以迁徙适应较大的环境压力，如大象、野牛、斑马、长颈鹿，以及在沙漠和半沙漠地带生存的骆驼等。在东洋界同样存在各种干旱或干湿季气候带，以及高山峻岭等较大压力环境，一些大型动物较好地适应环境，如印度象、犀牛等大型植食性种类，以及印度狮等肉食性种类，牛亚科种类也较多。另外，在非洲热带雨林存有一些体型变小和濒危种类，如森林象、倭河马等，相似的，在东洋界一些热带雨林存有体型变小的犀牛、侏儒象等，物种高度濒危。

新热带界位于南美洲等地，气候温暖、湿润，形成大面积的郁闭雨林，具有种类繁多的小型哺乳动物，如各种卷尾猴、有袋类如负鼠等。爬行类和鸟类也十分丰富。但植食性大型动物极少，缺乏一些广布种类如偶蹄目、奇蹄目和长鼻目动物等。历史上南美洲曾出现许多大型哺乳动物，如南美有蹄类和大型有袋类等，各种大型鳄鱼、蟒蛇、骇鸟等也曾占据捕食者地位，这些大型种类在气候交替变化中灭绝。在巴拿马海峡出现连接后（约300万年前），南美洲和北美洲动物曾发生过交换，北美有剑齿虎、乳齿象、猫科动物等进入南美，南美有人地獭、雕齿兽、犰狳以及有袋类等进入北美，这些动物多已灭绝。南美洲现存体型

较大动物有美洲骆驼、南美貘、美洲虎等。美洲骆驼生存于南美西部和南部高原等较寒冷、干燥地带，美洲虎曾经广泛分布，生活在较高纬度的体型较大，生活在热带雨林的体型较小。

澳洲界以有袋类为优势种类，如袋鼠、袋熊、袋狼等，也是一些爬行类如巨蜥、毒蛇、蟒蛇的分布区。胎生类以啮齿类种类为主，如特有的水鼠亚科。澳洲气候特点为高温、干热，适合生殖周期较短的有袋类和卵生的爬行类生存。在上新世和更新世时期，澳洲曾出现一些体型较大的有袋类和爬行类，如植食性的双门齿兽、巨袋鼠和肉食性袋狮等，或大型爬行类如古巨蜥等，这些大型动物早已灭绝。同属于澳洲界的新西兰，由于受冰期影响较大（存有冰川和遗迹），其本土动物种类稀少，胎生类有啮齿类、蝙蝠等，缺少有袋类、蛇类等。鸟类占据其主要生态位，如恐鸟曾为新西兰陆地上的大型动物。

南极界在动物地理区系中面积最小、物种种类最少，只有一些海洋性哺乳类和鸟类生存。南冰洋海流中丰富的磷虾是各种动物主要食物来源，它吸引了一批海洋性哺乳动物在暖季时迁徙到来，如鲸类。南极界本土哺乳类以多种海豹为主，如南象海豹是现存体型最大的食肉目种类。鸟类有多种企鹅等，以较大体型、高效保暖结构及迁徙行为等特征适应南极寒冷气候。

海洋是大型动物分布的重要场所。自从中生代后期大型爬行类如鱼龙等灭绝后，有软骨鱼类如鲨鱼较好演化发展，成为新生代早期海洋鱼类的优势物种，现存的大型种类有鲸鲨、虎鲨等。新生代以来，海洋环境贯穿着海水温度由高变低、大洋环流由弱变强的过程，海洋哺乳动物获得较大发展，如出现种类较多的鲸鱼、海象、海牛等。随着极地变冷和冰盖形成，一些种类以长途迁徙适应环境，体型变大，如蓝鲸成为地球上体型最大的哺乳动物。

4.3 演化规律与灭绝事件

在地球物种多样性的演化进程中，大型动物与中小型动物一直相伴相随，相互演化或演替。在一些历史时期大型动物种类较多，而在另一些时期小型动物占据优势，地球气候周期变化与动物类型演替呈一致性。同样，区域气候与动物类型分布也呈对应性：在寒冷、干旱的气候波动区域，是大型动物生成之地，而在雨林等温暖、湿润环境，即食物较稳定区域，是中小型动物集中和演化之地，也成为大型动物发生退化或灭绝之地。环境气候变化与动物类型演替呈一致性，符合动物演化规律。

古北界和新北界出现较多种类大型动物，与该区域的季节性气候波动特点一致。如在中生代出现干旱为主的季节性气候，特别是在较高纬度地区的气候波动较大，也就成为大型爬行动物恐龙分布的主要地区。而在新生代该区域是以冷、暖波动的季节性气候为主，也就成为大型哺乳动物的主要分布区。另外，地球气候周期性改变也较多影响该区域，如古新世末的“极热事件”或晚更新世的大暖期事件等（见表4－1）。因此，古北界和新北界既产生较多种类的大型动物，也发生较频繁的大型动物灭绝，与气候周期变化特点一致。

新热带界和澳洲界历史上曾出现过一些大型动物，但在特定时期灭绝，这与气候周期变化有关。如在冰期气候干燥导致雨林破碎，出现环境压力增大的气候区，产生一些大型动物，而在间冰期气候湿润导致雨林合并，环境出现低压力，大型动物逐渐退化和灭绝。

在埃塞俄比亚界、东洋界、南极界以及海洋，新生代并没有发生大型动物的灭绝事件，这是由于在这些区域或某些地带一直维持着适当的环境压力，使大型动物正常迁徙或维持较大活动区

间。如非洲草原动物年复一年的旱季大迁徙，或南极界海洋鲸鱼在每年的冷季和暖季长途洄游等。环境适当压力确保动物正常行为，从而维护了大型动物的健康繁殖，避免出现较集中的大型动物灭绝事件（虽然雨林区尚有一些大型动物不断灭绝）。

很明显，影响大型动物的地理分布，不但有地理屏障（如高山、沙漠和海洋等），特别是还存在一道无形的生态屏障，即环境低压力。大型动物只能适应较高压力环境，一旦气候周期或环境发生变化，或当其误入雨林等环境，它们将走上一条灭绝的不归路，遵循大型动物演化规律。

大灭绝事件与气候周期变化出现一致性，从大型动物演化规律上可以得到充分解释。在地层记录上，大灭绝事件时期往往出现海平面下降（海退）或海平面上升（海浸）的波动过程，表明气候发生寒冷期与温暖期转换（或冰期与间冰期转换）。海退表明寒冷期到来，大量水分停留在陆地上，海浸表明温暖期到来，陆地冰层融化。在每一次的大暖期中，一批大型动物灭绝，由中小型种类取代之，而当另一次的寒冷期到来，又演化产生另一批大型动物。如此循环不已。

生物灭绝是物种逐渐的演替过程。每一个事件都由许多不同的物种灭绝个案组成，而通常被记录的只是小部分较集中或较突出的物种，如大型动物，它们构成大灭绝事件的主要标志，如恐龙灭绝。将历史上某一段时间的灭绝动物统合在一起，形成包罗不同类型物种的大灭绝事件，这其实是对生物演化的误解。

首先，同一类生物（如大型动物）灭绝可能跨越了不同的年代。因为不同动物生存区域或环境有所不同，气候模式存在差异，它们灭绝时间也就会参差不齐。如恐龙灭绝事件后，又有学者在其他地方发现残存的恐龙。又如在第四纪冰期产生丰富的大型哺乳动物，之后不断地出现灭绝，构成了一串长长的灭绝动物名单，它并不亚于历史上的一次大灭绝事件。

其次，大灭绝事件涉及了不同类型的生物，如陆地和海洋生物，它们适应环境的特点不同，灭绝时间必然不同。如一些小型动物或昆虫等，它们可能是在气温下降的寒冷期灭绝，而不是在气温上升的温暖期灭绝，即它们与大型动物灭绝的时间段也就不同。就是说，在气温下降周期，出现大型动物发展的高峰，或小型动物灭绝的高峰；反之，在气温上升周期，将出现大型动物灭绝的高峰，或小型动物发展的高峰。因此当气候周期出现从寒冷到温暖转换时段，也就容易发生不同生物种类混合的“大灭绝事件”，而出现陆地和海洋生物“同时灭绝”，也就不足为怪了。

以往将不同动物的灭绝统合成一个大灭绝事件，是因为没有建立明确的气候与物种类型的对应关系或演化规律，大型动物发生灭绝被当成了非常的、不可理喻的事，不同学者各有解释。生物大灭绝事件的实质是生物演化，是因气候环境波动造成的物种与环境依存关系的破坏，导致无法挽回的灭绝结果。不同类型生物与气候环境形成各自的依存关系，随着气候周期的改变，不能继续维持其环境关系者必然灭绝，遵循各自的演化规律，或遵循生物演化基本规律。如中生代的恐龙有上千种，最后10万年灭绝的只是几种小型的角龙类，最后的灭绝与其他灭绝并没有本质不同，都遵循大型动物演化规律。

可见大型动物演化规律成为解释大灭绝事件的金钥匙。

地球气候周期变化与陆地脊椎动物演替见表4－1。可见自寒武纪以来发生的生物灭绝事件是以大型动物为主角，而不同灭绝事件都伴随着气候周期变化，即由气候变化和大型动物演化规律可以解释事件或物种演替原因。

4.4 生物大灭绝事件

4.4.1 二叠纪末灭绝事件

在二叠纪和三叠纪交界时段出现大型兽孔类（似哺乳类爬行动物）灭绝，以及大量的海洋生物、昆虫灭绝，即二叠纪末大灭绝事件。在事件发生时期的地质记录上，出现明显的海退和海浸（幅度达 200 m），它表明气候发生周期性改变。

在接近二叠纪末时段气候发生较大幅度的波动，出现从寒冷气候到温暖、湿润气候的转变，相应发生了大型兽孔类灭绝，如丽齿兽、二齿兽、麝足兽等，但一些体型中等和小型种类继续生存，如水龙兽等在三叠纪早期成为优势种类。这说明二叠纪末发生由中小型动物取代大型动物的演化，符合大型动物演化规律。

因此二叠纪末事件基本特征符合气候周期波动产生物种演替过程。以往认为事件中“70% 的陆地动物和 96% 的海洋动物”灭绝，这一结论存在极大问题。

第一，二叠纪末出现气候周期冷暖波动，主要涉及一些陆地的气候不稳定区域或海洋的浅海区域，对中小型物种较集中的低纬度等稳定区域影响小。

第二，迄今尚极少发现二叠纪与三叠纪交界地层。如南非卡鲁盆地是研究灭绝事件中脊椎动物变化的陆地地层，它无法说明全球性事件。海洋灭绝的主要种类是无脊椎动物，由于海平面升降及温度变化是长期过程，一些浅海动物既可能死亡、灭绝，也可能逐渐迁移、出走，因此根据同一地域灭绝数据（如浅层和深层种类比较），无法反映迁移的物种，而且对于一些深海种类及鱼类等迁移性种类影响更小。

第三，二叠纪末灭绝的种类基本上都是能够较好地保存化石的种类。如大型动物一般生存在气候较寒冷、干燥环境，容易保存化石，海洋无脊椎动物如贝类等，它们也能够较好保存化石。但是，地球物种主要集中在雨林等温暖、湿润区域，其中的小型动物才是生物演化的主力军，但它们并没有留下化石。

第四，陆地和海洋地层特征不同，对长达2亿年前的地层测量，时间误差在所难免，将不同类型的生物灭绝定为“突然”发生事件缺乏依据。不同类型（如陆地和海洋）生物灭绝更可能是一前一后发生，与气候周期从寒冷到温暖转换过程一致，这才符合不同类型生物的适应特点或演化规律。

由此认为，二叠纪末事件的统计只是针对某些特定生物区域，或容易保存化石种类的统计，其数据缺乏代表性。该事件中生物演化特征明显，符合地球气候较大波动产生的生物演替模式：即大型动物大量灭绝并由中小型种类取代。而由于中小型种类难以留下较多的化石（见第五章），因此产生生物大灭绝的假象。

4.4.2 白垩纪末灭绝事件

在三叠纪中后期，地球出现较高温的气候周期，爬行类演化逐渐占了上风。经过漫长的侏罗纪和白垩纪，形成了恐龙大家族，在白垩纪末发生恐龙灭绝事件，它成为中生代结束的标志。

古气候研究表明，中生代气温较高，而白垩纪是中生代以来气候最温暖时期，据认为气温比现代高出10 ℃。当时地球南北两极无冰覆盖，一些区域分布有温带的落叶森林。从白垩纪晚期到第三纪早期的上千万年中，气候变得温暖和湿润，在一些纬度较高的地区也出现了食物资源充裕、稳定的生存环境。

从恐龙化石研究可知，侏罗纪和早白垩纪的恐龙大型种类较多，一些种类体长甚至超过30 m，如蜥脚类。说明在这段时期

某些区域环境压力较大，或出现赤日千里、干旱连连，或产生大面积的旱季和雨季环境交替，恐龙以迁徙相适应，体型变大。在白垩纪晚期，恐龙体型明显较小，一些大型种类早已灭绝，它表明气候趋向湿润或环境压力减小。可见在中生代不同时期气候演变或环境压力变化，恐龙体型也发生变化，种类不断演替。

在白垩纪晚期，恐龙种类减少，体型较小，与气候较温暖、湿润相符。在白垩纪晚期的某一时段，即6500万年前后，暖湿气候造成环境压力更低，最后的几种恐龙灭绝了，这就是恐龙灭绝事件。据报告，白垩纪晚期恐龙种类已经较少，在美国西北部的蒙大拿州和加拿大艾伯塔南部，在白垩纪结束前1000万年时还有30种恐龙，结束时只剩下13种恐龙，主要是角龙类[39]。说明恐龙灭绝过程十分缓慢，符合大型动物演化规律。

在鳄形超目的10个科中，5科大型鳄类灭绝，5科中小型的生存下来[40]。在恐龙灭绝之后的新生代早期，地球气候系统仍然维持较长时的温暖和湿润环境，动物体型趋向小型化，出现以中小型爬行动物、小型哺乳动物和鸟类为优势的环境生态。这也就解释了一些古生物学家提出的问题：在恐龙灭绝事件之后，仍然在其他地方发现尚存的恐龙，这是因为较低压力的生态系统持续一段较长时间后，总会波及其他不同区域，产生最后的恐龙灭绝。可见恐龙灭绝时间不一，灭绝过程就是由中小型动物取代的过程。

在白垩纪晚期地层出现丰富的恐龙蛋化石。如在我国河南西峡以及广东南雄、河源等地，发现数量极其丰富的恐龙蛋化石，仅河源博物馆收藏恐龙蛋就超过万枚。在这些化石中，可见到一些排列整齐的成窝恐龙蛋，其蛋壳保持完整无损。很明显，白垩纪晚期恐龙生殖退化，它们已经处于非健康生殖状态，大量恐龙蛋产出后无法孵化，使恐龙数量一代又一代地逐渐减少，最终灭绝。

这是一幅令人伤感的恐龙灭绝图（见图4－1）。白垩纪晚期气候温暖湿润，植被繁茂，食物丰富，恐龙位居霸主地位本应幸福无比，却因生殖退化而走向濒危，最后的恐龙们面对种群老化、无后为继的局面，仍然竭尽全力地生产恐龙蛋。但生殖退化使蛋的孵化率变低甚至不能孵化，出现种群数量逐年减少的恶性循环。层层堆积的恐龙蛋似乎在诉说曾经发生的生殖大灾难。

图4－1　恐龙灭绝图

雄恐龙："快走吧，赶不上它们了。"雌恐龙："孩子还没出来呢，呜呼！"

4.4.3　晚更新世灭绝事件

在1万年前晚更新世发生了大型哺乳动物灭绝现象，包括猛犸象、披毛犀等数十种大型动物，称为晚更新世灭绝事件。对于灭绝的原因，一些学者推测与人类的捕杀有关。但是，当时气候

温暖湿润，植物繁茂，牛、羊等动物在增长，这些中小型种类更适合人类捕杀，而且当时人类还是以棍棒和石器为主，在茫茫雪地的边远疆域追杀猛玛象等，显然是得不偿失。

另一个问题是，在这一事件中，北美大型动物有65%灭绝，而欧亚大陆只有35%灭绝，两者出现较大差异。欧亚大陆是古人类较早出现的地区，如果是人类捕杀了它们，欧亚大陆应当出现更多的灭绝才对，而不是相反。

晚更新世大型哺乳动物群灭绝事件距今较近，地球气候和环境变化数据较清晰，甚至一些动物遗体仍然完整地保存在冻土中。显然，这次事件不能再从天外小行星上找原因了，人类捕杀导致其灭绝也就成为一个可能的推论。如一些学者从时间上发现人类与它们灭绝的关联：人类在4万年前踏上北美洲大陆，在更早的时候进入澳洲，从此这些地区的大型动物走上灭绝的深渊。其推理很简单，假如当时人类集体使用长矛、石器对付每一头巨兽，人将会取得竞争优势。

这是想当然的事。北美洲和澳洲地域广阔，人类的生存地是一些气候宜人、物产丰富之地，与大型动物生存在严酷的食物波动区域有较大距离。人类如果要寻机灭杀它们，也必须等待时机的来临，如人口密度增加和工具的较大改进，但当时这种时机远未到来。可见推理缺乏逻辑依据。

晚更新世事件距今只有1万年，迄今还是弄不清事件原因，也难怪有6500万年前“小行星”灭绝恐龙的故事了。显然，解决问题的钥匙是大型动物演化规律，即从环境压力变化和动物生殖规律中解释事件。有两个较清晰的证据能较好地说明问题。

第一，晚更新世出现全球气候持续变暖的大暖期。第四纪冰川最盛期在1.8万年前，1.65万年前开始融化，1万年前消退[41]，海平面大约升高130 m，即在冰盛期后出现了一段数千年的温暖期。据研究，当时气候温暖湿润，植物生长条件好，古人类与大量的有蹄类共存[42]。

对当时灭绝动物体型和牙齿进行测量[29]，发现在灭绝时期食草动物齿冠高度降低，体型减小。动物齿冠高度降低，表明环境青绿植物增加；体型变小表明动物活动区间缩小，与食物充裕环境相一致。就是说，当时正处于低压力环境时期，猛玛象、披毛犀等大型动物正在过着食物无忧的幸福日子，它们养尊处优、不思迁徙，发生生理和生殖退化，体型变小，符合大型动物演化基本模式，或符合体型变化与灭绝关系的“德帕锐－裴文中定律”。

第二，在古人类遗址中可见到大量牛、羊、鹿等动物遗骨，但缺少猛玛象等已灭绝大型动物遗骨。表明当时人类并没有以大型动物为食物。

根据这些证据，晚更新世大型动物群灭绝并非人类责任，而是气候影响造成。即晚更新世出现了大暖期或低压力环境，一些大型动物因生殖退化而灭绝，符合动物生殖规律以及大型动物演化规律。

晚更新世灭绝的主要是北美和欧亚大陆的各种大型动物，如猛玛象、乳齿象、剑齿虎、巨穴熊、大地獭等，而非洲草原大象、野牛、犀牛、斑马、长颈鹿等并没有波及，一直完好生存至今。同样是大型动物，非洲草原的大型动物为何能幸免于难？很明显，两种不同的气候变化模式产生不同的环境压力，决定了大型动物的不同命运。

非洲草原的气候特点是干湿季分明。由赤道低压带控制的湿季，出现了一派葱绿、万象更新的景象，而由干燥信风带控制的干季，万物凋零、一片枯黄。草原大型动物通过迁徙适应这种环境波动，年复一年，迁徙依旧。晚更新世气候变化并没有改变非洲大草原干湿季变化的特点，环境压力迫使大型动物维持正常迁徙行为，从而确保了大型动物的正常生理和繁殖功能。

北美和欧亚大陆气候以冷暖季节变化为特点。北方大型动物通常在冬季迁徙到南方一些较温暖地区，如北美驯鹿等冬季大迁徙。在晚更新世大暖期中，北半球发生气候变化，一些较高纬度地区发生了由草原到森林的环境演替，即产生了低压力环境，导致一些大型动物迁徙等行为发生改变，活动区间缩小，大型动物出现生殖退化和灭绝。

例如在西伯利亚北部和阿拉斯加等高寒地区发掘出大量巨象、野牛等大型动物遗骸，一堆堆骨骸与一株株横七竖八的树木纠结成一团[43]。据报道，在一些冻土中发掘出来的猛玛象胃内，发现有尚未消化的残留的青绿植物。说明晚更新世气候变暖，使一些较高纬度地区成为植被丛林区，兽群不再长途迁徙越冬，最后退化和灭绝。因此，欧亚大陆和北美大陆一些较高纬度地区，成为晚更新世大型动物群的灭绝之地。

在这次事件中，在欧亚大陆发生了大约35%的大型动物灭绝，北美大陆发生了大约65%的大型动物灭绝，两地存在明显差异。究其原因，是由于北美大陆位于太平洋与大西洋之间，海洋性气候较强，因而大暖期的海洋性湿暖气流对北美大陆影响将更大些，由大面积森林取代了草原，北美大陆环境压力变得更低，大型动物更易发生灭绝。由此清楚解释了晚更新世大型动物群灭绝事件。

4.5 近代大型动物灭绝与人类责任

近代大型动物灭绝速度远高于历史时期，人类对大型动物灭绝负有一定的责任，但对不同灭绝案例尚须客观分析。一些生活在繁茂密林和缺少天敌环境中的大型动物，如马达加斯加象鸟、新西兰恐鸟以及毛里求斯渡渡鸟等大型走禽迅速灭绝，与人类捕杀有一定相关性。然而，一些生活在开阔环境、干旱少雨以及食物较贫乏地区的大型走禽，如非洲鸵鸟等，在人类较早捕杀以及较多天敌捕食情况下，却能够安然延续至今，说明应从生殖规律上来解释这种反常情况。

象鸟、恐鸟、渡渡鸟等在人类到达前处于无敌地位。岛屿海洋性温暖、湿润气流和充沛雨水确保植物长年生长，食物充裕，在长期低压力环境下，这些大型走禽养尊处优，活动范围小，生殖力减弱退化。如象鸟每次只能产下一枚类似橄榄球的巨蛋，生殖力之弱可想而知。人类捕杀迅速降低其种群密度，导致其竞争压力下降，低压力使生殖力进一步减弱，对物种延续造成致命打击。

非洲鸵鸟则不同。非洲鸵鸟长期适应干旱等环境，气候波动迫使动物不断迁移觅食，猛兽天敌也使物种承受较高死亡率，但环境较大压力确保了鸵鸟较强的生殖力。如非洲鸵鸟每次能够产下十至数十枚蛋，生殖力旺盛。可见环境压力不同，生殖力以及物种命运也不同。

由此可见，人类对近代一些大型动物灭绝并不负有直接的责任。这些灭绝动物本身生殖力较弱，人类捕杀导致其种群密度、环境压力迅速减小，对其生殖退化、物种灭绝起加速作用，而它们最后的灭绝，必定是最后种群或个体繁殖失败的结果。

人类活动既可以通过捕杀减少种群密度，影响物种环境压力及生殖力，也可以直接改变物种环境，如气候变化、海洋富营养化、物种迁徙地丧失，或使其种群数量比例失调等，这些因素都可能影响动物行为变化，使之生殖退化，对一些濒危物种产生重要影响。

例如，草原上的猛禽是鼠类的天敌，在正常年景，两者维持一定的比例。近代，由于人类过度放牧等活动导致草原退化，一些地区鼠类泛滥成灾，却难觅猛禽身影。一些研究者认为猛禽产卵少、卵壳较薄易破碎，容易导致繁殖失败。但究其原因却不甚

明了，有认为是物种本身的问题，也有认为可能是使用某种化学杀虫剂的影响。但是，如果仔细观察一下发生鼠患地区的猛禽行为变化，也就明白了它们生殖力减弱或容易繁殖失败的原因。有一篇题目为《飞不起来的苍鹰》的报道[44]，描述了苍鹰与草原鼠比例失调的情形：

“我们从鄂温克族自治旗赶往新巴尔虎左旗的途中，不时地见到单独活动的草原鹰——但它们不是翱翔在蓝天，而是大多蹲在草原上。”“这些苍鹰懒洋洋的，少了英雄气概，个个体态臃肿，毛光羽亮，圆圆的眼睛失去了应有的犀利光芒。”“一只膘肥体壮的老鼠从这只鹰的眼前跑过，周围的老鼠有的把头伸出洞口东张西望，有的爬出洞来像袋鼠一样地立地窥测，还有的到路中间觅食，见车过来‘哧溜’一下窜回洞里，可这只鹰却视而不见，似乎习以为常，既不看，也懒得动弹，不时把眼睛闭上养神。”

很清楚，苍鹰已经不再是以前的苍鹰。它们不再翱翔蓝天寻觅食物，而是蹲在鼠洞口旁边守候，苍鹰行为已经发生了改变，必然产生生理、生殖变化。换句话说，这种“飞不起来的苍鹰”，纵然没有化学杀虫剂作用，也不可能有正常健康的生殖能力，这应是草原猛禽发生繁殖问题的重要原因。

又如，海牛通常长途洄游到一些温暖海域越冬。由于美国沿海一些电厂排出高温冷却水，导致附近水域出现了温暖区，已经有大约60%的海牛不再迁移，而是依靠电厂周边温暖水域越冬。海牛越冬行为改变可能导致其生理等发生变化，据报道，电厂周边水域的海牛已经大量染病，状况堪忧。

再如，人类喂养改变了一些鸟类的迁徙行为。如日本北海道丹顶鹤在人类喂养下成为留鸟，体型明显变小，飞翔的姿态也改变了，已经不能再做长途迁徙。这些在人类呵护下的物种未来如何延续，已使科学家们感到担忧。

人类影响动物行为的例子还有很多，包括各种圈养动物等。人类活动既可以直接造成大型动物数量减少，如捕杀等，也可以改变环境压力，对动物行为、生理和生殖造成不利影响，使一些大型动物发生退化、灭绝。这些都是人类必须承担的责任。

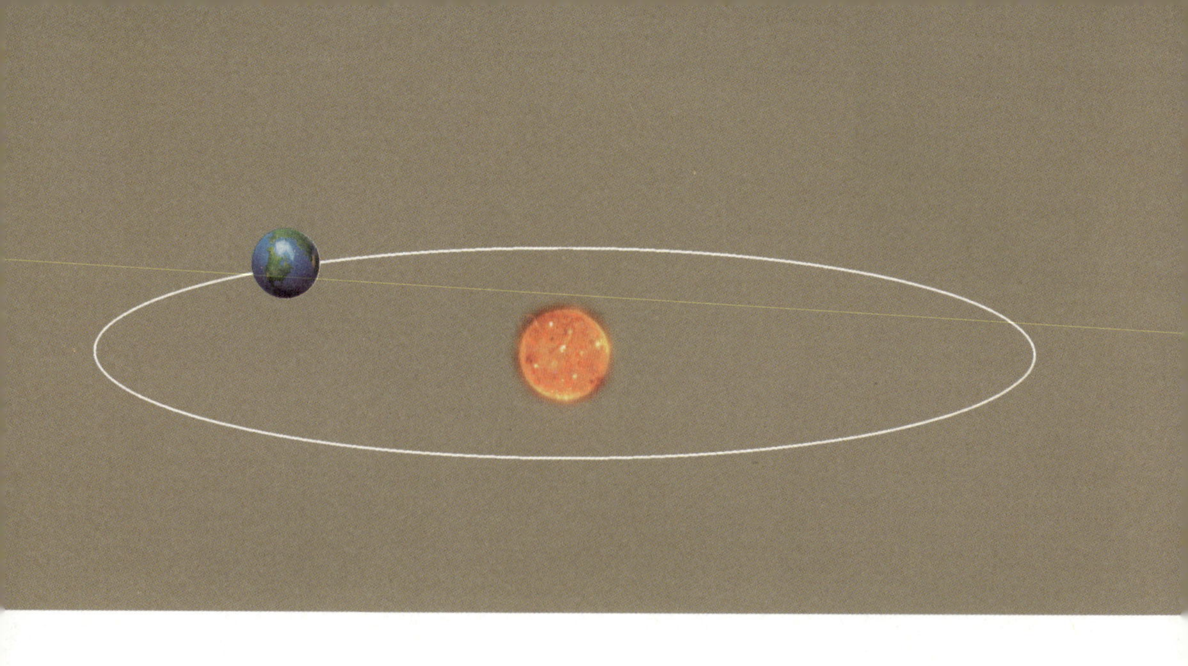

第5章 演化中间过渡种缺失的原因

新物种是由共同祖先逐渐演变产生，却不见了中间过渡种，这是演化论尚未能解决的问题。由大型动物演化规律可解释物种演化不均衡性、化石分布不均衡性特点，阐明演化中间过渡种缺失的主要原因：新物种演化主要集中在物种稳定区，“大演化”主力军是各种小型动物，环境湿润和体型较小导致其化石难以生成，造成演化中间过渡种缺失。当气候周期和气候发生转换，如从温暖到寒冷变化，一些小型动物体型变大或呈扩散分布，新物种才能在不同地层被发现或“突然”出现。演化化石缺失与生物大灭绝事件存在矛盾，即既然生物演化的主体化石缺失，何来“大灭绝”依据？由演化规律可以还原生物历史的真相。

5.1　演化论的争议问题

古生物研究表明新物种出现比较突然，地层化石记录中没有大量的中间过渡类型，物种演化缺乏渐变的、平滑的过渡。生物中间过渡种缺失成为演化理论的一大难题：既然新物种是由旧物种逐渐演化而来，为何不见中间过渡种化石？

对演化中间过渡种缺失问题，达尔文曾做了不少研究，认为这是“我的理论最大困难”。他在《物种起源》以“论地质记录的不完全”一章，对演化中间过渡种缺失原因做了长篇论述，内容包括演化时间之远久、沉积物被逐渐剥蚀、地质层的间断和化石区分的困难等，说明保存和发现化石不容易，造成化石记录的不完整。但达尔文仍然相信中间过渡种数量庞大，假以时日，化石记录必会有所发现。

时至今日并没有出现达尔文的预期。虽然已经发现的化石种类和数量不算少，一些动物化石出现体型大小变化，即“小演化”，但缺少种以上的“大演化”过渡化石。

“间断平衡论”（punctuated equilibrium）[45]就是为了解决这一问题提出的新理论。1980年在美国芝加哥召开的各国生物学家和古生物学家参加的专题讨论会上，大多数学者支持由艾德里奇（Niles Eldredge）和古尔德提出的“间断平衡论”。这个理论的英文含义是“不时被打断了的平衡”，它指物种演化过程中，突变和渐变交替出现，即由一种在短时间内爆发式产生的变化，与在长时间稳定状态下的一系列渐变交替进行过程。由于稳定状态占据了绝大部分演化时间，与人们观察到的物种长期稳定一致，而突变暴发的时间短暂，也就难以观察到或难觅化石。如此解释了演化中间过渡种缺失问题。

“间断平衡论”抛弃达尔文缓慢的生物演化观，采用快速的、跳跃式的物种改变方式，试图解释演化中间过渡种缺失这一难题。但是，这种疾变式演化方式无法提供证据。例如在某一地层出现新物种，不能排除它们在其他地层已长期存在，是漫长演化所形成的，如寒武纪生物“大爆发”，出现许多科、目以上新种类，但它并没有否定这些种类可能早已在其他地域分布。

根据自然选择原理，物种多样性与环境多样性的存在，决定物种演化方式必然是多样的，如一些物种在历史上只是短暂一现，一些物种却可以上亿年不变。物种演化既有缓慢的，也可能有快速的，或不断变速的，这是由于多样化环境存在，自然选择根据环境变化对物种作用，即“间断平衡”只能是其中一种演化方案。从物种的稳定特征上，缓慢演化应该是主流，采用演化速度跳跃方式（即“间断平衡”）取代缓慢渐变方式，它不符合自然选择原理，是一个顾此失彼的解决方案。

物种演化中间过渡种缺失必然涉及演化地点、化石保存等问题。首先必须弄清楚物种从何而来，将往何处去，也就是必须有清晰的生物演化历史，只有这样，才能知道为何一些结构化石能够保存和发现，另一些不能保存而无影无踪。对此，生物演化规律提供了一种新的观察方法和解决方案。

5.2 物种演化不均衡性

物种分布具有纬度梯度变化特点，与地球表面接收热量和环境湿度变化等差异相关。例如在25个生物多样性热点地区，仅占陆地1.32%面积，却含有大约50%陆地物种[46]。爬行类分布在南欧的有80种，分布在中欧的有20种，分布在北欧的只有6种，呈现从南到北递减分布。这种物种分布特点表明，地球不同区域物种演化特点不同，存在两种明显不同的演化区域。

一是在较低纬度的温暖、湿润地带，是物种种类较集中的稳定区域。物种稳定区以热带雨林为主体，具有物种多样性和环境多样性特点，动物演化趋向小型化，如南美雨林、非洲雨林等。由于年间气温变化较小，环境较稳定，物种能够长期保持稳定，保存有一些上亿年不变的活化石种类，如鳄鱼等。

二是在较高纬度或年间气温波动大的区域，其生态环境较严酷，是物种不稳定区域。它以草原和荒漠为主体景观，成为一些适应极端气候类型或特化物种的分布区域，一些动物迁徙或活动区间较大，使体型演化趋向大型化。由于地球气候周期出现冷暖变化和环境演替，这些区域物种类群演替较频繁，种类少。

可验证不同演化区域的功能作用。如新西兰与澳洲曾经是冈瓦纳大陆的一部分，但新西兰与澳洲物种差异极大，缺乏两栖类、爬行类和有袋类等。新西兰近代气候温和，岛屿较多，适合不同类型物种生存和新物种演化，为何其本地物种如此稀少？显然，新西兰地理位置接近物种不稳定区域（存有历史冰川），历史上寒冷气候周期对中小型物种造成较大灭绝，使之种类少，而

在温暖期又可能导致大型动物灭绝，如恐鸟等灭绝。即历史上气候周期变化对不稳定区产生较大影响，制约其物种多样性。而澳洲出现各种气候带，如分布有一些热带雨林等物种稳定区，历史气候波动对这些地带影响较小，使澳洲物种多样性保持基本稳定。说明地球气候周期变化和不同地理气候，导致物种演化出现不均衡性特点，不同区域在物种产生和灭绝上存在较大差异。

生物演化不均衡性解释了地球物种多样性格局。物种稳定区是演化中心和物种储备库，它使物种数量保持长期稳定或增长。可以预期，缺乏物种稳定区的地球将是一个不具有生物多样性发展的地球，它将不能有效保护生物演化的物种基础，因为如果不时就来一次适应温暖或适应寒冷的物种大置换，地球物种将不断出现“大崩盘”，地球生物将如同新西兰的原始本土物种居民一样的稀少。

生物演化不均衡性解释了动物地理分布格局。如大型动物和小型动物主要演化区域不同：在地球两极是大型动物主要分布区域，赤道地带是小型动物主要分布区域。在非洲草原出现大型动物群，在非洲雨林、马达加斯加等产生小型种类。在不同气候时期物种演化类型不同：如中生代温暖气候以爬行类为主，新生代寒冷气候以哺乳类为主，第四纪冰期演化产生大型哺乳动物群。又如澳洲本土动物以有袋类为主，在早新生代气候温暖，有袋类遍布南美洲、北美洲以及欧亚大陆。

物种稳定区域较好维持地球物种稳定和多样性增长，物种不稳定区域使物种加快演替更新，地球生物演化不均衡性对认识生物形成和发展具有重要意义。

5.3 化石分布不均衡性

化石是物种存在过的证据。地球化石分布呈不均衡性：在陆地一些较干燥、寒冷地带，由于具有较好的埋藏条件，加上动物体型较大、演替较频繁，成为发现化石的主要地区；而暖湿雨林等环境较稳定区域，由于埋藏条件较差，且动物体型较小，不易形成化石，其化石极其罕见。就是说，生物种类较多的物种稳定区产生化石少，生物种类较少的物种不稳定区产生化石多，出现物种分布与化石分布数量相反或不对称性。

从物种分布和化石分布不对称性，可以分析一些类型生物历史分布特点。如在二叠纪至三叠纪时期，似哺乳类爬行动物为全球性分布种类，在已发现的化石中，有数十种体型可达 1～3 m，但小型种类较少。与现代同类比较，哺乳动物体型较小种类占 90% 以上，说明当时应有数百种以上的小型似哺乳类爬行动物，它们主要生存在一些长年温暖、湿润的雨林或物种稳定区域，这些小型动物没有留下化石记录；在中生代以爬行动物演化为主要记录，恐龙化石种类繁多，特别是一些大型恐龙，但较少发现小型爬行类化石，这与其应有比例极不相称。如按现代爬行类大型种类小于 5% 比例测算，在中生代生存有近千种恐龙，应该对应有上万种小型爬行动物，它们主要分布热带雨林等气候稳定地区，但中生代的小型爬行动物似乎都消失了。又如新生代的象、犀牛、马和大型灵长类化石十分丰富，但其早期祖先化石难得一见，据说它们都类似兔子的大小。说明在雨林等物种稳定区域，小型种类存在广泛的化石空白。

“有蛋无龙，有龙无蛋”被用来说明恐龙骨骼化石与恐龙蛋化石分布，即含有较多恐龙骨骼化石地区难以见到恐龙蛋化石，而恐龙蛋化石丰富地区骨骼化石罕见。很明显，恐龙产蛋地区气候较温暖、湿润，食物丰富有利于幼仔存活，但这种环境不利其骨骼化石保存，只有埋入地下的恐龙蛋得以保存，即“有蛋无龙”，而恐龙骨骼化石较多的地区气候干燥，易于保存化石，但不适合育雏，即“有龙无蛋”；说明气候环境特点决定化石的产生特点。

海洋生物化石分布也具有不均衡性特点。例如在某浅海区域集中较多种类，当气候周期变化产生温度及海平面升降变化，一些种类出现较多的灭绝，如双壳类、腹足类等。由于这些种类有钙质贝壳，海洋沉积效果较好，保存化石种类也就较多、较完整，当气候周期变化，容易造成大量海洋生物“突然”灭绝现象。

可见无论是陆地或海洋，化石数据都呈现出不完整性和局限性，现有化石只能说明区域环境或局部地区的某些种类历史分布及变动情况，用来说明全球生物数量变动将可能产生极大误差，因为绝大多数物种并没有留下化石记录。

5.4 演化中间过渡种缺失的原因分析

地球生物种类繁多，形态各异，每一种生物都在经历漫长的演化，因此产生的中间过渡种必然是一个天量。但实际上，大部分物种是难以获得较满意的中间过渡种化石的，比如上百万的昆虫或数十万的软体动物，不是结构微小就是软体组织无法保存。比较现实的证据应该是存在于体型较大的脊椎动物种类，只有通过它们才有可能提供合适的演化中间过渡种化石。

地球气候周期改变使区域环境发生变化，容易产生新物种。如在温暖气候周期，热带雨林面积扩大，海平面上升形成了许多分隔的“森林孤岛”，长期隔离分化产生较多的新物种。如马达加斯加拥有 86 个哺乳类特有种、234 个爬行类特有种、142 个两栖类特有种。当寒冷气候周期到来，海平面降低，一些海面分隔消失或形成陆地桥，新物种可能迁入到雨林物种稳定区域，或扩散进入较干燥或寒冷的物种不稳定区域，一些种类体型逐渐变大，形成新的类群。

当寒冷气候周期使雨林收缩到较低纬度地区，干燥气候带可能分隔开雨林，如南美洲热带雨林在冰期曾十分破碎，由一些草原分隔，隔离和演化形成较多新物种，包括雨林小型动物和草原大型动物，如南美马等。

由此可见，气候周期变化产生各种分隔雨林是新物种多产地区，这些长期稳定区域是新物种演化的主要源头，符合物种演化不均衡性特点。当气候周期出现转换，将伴随一批新物种出现，周期越长，发生气候波动越大，新物种涌现也就越多。例如，在恐龙灭绝的白垩纪末至早新生代，延续了数千万年的温暖湿润气候周期，哺乳动物演化趋向小型化。但当第三纪中后期气候变冷，动物体型变大和呈扩散分布，出现了全新类群的哺乳动物“大爆发”。

从物种演化不均衡性和化石分布不均衡性特点，可清楚解释演化中间过渡种缺失原因：新物种演化主要集中在物种稳定区，演化主力军是各种小型动物，即环境湿润和动物体型较小导致化石难以生成，这是演化中间过渡种化石缺失的最主要原因。新物种是长期隔离演化的产物，分布区域较小，容易出现地层缺失，因而中间过渡种化石如凤毛麟角。

物种演化有“小演化”和“大演化”。“小演化”一般指种内的改变，这种改变在现存物种可见到，如各种亚种，在一些化石上也可见到，如出现由小鼠到大鼠的体型改变等。但是，不同种、属或科、目之间的物种演化，即“大演化”，它们难得一见，演化中间过渡种化石缺失就是指这一类的演化。

“大演化”与“小演化”在演化区域上不同。新物种产生或“大演化”主要发生地点是在物种稳定区或“森林孤岛”，这里气候温暖、湿润，物种种类多，生态位丰富，生物竞争激烈，产生各种“大演化”，形成较多新物种。而由于动物体型较小，环境不适合于保存化石，造成“大演化”过渡种消失。

“大演化”与“小演化”在演化时间上不同。“大演化”主

要发生在物种稳定区，其演化时间可能较长，而“小演化”是在“大演化”基础上的物种扩散发展，出现动物体型变大等现象，其演化时间较短，且环境能够保存较多的化石。如根据研究报告，从老鼠般体型演化为大象体型只需要 1 万年时间。因此，新物种“突然”出现或只见到“小演化”也就不足为奇了。

事实上，生存于雨林的小型脊椎动物记录存在较大空白。如在中生代上亿年的漫长时期，既有大面积的热带雨林，又有面积广大的干热和湿热交替环境，哺乳动物没有爬行动物的结构优势，无法适应干热和湿热交替环境，它们只能体型变小，栖息于湿润雨林中，它们与其他小型爬行动物具有同样地生存和竞争行为，但同样极少被记录。从中生代末到早新生代，经历上千万年的温暖和湿润气候周期，演化出现新的小型哺乳动物群，它们中多数没有记录，只有少数体型较大的、分布于较高纬度或较干燥环境的被记录到，在恐龙灭绝后出现一段生物“沉寂期”。

从始新世初的旧动物群到始新世末的新动物群更替，记录了全新哺乳动物群的产生过程。它们从相当于家犬体型变成了犀牛般体型，如王雷兽、恐角兽等，表明这些哺乳动物体型变大与气候变冷具有一致性，即气候变冷导致动物扩散和体型演化变大。

由此可见，物种演化是逐渐和缓慢发生的，某一“沉寂期”（化石记录少）可能正处于气候温暖、湿润周期，动物群正在发生体型变小的变化，一些“大演化”和新物种正在形成。当出现气候周期转换，如气候变冷、变干燥，新物种体型变大和呈扩散分布，形成较多的化石，这才使新物种能够被人们所发现。由于原来的小型祖先或者消失，或者继续发生新的演化或改变，如此一来，它们“大演化”产生的中间过渡种消失了，只留下“小演化”或体型变大而“突然”呈现的新物种。

“大演化”主要发生在温暖、湿润的物种稳定区域，发生在小型种类上，原因可能是雨林环境中生物较集中和组成复杂，生态位更多样化，生存竞争激烈，演化时间更加充分等。一旦气候环境变化，或新物种离开雨林，它们将在原来结构基础上发展，出现体型变大、食性改变等。如大熊猫就是从小型的肉食性动物，变成食竹子的大型动物，至于是哪种小型动物演变的，目前无从考证。

在较高纬度等不稳定区虽然也演化产生一些新物种，但相比之下，其物种种类较少，动物演化趋向大型化或特化，这些特化物种在气候周期变化或环境波动时期的灭绝概率较大，一旦灭绝成为化石，往往缺乏小型阶段的过渡种比较，造成演化过渡种化石缺失。如猛犸象祖先来自某种小型古象，如果不能保存小型古象化石，猛犸象也就缺乏过渡种化石。事实上，最早的象、犀牛、马的体型都很小，大猩猩也是始于如狐猴般大小的小型动物，这些小型动物离不开湿润的稳定的环境，也就难以保存化石，出现演化过渡种缺失。

综上所述，小型动物是生物演化的主体或主力军，它们数量庞大、演化时间较长，但它们难以保存化石，而大型动物只是小部队，演化时间较短，容易保存化石，也就产生“突然”出现的效果，这是造成演化中间种缺失的重要原因。

可以比较前面的“间断平衡论”，它将“大演化”置于短时间发生的爆发式改变，而我将“大演化”置于小型动物演化和雨林稳定环境中。我认为这样更符合自然选择原理，也符合动物演化规律、演化不均衡性以及化石分布特点，较好解释演化中间过渡种缺失的主要原因。

5.5 化石缺失与大灭绝事件

地球赤道热带和亚热带地区是生态环境最稳定地区，因为历史上寒冷气候周期及其强大的极地冷空气锋芒，都在广阔的雨林

面前止步，无法改变其温暖、湿润的稳定结构和生态环境，使其成为地球生物大量聚集之地。在历史气候周期的反复波动中，热带雨林可能出现扩大或收缩，但其核心区的生态自始至终是稳定的，生物演化的主力军从来就没有受到冲击，它是名副其实的地球物种储备库，成为新物种产生的摇篮。这是地球的奇妙之处，也是生物之幸。

在靠近南极和北极的地球两端，生物演化是另一种情形。环境季节性波动，严冬和酷暑交替，使生存环境严酷，生物种类稀少，物种演化产生不同的适应方式，如一些动物采取穴居或冬季迁徙等，它们在结构、行为和生殖等都做出相应调整，包括产生各种大型动物。但在地球气候周期不断轮换的反复冲击中，许多物种都是躲过初一躲不过十五，它们最终都无法适应，逐渐退出了生物演化舞台，如历史上出现一批又一批的大型动物替换。

一个是物种稳定的储备库，一个是特化物种消耗战阵地，这就是地球生物环境和生物演化的主要格局。这一格局决定了地球生物的稳定性，以及我们应该如何看待生物演化和生物灭绝事件。

遗憾的是，以往在研究生物灭绝事件上，并没有重视这一生物分布和演化不均衡性格局，出现数据严重失真问题。

例如在大灭绝事件的物种组成统计数据中，是以一些易于保存化石的种类为主，如大型动物或软体动物等，忽略了集中生存于湿润雨林、难以保存化石的生物主体部分。比如说，在某一地质时期生存着上千种陆地脊椎动物，其中只有数十种体型较大或优势动物被记录，因为大型物种主要分布在一些气候不稳定区域，是较容易在气候周期转换时灭绝的，也是能够较多保存化石的种类，这将可能被误认为是一次大规模的灭绝，虽然它们数量可能不到总体类群的1%。

生物演化中间过渡种化石缺失是一个基本事实，它表明物种演化主要过程缺失，每一物种长期形成的多样遗体都荡然无存。既然如此，又如何能统计到短期发生的物种灭绝比例？这显然是不合逻辑的。统计灭绝规模首先必须知道原来生存有多少物种，有多少存活下来，而普遍性化石数据缺失，导致绝大部分物种并没有被记录。某些研究者居然能够确定全球“灾前”和“灾后”物种生存比例，如二叠纪末“70%的陆地动物和96%的海洋动物”灭绝，这显得十分滑稽。

一些研究者所提供的发生历史灾难的小行星撞击坑、火山爆发等证据，对于环绕赤道一圈大约40000 km的巨大星球来说，它的影响范围简直如巴掌大，根本不是适当的消灭地球物种的方法。在雨林及温暖海域集中了地球的主要生物种类，如何能够消灭它们？从气候波动的不稳定区域的局部数据来推测全球，这是极其荒谬的。比如说，在热带雨林隐藏着上百万种昆虫大军，它们在古生物史上只有少量记录，这些连痕迹都不存在的生物，如何能够统计到？

说到底，以往对大灭绝事件统计数据只局限于物种消耗战阵地，并没有进入到物种稳定的储存库中，并没有见到生物演化的主力军。如几个提供灭绝数据的化石地点，没有一个是靠近地球赤道地区的，没有任何证据可以证明这一巨大的物种储备库曾经被毁坏过，发生过物种数量的衰减，包括陆地和海洋生物。

在每一次的大灭绝事件中，海平面剧烈改变成为一种常态，它说明地球气候存在周期的转换，如二叠纪末出现严重的海退（之后必然会有海进）。以往没有对环境变化与物种演替做出规律性概括，即没有建立演化规律，对局部区域或特定种类灭绝原因难以做出科学分析，只能胡子和眉毛一把抓。在测量事件的时间点上，不同研究者对同一事件做出不同结论，从突然的灭绝，到持续十万年或百万年的灭绝，这种混乱根本无法使人看清问题，只能产生一个模糊不清的结果或长期的争议。比如说，全新

世以来气候较温暖，出现较多的大型动物灭绝，这可是一串长长的灭绝动物名单，如果它是在二叠纪，将可能被认为是一次突然的大灭绝事件，又可能会找出一两个小行星的撞击坑来进行解释。这不是笑话吗？

恐龙家族是一个庞大的群体，数量有上千种，有的体长数米，也有的达数十米。它们灭绝的时间也大不同，有的较早灭绝，有的直到最后才灭绝，前后延续上亿年。在白垩纪末只剩下10余种，主要是体型较小的角龙类，而且这几个种的灭绝时间长达十万年，其化石是随着地层向上而逐渐减少。将最后灭绝的几种恐龙作为整体灭绝讨论，只关注这几个残留种，而不去研究恐龙的主力军如何消失，它们的个头更大，更加威武强壮。这种研究方式就十分怪异，是为制造故事的研究，而最后几只恐龙灭绝的故事只能是一个失真的故事。

演化中间过渡种化石缺失是一个事实，也是进化论一大解释难题，达尔文没有想出较好的解决办法。生物大灭绝事件也是一个充满争议的问题，研究报告一大堆，灭绝原因各有解释。如果把这两个问题一同摆上台面研究，可以使人看清问题实质：前者表明物种历史记录主体缺失，后者表明物种历史记录主体完整，两者数据互相矛盾。研究者为了说明自己的问题而忽略另一个相关问题，留下了重重问题。

解决问题关键在于建立各种生物演化规律，它们明晰物种从何处来，将往哪里去。无论是演化中间过渡种缺失，还是大灭绝事件原因，在演化规律面前都将得到一一的还原、澄清，使真相大白。这是一环紧扣一环的基础性工作，只有做好这一基础工作，才能正确认识生物历史及演化本质。

第6章　濒危大型动物的保育

濒危动物保育涉及一个理论问题，它就是岛屿生物地理学理论。该理论采用面积效应和距离效应解释岛屿生物分布，并认为岛屿特点与保护区类似，即保护区面积较小，且与外部隔离，是导致其物种较易灭绝的原因。但这一理论忽视岛屿环境单一化特点：即岛屿由海洋环绕，产生环境单一化，导致岛屿生物种类较少和易灭绝。因此，岛屿生物地理学理论存在重大的基础缺陷，它作为保护生物学理论不合适，必须予以纠正。

大型动物演化规律为物种保育提供新思路：即濒危大型动物保育关键在于增加多样化的环境，而不只是简单地增加保护区面积。从非洲森林象和草原象等演化特点，以及大熊猫、藏羚羊、海龟等物种濒危原因来看，说明物种保育就是要建立适当气候环境的自然保护区，维护它们的正常行为，即从恢复大型动物活力和繁殖力入手，只有这样才能达到事半功倍的保育效果。

6.1　岛屿物种易灭绝原因

地球表面是由29%陆地和71%海洋所组成，存在许多大小不一、与大陆隔离的岛屿。地球气候变化会引起岛屿环境和生物的不同改变。

与大陆比较，岛屿生物具有明显不同的地理分布特点。

第一，以同一面积比较，岛屿生物种类要比大陆同等地块少很多。

第二，岛屿物种具易灭绝特点。据统计，自1600年以来全球共有85种哺乳类、113种鸟类和21种爬行类灭绝，其中岛屿灭绝数量为哺乳类51种、鸟类92种和爬行类20种[35]。可见岛

屿物种灭绝占了绝对高的比例。

为何岛屿生物种类较少且易灭绝？迄今仍然解释不清楚。一种较常见的说法是岛屿演化环境比大陆相对较简单，物种未经受大风大浪的考验，竞争力要比大陆物种稍逊一筹，因而难以与大陆物种抗衡，容易出现竞争失败或灭绝。

这种说法不符合生物演化基本规律。生物演化只是维持其与环境依存关系，一种物种在某地成功生存下来，是因为它找到合适环境，可以维持其与环境依存关系。许多大陆物种不能在岛屿上生存，因为岛屿没有它们的合适环境或生态位。一些种类在岛屿上灭绝了，却又在大陆上发现其踪影。如朱鹮为迁徙鸟类，日本佐渡岛上的野生朱鹮灭绝了，但在我国陕西秦岭山区发现其残存种群，这说明朱鹮在大陆上找到了合适的栖息地，物种能够继续延续。

实际上，岛屿一些迁徙鸟类飞来飞去，已经与大陆鸟类融为一体，但它们仍然是发生灭绝的主要种类，说明岛屿物种易灭绝有其特别的原因。

岛屿物种易灭绝原因在于其环境单一性特点，我曾做过首次报道[9]。

与大陆同等地块比较，岛屿是由性质均一的海水环绕，导致岛屿周边气流温度、湿度等因子较一致，使岛屿环境多样性大大降低。面积越小，离大陆越远，环境多样性越低。大陆地块周边环境较复杂，如出现不同的山脉、平原、水域等，其气流温度、湿度等存在较大差异，从而增加了环境多样性。

粗略计算，假定一个面积为 100 km^2 的圆形岛，周边海洋气流对岛屿控制或影响的平均深度为 1 km，将有大约 33% 面积受到影响，如果该岛屿面积仅为 50 km^2，影响面积将达到 44%。即岛屿海洋性特性随着面积减少而增强。

岛屿海洋性特性将随着气候变化产生某种单一环境变化，对生物种类和数量分布产生较大影响。例如当处于温暖气候周期时，暖流的环绕容易使较小岛屿形成温暖、湿润的单一环境，致使某些小型动物种类迅速增长，达到较高密度。如对巴拿马大陆与邻近的普埃尔科斯岛一种小型鸟类——横斑蚁鵙（thamnophilus doliatus）调查发现，大陆为 8 对（面积 0.4 km^2），岛上高达 112 对[50]。而暖湿气候产生了环境低压力，容易使大型动物或迁徙鸟类发生灭绝。

当处于寒冷气候周期，岛屿将出现较高压力的单一环境，可能造成较多的小型物种灭绝。就是说，岛屿海洋性特性造成了单一环境，产生较高的灭绝率，使岛屿物种数量减少。这是岛屿生态的重要特点。

例如在近代灭绝的鸟类中，岛屿灭绝鸟类占灭绝量总量的大约 80%，灭绝速率为大陆的 50 倍，并且 75% 的鸟类灭绝发生在较小的岛屿[51]。如朱鹮原为迁徙鸟类，历史上广泛分布于日本、中国、朝鲜和俄罗斯等地，是数量较多的常见种，但近代朱鹮成为濒危物种。据报道，日本佐渡岛在 1950 年尚存有 35 只野生朱鹮，它们不再迁徙，生殖力严重退化，只能生产不受精的无精蛋，最后灭绝。

很明显，一些鸟类是通过迁徙等行为才能正常繁殖。鸟类迁徙的好处不仅获得不同栖息地资源，而且也达到正常繁殖生理的需要，符合动物生殖规律。如丹顶鹤每年从南方的越冬地到北方的繁殖地之间迁徙，它们获得了正常的繁殖能力。

问题是岛屿生态环境较容易发生变化，影响鸟类的迁徙行为。岛屿环境单一化更容易受到气候变化影响，发生环境压力的单向变化。例如当出现气候温暖期时，环绕岛屿的气流温度和湿度等较一致，将使岛屿周边陆地产生同样的暖湿环境变化，即产生较大面积的低压力环境，更容易影响鸟类迁徙等行为。一些长期滞留在岛屿的鸟类，将会出现生理和生殖退化甚至濒危灭绝。

岛屿海洋性特性或环境单一化以及地球气候周期性变化，使岛屿物种灭绝速率远高于陆地，造成岛屿与大陆生物分布出现较大差异，岛屿生物多样性难以达到大陆同等地块水平。

6.2　岛屿生物地理学理论误区

岛屿生物地理学理论是解释岛屿生物分布的理论，但其作用已经超出这一范围。一些学者认为对于自然保护区，或高山、湖泊等，都可以当作岛屿看待和研究，因为它们面积较小，且呈孤岛的隔离状态。岛屿生物地理学理论成了保护生物学理论的重要内容，成了建立自然保护区的理论指导。

1967 年，美国生态学家麦克阿瑟（Robert MacArthur）和威尔逊（Edward Wilson）出版了《岛屿生物地理学理论》一书[52]，基于对一些岛屿生物种类和数量的比较，他们提出了两个主要理论：①物种 - 面积关系理论。岛屿面积越大，物种数量越多，如古巴拥有比牙买加更多的鸟类、爬行类等，同样，牙买加拥有比安提瓜更多种类。面积与物种数量关系以数学定式 $S = CA^z$ 来表示，其中 A 为面积，S 为物种数目，C 和 z 为参数。z 值的典型值为 0.18 ～0.35 之间，即当 z 值为 0.30 时，岛屿面积每增加 10 倍，物种数大约增加 1 倍。②平衡理论。物种迁入岛屿的初始速度较快，随着物种数量增加，灭绝率增加。当新物种迁入与原来占据岛屿的物种灭绝在同一速率进行时，岛屿物种数量达到平衡密度[53]。平衡密度与岛屿面积等相关，面积越大可容纳较多物种，平衡密度越高，即岛屿的面积效应。岛屿达到平衡密度时间取决于岛屿与大陆距离，即岛屿的距离效应。距离越近，迁入速度越快，达到平衡密度时间越短，岛屿物种数量越多；距离越远，迁入速度越慢，达到平衡密度时间越长，岛屿物种数量越少。

面积效应和距离效应成为该理论的两大要点，即岛屿面积大小和隔离程度是影响岛屿物种数量的主要因素。

但是，如前所述，岛屿生物地理学理论忽视了一个重要问题，即岛屿海洋性环境特点或环境单一化，它与大陆环境存在实质性差异，是造成岛屿物种少和易灭绝的重要原因。就是说，岛屿生物地理学理论对岛屿生物分布特点做了错误的解读，它存在重大的基础性缺陷，不能正确解释岛屿物种少和易灭绝的原因。特别是当该理论被应用于保护生物学理论时，将可能产生误人子弟的问题，必须予以纠正。

面积效应表明面积较大岛屿可以容纳较多种类和较大种群，较大种群不易灭绝，这没错。问题是，岛屿常常是某些种类呈较高密度，但整体种类少，说明环境多样性才是决定可容纳种类的关键。岛屿是由性质均一的海水环绕，环境多样性降低，生物种类也就较少。就是说，环境多样性不但取决于区域面积大小，而且取决于区域的周边环境特性。

距离效应表明岛屿距离大陆越近物种迁入速度越快，距离越远迁入越慢，这没错。问题是，如果相同面积岛屿能容纳物种数量相同，随着时间增加，较近大陆的岛屿与较远的岛屿物种数应该是相同或接近。但实际上，较靠近大陆的岛屿，物种数量都大于距离大陆较远的岛屿。这说明较远的岛屿海洋性较强，物种灭绝率较大，使得物种数量较少。

岛屿海洋性特性能较好地说明岛屿生物地理分布特点，解释其物种种类较少和易灭绝原因：即岛屿面积较小和离大陆较远，海洋性较强或环境单一，物种迁入难，灭绝率较高，物种种类较少；岛屿面积大和靠近大陆，环境较多样化，物种迁入较易，灭绝率较低，生物种类较多。

岛屿所处位置、形成时间、陆地桥（海平面下降时出现）变化等因素，都可能对不同岛屿和不同物种产生较大影响，这不

是 $S = CA^z$ 算式所能够涵盖的，不同岛屿的面积与数量关系将可能出现较大差异。如一个调查例子表明：当岛屿面积增加 1 倍，物种多样性增加 9 倍[46]，而由 $S = CA^z$ 算式计算，面积增加 10 倍，物种数增加 1 倍，即实际调查与公式计算相差近 100 倍。说明岛屿生物地理学理论的预测变异性极大，难以在实际中应用。

由此可以看出，以往岛屿生物地理学理论缺乏对岛屿各种环境因子的全面考量，忽视岛屿环境单一性这一实质差异，它存在基础缺陷，并非是严谨的理论。它以面积大小决定物种数量，而不是以环境多样化决定物种数量，用来指导物种保育必然存在较大的问题。

6.3 演化规律和物种保育

岛屿物种脆弱性与自然保护区不尽一致，但生物演化特点是一致的，即遵循生物演化基本规律。因此，正确的岛屿生物地理学理论必须阐明岛屿环境单一化特点，即从环境单一化上揭示岛屿物种易灭绝，从而说明环境单一化对物种保育的不利作用，确立环境多样化的保育作用，只有这样，它才能作为保护生物学理论的指导或基础。而保护生物学理论必须阐明生物演化基本规律以及不同类型演化规律，即弄清当前气候环境对所保育物种的有利或不利之处，才能建立科学的保育对策。

达尔文曾感叹，“在南美洲的四足兽特别少，虽然那里的草木如此繁茂；而在南非洲，大的四足兽却多到不可比拟，为什么会这样呢？我们不知道……”。现在通过大型动物演化规律，我们可以知道答案了：大型动物适宜在气候波动环境繁殖，而不适宜在稳定的草木繁茂的环境中繁殖，即南美洲温暖、湿润环境或食物充裕的单一环境不利于大型动物。生物演化规律讲清了环境的有利或不利问题。

气候变化可能造成自然保护区环境单一化，对物种保育不利。如在寒冷冰期扩散进入马来群岛的一些大型动物，如大象、犀牛等，当温暖、湿润的气候周期到来，海平面上升，植被更加繁茂，即大型动物面临低压力环境。这对它们来说，也就是一种单一化环境，因为它们不再为生存四处迁移、迁徙。这些大型动物将会出现活动区间缩小，动物行为改变和生殖力发生变化，走上濒危和灭绝过程，即遵循大型动物演化规律。

因此，对于生殖力严重退化的爪哇犀牛、侏儒象等，只是一味扩大保护区面积，并不一定会有更好的保育效果，因为增加雨林面积不能有效改变环境低压力状态，这些大型动物可能更喜欢待在一些食物丰富的低压力区域，在低密度或缺乏竞争环境中产生物种退化。事实上，大型动物容易在雨林环境退化灭绝，因为雨林不是适合大型动物繁衍之地，正如面积巨大的南美洲亚马孙雨林也不能容纳大型动物一样。

极端的环境单一化的典型例子应该是圈养环境。圈养动物与外部种群隔离，活动范围小，食物充裕，造成动物环境极其单一化，一些圈养动物生殖力退化，必须依靠人工辅助才能繁殖。如圈养的大熊猫生殖力严重退化，必须采用各种辅助繁殖方法，包括营养、药物、视觉刺激（如观看性录像）、人工授精等。曾经报道过一种“爱心饲养法”，即通过饲养员与大熊猫爱心交流，使动物放松或减压，以期达到改善生育效果。但它们毕竟是一般动物，“奖勤罚懒”是动物生殖力演化特点，“爱心饲养法”也可能导致它们好吃懒动，影响繁殖效果，结果适得其反。

环境低压力导致动物生殖力退化，有很多实际例子值得思考。

如在草原退化、食物紧张时期，草原鼠仍然夜以继日挖掘洞道，争夺残草，生殖力旺盛，导致泛滥成灾。而蹲在鼠洞口旁边等候捕食的草原苍鹰，懒洋洋的，体态臃肿，成为“飞不起来的

苍鹰”，它们生殖退化而难以自保。因此期望这种苍鹰成为鼠患克星，显然不切实际。只有首先解决鼠患，控制草原鼠数量，建立起新的健康的生态环境，让苍鹰重上蓝天，才能使它们焕发出原本的生命活力。

人们已经发现大量的白垩纪晚期不能孵化的恐龙蛋，或者见到在侏罗纪灭绝的一些鱼龙化石体内含有胚胎，也捡拾到近代灭绝的一些大型走禽未能孵化的巨型蛋，如马达加斯加的象鸟蛋，或者日本佐渡岛朱鹮灭绝前的无精蛋，它们都说明动物生殖力退化是其灭绝的主要原因。

普氏野马（Equus ferus ssp. przewalskii）生存于我国新疆等地，是一个受到严格保护的濒危物种。2000 年春天，一匹被称为准噶尔 1 号的盛年母马出现难产，虽然兽医在场辅助还是回天无力，造成了一尸两命。检验结果是母马死于肥胖难产。这就是大型动物生殖退化，容易出现生殖障碍的直接证据。

藏羚羊（pantholops hodgsoni）是我国一级保护动物，一些专家学者对藏羚羊进行了各种研究，对其栖息环境、繁殖特性、迁徙行为等方面都有报告。藏羚羊繁殖行为十分奇特。已怀孕的母藏羚羊成群结队地穿越数百公里的荒芜地带，来到位于西藏可可西里腹地西北部的卓乃湖等地产下小羊羔，再由母亲带小羊羔返回栖息地。根据观察，卓乃湖等地地势较高，植被稀疏，天敌众多，而且在产羔期间经常发生暴风雪，往往使大量羊羔死亡。藏羚羊选择如此糟糕的环境产羔，一直是个难解之谜。

对藏羚羊奇特的繁殖行为存在不同的解释。有人认为这些繁殖地在远古时期曾经是水草肥美之地，藏羚羊沿袭古老习惯至今，尽管如今繁殖地已经变得面目全非、环境严酷和危险重重，藏羚羊仍然一如既往地沿袭古老的习惯；也有人认为藏羚羊繁殖地仍然有一些优点，如雨量较少等，可以使繁殖有较大的生存概率，藏羚羊因而选择了该地进行繁殖[54]。显然，这些研究的关注点都是繁殖地对藏羚羊母子的有利或不利方面，而没有注意到迁徙行为本身对动物生殖的正面作用。

藏羚羊如此艰辛迁徙必有其理由，这就是确保物种正常繁殖能力，是动物生殖规律和机制使然。事实上，在温暖舒适环境或人类饲养环境下的藏羚羊繁殖力较低，只有经历迁徙考验的藏羚羊才能更加强健、更多怀胎和更顺利产羔。藏羚羊的祖先因采用迁徙行为方式而生存下来，其后代也将一如既往迁徙下去，这是藏羚羊生存延续的关键性行为。可见，由动物生殖规律清楚解释了藏羚羊迁徙之谜。

海龟也是濒危的保护物种。全世界现存海龟有 7 种，包括棱皮龟（dermochelys coriacea）、绿海龟（chelonia mydas）等。棱皮龟体型最大，一般可达 300 kg，个别达 800 kg。无论是太平洋的棱皮龟，还是大西洋的棱皮龟，繁殖时都要经历漫长艰辛的洄游过程。例如棱皮龟的一条洄游路线是从非洲中部出发，穿越大西洋，到达彼岸的南美大陆，行程长达 7000 多千米。绿海龟是我国沿海较常见的种类，体重达 100 ～ 200 kg，它们同样经历长途洄游进行繁殖。绿海龟产卵场主要分布在南海的沿岸或岛屿的沙滩上，一只海龟每次可产数十至两百枚数量不等的乒乓球状的龟蛋。关于海龟洄游繁殖存在一些不解之谜，有各种不同的解释。

首先，海龟如何在茫茫大海中辨识方向？有几种不同的假说。一是群体学习假说（social facilitation），认为海龟和猿猴一样，有社会群聚和学习本能，当小龟长大后就跟随有经验的母龟到出生地产卵。二是第一次经验假说（first experience），该学说认为母龟长大成熟后会选择喜欢的某一处沙滩产卵，成功后将每次回到这里产卵。三是返回出生地假说（natal homing）。该学说认为海龟幼仔出生后在记忆中留下了出生地特有记号，如物理、化学特性等，长大成熟后将依循这些记忆信息洄游回来产卵，因

此人们放归小海龟时，都特意让小海龟爬过一段洁白的沙滩，好让其留下美好的记忆。

其次，繁殖过后的母海龟，为何舍近求远、不辞辛苦回到原来的栖息地？绿海龟产卵沙滩附近海域，有不少优良的栖息地，为何它们还要回到数百至数千千米以外的旧地去觅食生活，2～3 年后再努力游回来产卵？它们为何不就近选择更好的觅食生存之地，而要如此费力来回折腾？有一种观点认为，这种洄游行为与地壳板块漂移有关。由于海龟在 2.5 亿年前就出现在地球上，对出生地的忠诚度很高，一旦选择合适的海域就会保持长久不变。然而，随着原始大陆的分裂和漂移，海龟的产卵地与出生地越离越远，海龟的洄游距离也就越拉越长了。但这种解释对海龟及环境的要求近乎苛刻，也不合理，因为并非所有的海龟洄游路线都在地壳板块的漂移区内。

这些不解之谜令人感兴趣，但其实都没有找到海龟洄游的本质原因，以及现代海龟濒危的原因和作用机制。在海洋环境中，海龟几乎没有天敌和竞争，温度、食物等变化也比较平稳，海龟寿命较长。而且，海龟每次可以生出百来枚龟蛋，如果能够正常繁殖，它们不至于走向濒危。就是说，现代海龟走向濒危原因还是其繁殖出现了问题，即大部分海龟难以繁殖。

海龟千辛万苦地进行洄游，这些动物一定有着一股推动力量，源自于延续后代的本能。假如它们不进行洄游，身体生理机能就得不到调整或强化，就无法健康繁殖。一些长年生活在栖息地的海龟都不见有繁殖，或者一些捕获后长期圈养的海龟无法繁殖，就说明了这个道理。也正是如此，产卵后的海龟必然要回到原地（也有不回去的），才能进行下一次的洄游繁殖。可见这种看似折腾的动物行为，其实是物种延续生存的关键行为。

现代人类活动导致环境发生剧烈改变，如土地开发和污水排放等，大陆沿岸海水出现了富营养化等变化，加上全球气候变暖，海龟的主要食物海藻种类和数量等都可能发生变化，海龟的产卵地、栖息地以及水流等因子也可能变化，这些因素都将影响海龟洄游行为。如 20 世纪以来，出现在我国沿海地区的海龟数量越来越少，在我国唯一的海龟自然保护区——惠东港口海龟湾，是绿海龟的传统产卵场，如今上岸产卵的绿海龟已经成为稀客。

在一些洄游性鱼类中，洄游行为是其生理和生殖成熟的必要条件，如中华鲟、鳗鲡、大马哈鱼等。这些鱼类千里迢迢、竭尽全力前往繁殖地，其洄游过程就是生殖生理的成熟过程，可观察到它们的性腺逐渐成熟。如果没有这种洄游行为也就无法繁殖，其影响作用可以说是立竿见影。

对于一些陆地大型动物和迁徙性鸟类，改变其迁徙行为虽然不至于使其马上失去繁殖能力，但生殖力下降的负面影响将逐渐显现，决定了物种未来的走势。

可见保护生物学的问题，重点在于保护物种正常繁殖。由于以往缺乏生物演化规律的引导，不能正确认识保育物种与其环境的依存关系，即不知道什么环境有利，或什么环境不利，也就难以采取科学的保育措施。而岛屿生物地理学理论片面强调面积效应，它不能适用于食物充裕环境的大型动物保育，比如说，提供一个大面积的保护区，却不能发挥应有的保育功能，岂不是劳民伤财？

6.4 濒危大型动物的保育方法

实际上，人们在物种保育上较多关注的是一些比较熟知的濒危物种，多数是大型动物或迁徙鸟类，它们的确是需要严格保护的动物。大型动物保育首先必须认识动物生殖力响应规律及大型动物演化规律，弄清什么环境有利，或什么环境不利，才能使保

育方法有的放矢或事半功倍。

第一，正确认识物种濒危原因。对于大型动物，濒危原因主要是物种生殖力减弱和繁殖失败。物种保育就是要通过改变环境，纠正它们一些不利于健康生殖的行为，改善种群繁殖力，而不是相反。如随着气候变化，一些大型动物分布区出现由草原到雨林的演替过程，大型动物相应产生生理、生殖的变化，这是难以觉察、极其缓慢的过程，人们只知道它们生殖力弱，却不知道它们生殖力在变弱。大型动物生殖力改变原因在于出现环境与生殖的矛盾：动物本性更乐意待在食物最丰富环境，它们容易乐不思蜀，变得懒惰，而动物生殖力存在“奖勤罚懒”的作用机制，长此以往将产生生理和生殖问题。

因此，保护区设计应使环境保持适度压力，维护大型动物正常行为和繁殖能力。当出现种群老化、数量减少、排除捕杀等因素，可能就是环境和繁殖出问题了。例如，爪哇犀牛处于终年草木青绿的雨林环境，体型变小，出生率低（据认为是正常的1/5），说明其所处雨林已不适宜正常繁殖。同样，一些不适当的保育措施，如不适当地提供食物等，可能使动物发生行为改变与生殖退化，效果适得其反。

第二，正确设置自然保护区。保护区面积并非越大越好，可能只有某个区域起着关键性作用。例如，最后的猛玛象是生存于北冰洋的弗兰格尔岛，而不是广阔的欧亚大陆。原因在于北冰洋的弗兰格尔岛受北极寒冷气流控制，能够维持较寒冷干燥环境，较为适合猛玛象生殖所需的环境压力，它们直到1700年前才灭绝。而欧亚大陆由于在晚更新世大暖期中出现较温暖、湿润气候，产生环境低压力，其猛玛象早在1万年前就已灭绝。可见较小地块也可以对物种延续发挥重要作用，关键是环境适合。

物种数量稀少是其即将灭绝的前奏，它说明某一环境存在不利于该物种生存的因素，但这种不利因素是什么？我们向来都难以回答。这是达尔文在100多年前就已经提出的问题。现在，大型动物演化规律揭示了这一“不利因素”，就是它们喜欢待在食物丰富的舒适环境，养成懒惰的行为习性，导致生殖力退化和灭绝。因此，对于出现大型动物种群老化或物种濒危难有起色的自然保护区，改变其环境就是一种必须考虑的保护策略。

大熊猫是我国国宝级动物，有必要多提几笔。在历史上，大熊猫栖息地曾经北抵北京，南至缅甸南部和越南北部，但现存种只在中国四川、陕西等的一些山区分布，数量稀少。大熊猫最佳生存地究竟在何方？曾有学者根据1976年冬春在四川平武、南坪等地发生竹子开花，大熊猫出现大量死亡的情况，认定死亡原因是因竹子开花造成的食物短缺，主张把大熊猫迁居到气候条件更好的南方地带，如云南气候四季如春，分布有多种大熊猫喜食的竹子等，食物丰富、稳定。

但近年的调查表明，大熊猫可以食用多种不同的竹子，当喜食的某种竹子数量减少后，才开始食用其他种类。调查报告指出，在大熊猫分布密度相对较高的秦岭南坡一带（佛坪等地），“大熊猫每年对竹林的消耗量实际上都不超过其中一种竹林当年生长量的2%”。这意味着大熊猫根本不存在食物短缺问题，而是食物过于充裕了。这可不是一个小问题，从之前的食物资源不足到食物资源过剩的结论改变，出现180°的掉头，在生物科学研究上也算是夸张了。如果大熊猫食物充裕，人们也就没有必要为它们种植更多的竹子、提供更多的食物了，这将是适得其反的保护方法。

在人们的印象中，大熊猫是一种胖乎乎、懒洋洋的动物。在圈养环境中，有充足的人工食物，但它们性欲全无，要依靠人工授精等技术繁殖。在自然环境中，它们种群密度极低、食物也应该相当充裕，却出现生殖退化，据说“有78%的雌性大熊猫不孕，90%的雄性大熊猫不育”。大熊猫行为状态符合食物资源过

剩或环境低压力作用，而其繁殖力低与动物生殖力“奖勤罚懒”机制也一致，符合大型动物的生殖规律和演化规律。

在体型变化上，大熊猫从 200 万年前的小型种演化，在 50 万年前出现体型最大的巴氏种，现代种体型略小些，说明现代种处于环境压力较低的物种衰退阶段，即符合大型动物演化基本模式，或“德帕锐－裴文中定律”。就是说，大熊猫体型变小是因环境压力减小，如气候变暖导致其活动减少，气候变暖是造成其生殖力退化的“不利因素”，即又是一个遵循大型动物演化规律的案例。

其实，类似现象早在森林象或爪哇犀牛等大型动物身上出现了，只是一般研究者没有从环境变化和物种退化的演化上考虑问题。在许多人看来，自然环境竞争激烈，不存在行为改变导致物种生殖退化的问题，造成物种濒危不是食物缺乏就是人类捕杀。这种偏见应该改一改了。试想，这些动物霸主待在密林中能够做些什么呢？它们不可能像人一样运动，增强体质机能，它们在寻找食物最丰富的区域，尽情享受和消耗食物是它们的本能。由于它们体型较大，生殖力又远不如人，出现生殖问题在所难免。大型动物演化规律有各种历史和现实例子可以检验，是客观存在的规律。

物种退化不等于即将灭绝。大熊猫由大面积分布到局部分布，物种经历了漫长的时间考验，只要有合适的局部环境，它们照样可以继续生存下去。换句话说，如果在人类严密的保护下，在缺少大型捕食者（如老虎等）的生态条件下，称王称霸的大熊猫都难以继续生存延续，那就不合道理了。

有一个好消息。在陕西秦岭一带拍录到野生大熊猫争夺配偶、互相打斗和交配的场面，一共有 5 只大熊猫参加。据当地乡民报告，已经多次见到有 5～6 只大熊猫同时出现的情景，还有在野外捡拾到大熊猫幼仔的报道。说明大熊猫自然种群有正常繁殖能力。我还见到一个有趣的视频：一只大熊猫在一场大雪过后的雪地中欢快地跳跃、翻滚，与平日状态完全不一样。可见，在这种不同环境中，动物活力增强了。也就是说，大熊猫的理想生存之地在较偏北的秦岭一带，而不是一些学者所主张的将其迁往南方温暖地带。

显而易见，大熊猫保育必须立足于解决环境问题，即提供或创造一种充满活力（适当压力）的生存环境，促使种群正常活动，改变其长时滞留于某一舒适小区块或懒洋洋的行为习性，使它们恢复正常行为和正常繁殖力。

第三，保育数量应根据环境和种群生殖变化适时调整。种群越大物种越稳定，但保育种群增大与人类生存是一大矛盾，种群太大浪费资源，对保育工作没有必要，对人类生存也没有好处。以多大为适度？我认为种群数量应根据大型动物演化规律，以生殖力变化为参考指标。如非洲一些地区草原象 10 年间数量已翻了一番，环境压力与生殖力发生了很大变化，10 年前的物种与今日物种走势不同，说明其生殖力健康正常。而在非洲热带雨林一些大型动物，如森林象、倭河马等，它们仍然处于生殖力减弱和濒危状态，物种走势并没有发生变化。因此对于发生变化了的不同保护动物，应该采取不同的保育措施。

如在非洲南部的南非、津巴布韦、博茨瓦纳、纳米比亚等国家，其草原象数量近年猛增，已成为当地政府的沉重负担，减少大象数量在所难免，而在非洲热带雨林的森林象等生殖力退化，数量减少，难以确保物种安全。显然，这两种不同情况是物种环境压力差异和生殖差异所造成的，符合大型动物演化规律。环境决定了大型动物的生殖力，也就决定其如何生存发展，人类应该在改变或提供合适环境上有所作为，这才是物种保育的最佳方法。

因此在自然保护区设置上，建立一些不同气候区域的自然保

护区，提供不同地域的多样化环境，才能较好地解决物种保育问题。大型动物保育应通过维护其正常迁徙等行为，使之健康繁殖，这是符合大型动物演化规律的正确方法。

综上所述，生物演化规律是物种保育的指导，濒危大型动物保育就是要维护其正常的演化环境，即维持正常繁殖力。自然选择在严酷环境中选择了大型动物，也就决定它们只能适应或依存于这种严酷环境，它们“生死由天”，而物种保育就是要创造对它们“有利”的演化环境，使它们改变“生死由天”的命运。如果习惯于以人的价值观观察和判定它们的生存环境优劣，或为建立舒适的、食物充裕的、没有竞争或挑战的濒危大型动物生存环境而沾沾自喜，而忽视演化规律这一生物演化本质问题，将可能出现物种保育上的失误。

根本原因在于它们的演化与人类进化规律不同、性质不同。

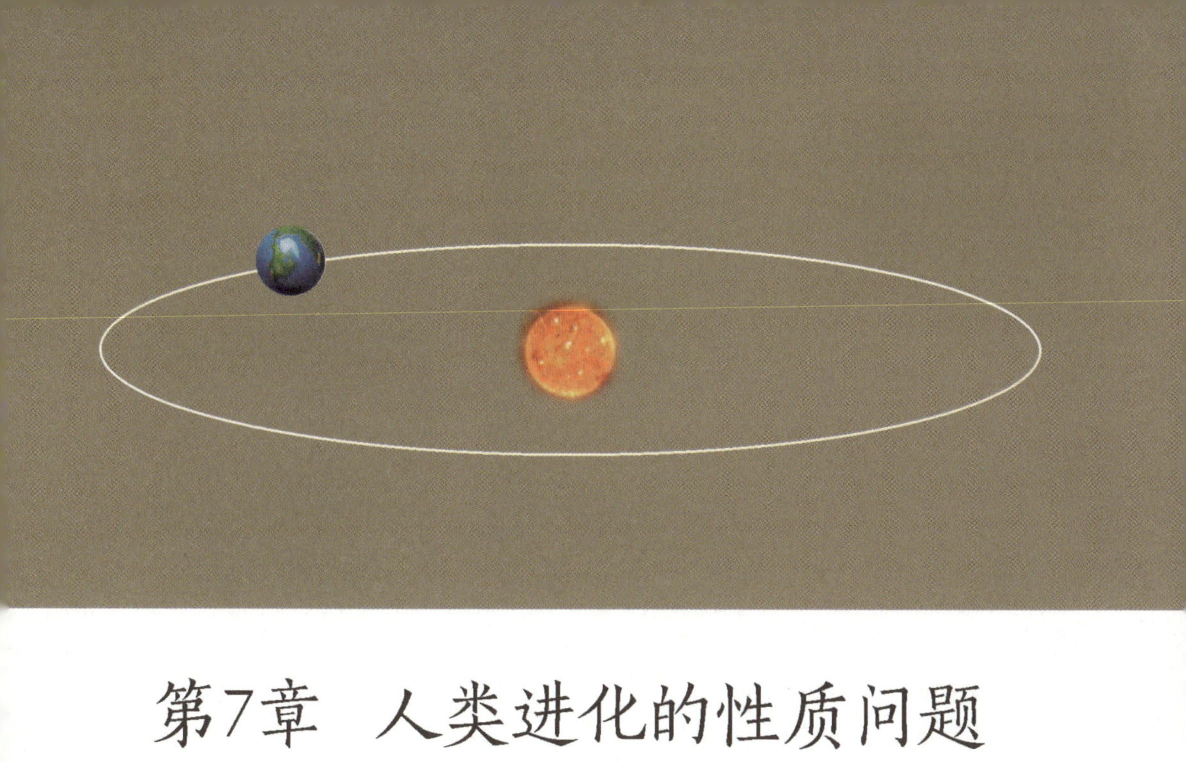

第7章　人类进化的性质问题

人类进化与其他生物演化是同一个性质改变，还是不同性质改变？这是进化论基础问题。人“依靠工具”（使用工具防御、捕食等）发生行为突破，使人的生存方式发生改变，人的环境关系性质也就改变，即人类超越了生物演化的基本规律。本章对人的进化方式、进化性质、进步标准等做全新的阐述，说明人发生了唯一的突破和性质改变，人的环境关系性质改变是唯一的进步标准。

达尔文进化论把人纳入生物演化，把自然选择机制当成人的产生机制，它造成人类学的严重问题，即人与猿模糊不清。生物演化是生物多样性的发展，演化不具有进步性，人类进化是唯一的突破，它产生人的进步性特征，两者是不同性质的研究范畴。

7.1　人类进化的方式

说到人类进化，不能不提达尔文进化论。进化论认为人的产生与其他生物演化一样，都是自然选择作用的结果。

人从灵长类动物演变产生，具有灵长类的结构等特点，如聪明的大脑和灵活的前肢（手）等，从原猴演化产生古猿，从古猿产生了人。根据基因学的测定，人与黑猩猩遗传基因较相近，是大约600万年前从某种古猿分化产生。

化石资料表明，在渐新世出现埃及古猿，到中新世出现森林古猿，包括早期代表如拉玛古猿（Ramapithecus）、西瓦古猿（Sivapithecus），晚期代表有阿法尔古猿（Australopithecus afarensis），它们展示了古猿演化的悠久岁月。南方古猿出现在距今300万～400万年前，包括多个不同类型物种，如阿法种、纤细种、粗壮种及鲍氏种，研究认为它们都能够直立或半直立行走，其中纤细种被认为是接近人类祖先的类型。

从直立古猿到能人（Homo habilis）、直立人（Homo erectus）和智人（Homo sapiens），人类结构发生了很大的改变。如坦桑尼亚能人，脑容量在600～800 mL，能够制造原始石制等工具；直立人的脑容量达800～1000 mL，生活在从森林到草原的不同环境，如北京猿人和爪哇猿人；智人的脑容量增加到1200～1300 mL，能够制造比较精细的石器等，现代智人化石遍布了五大洲。

对人类进化方式有多种不同假设，包括自然发展和文化进化等。

自然发展说认为从灵长类发展到人类是一种不可避免的进化归宿，人的出现并不是惊天动地的大事件，而是猿脑等自然而然的发展，最后达到人类这一终点。但是，人与猿差距实在太大，如果是自然发展，必然存在一些距离猿较远、距离人较近的中间物种，而事实上并不存在这类物种。自然发展说无法解释这一问题。

达尔文认为直立是从古猿到人的关键，人的产生是由四肢行走"转为两脚行走的缘故"。他认为增加工具使用是人类进化具体的一环，因直立解放前肢，可以自如使用和制造工具，工具的使用不断反馈刺激人的智力发展。问题是，既然直立作用如此显著，为何生活在同样环境中的其他古猿不参与这一人化过程？在现代猿中常见到有一些直立的姿势，但显然没有进一步发展的必要，因为它们的生存方式决定了其只能四肢行走，直立是无法生存的。而且，一些较直立种类，如大猩猩，它们不见得有较多使用工具，它们与猴子一样只偶尔使用工具，因此直立能够增加使用工具的假设也缺乏支持。

一些学者假设人类祖先在森林消失的情况下，它们勇敢地踏上通往草原的征途，即走向两脚行走或直立，而其他古猿则随着森林退却，变成现代猿的模样。但是事实上，一些进入草原环境的灵长类动物，如东非狒狒等，它们都没有发生直立改变，即进入草原并非是直立的必然条件，四足行走更为合适。

人脑和猿脑十分相似，具有逐渐演变的特点。在人脑产生问题上曾经有过一场辩论：英国著名的生物学家欧文（Richard Owen）抵制达尔文进化论，他否定人从猿演变，他认为人脑“海马回”结构是猿脑所没有的。但解剖结果却证明人与猿大脑存在类似的“海马回”，即两者具有连续性特征，欧文在这场辩论中落败。

人脑与猿脑的容量存在巨大的差异，人的心理意识也与它们存在相当大的距离。从遗传基因的差异上，可以解释脑思维和心理意识差异，即某种基因变化产生了使人脑“灵通”的结构或物质。但是，人脑的“灵通”基因如果是对生存有利，那一定是通过自然选择的漫长演化产生，为什么只有人脑可以不断地获得选择？如只有人的脑容量出现逐渐增大，那其他猿也应该有同样的机会。可见在人脑的发展上，自然选择理论难以解释人的独立发展问题。

一些学者提出社会和文化发展可能刺激智力等发展，即文化进化论。问题是为何只有人类社会和文化出现这种刺激或促进作用，其他猿等都不沾边，要知道它们也有社会和文化传承，其起点与人的起点是一致的。可见文化进化论也不是合理的解释。

显然，每一个方案都存在无法解释的空白或漏洞，都没有提供可证实的实质性依据，也就无法证明自然选择可以产生人。现代主流理论采用达尔文等以直立为先的自然选择方案，实际上它是一个具争议的方案，或一个不明不白的无奈方案，毕竟人的产生必须有一个方案。就是说，人的产生问题并没有得到较好的解决。

别无选择，重新思考人类进化方式，寻找更合理、可证实的方案，才是解决问题之道。

上述所有方案都存在一个难以解释的问题：即人的进化是一个漫长的过程，为何它能够沿着一个方向前进？自然选择理论无法解释这一问题，因为自然选择是随环境变化的偶然选择（不具有方向性），它必然要产生许多类似种，如各种不同的猿（古猿），而人类是唯一的。这就是说，人的产生必须有一个启动点，一旦启动就会发生不可逆转的人化进程，而自然选择没有启动点，不符合人的进化特征。因此，解决人的产生问题，就是要寻找到正确的启动点。

人因有了工具而完全直立，人运用工具而产生较大的脑，显然，人类进化的推动力在于工具使用。

工具使用导致人的结构改变，也使人类适应各种不同环境，即人的环境关系性质发生改变。那么，人类使用工具方式有何不同？这是寻找人的启动点的正确方向。

以往曾将人定义为能够使用工具和制造工具的动物，但因不少动物也有这种技能，这一定义只能抛弃。许多动物能够使用工具，如黑猩猩用树棍捅蚂蚁窝、钓蚂蚁，猴子用树棍挖掘食物，用石块打碎坚果等。甚至一些鸟类也能够摆弄工具。曾经有人做过实验：将食物放置在一个开口的瓶子里，乌鸦嘴巴太短够不着食物，经几番折腾后，乌鸦用嘴巴叼小棍而解决了问题。

能够用脑和工具的动物还有很多。如老鹰利用高空轻而易举地摔死捕捉到的猎物，再行饱餐。海獭把一块石头放在胸前当作砧板，把捉到的贝类、螃蟹等打碎，不费劲就能享用内部的软体美食。有人曾做过统计，一头海獭在一个半小时之内可以从海底捕获 54 只贻贝，在石头上撞击 2237 次。

关键是，一般动物“使用工具”的行为是随着环境改变的自然行为，如果它能够促进身体直立和大脑发展，必然是在“使用工具”的不同动物的身体结构上有所体现，而不单单只是体现在人的身体结构上。只有人类发生唯一的适应工具的身体结构改变，说明人的工具行为突破了一般动物的自然行为。

人使用工具进行近身防御、捕猎等，即“依靠工具”，这是其他动物所不能的，是人类唯一的行为改变。最重要的是，“依靠工具”是一种不随环境改变的行为，无论在森林、草原等，都是人类生存所必需的，它使人与工具不再分离，与一般动物随环境变化的、可有可无的“使用工具”自然行为，在行为性质上有所不同。

因此，“依靠工具”行为改变就是人的进化启动点。从古猿“使用工具”到人“依靠工具”，人的环境关系性质发生改变，人类出现结构、心理、语言、文化和社会等一系列方向性、进步性改变。“依靠工具”成为人类进化的突破点。

“依靠工具”使人从半直立走向完全直立。半直立结构是一种既能攀援，又能短暂直立行走的混合结构，它是长期存在的演化产物，它保持了自然选择的猿的速度、力量和灵活性等，而当人类“依靠工具”取得进展，人的生存可以不再依赖以往的速度、力量和灵活性，即人体自然功能减退获得了工具进步的补偿后，这时人类实现完全直立，水到渠成。

一种是采用达尔文自然选择机制产生人的演化方式，它无法解决人的结构改变等方向性问题，另一种是采用“依靠工具”推动的人的进化方式，它解决了人的结构唯一性改变和进化方向性、进步性等的所有问题。

人的演化方式和人的进化方式，两者都是生物发生演变，并没有增加其他超自然因素，相比之下，人的进化方式要更胜一筹。我们必须抛弃人的演化方式，当然，这对“进化”和“演化”要有一个全新的认识。

孰优孰劣，我在后文继续阐述。

7.2 人类进化的性质

所谓人类进化性质，就是人的进化是属于一般生物演化的范畴，还是不属于生物演化范畴。人类进化性质决定了进化论基础，即如果人的“进化”和生物“演化”性质不同，进化论基础也就出现大问题，因为达尔文进化论将人的“进化”与一般生物“演化”性质等同。

在进化论，“进化”或“演化”都是指生物一代又一代的基因发生改变，就是说，人的变化与一般生物的变化性质一样，都是基因的改变，都是“进化”或“演化”。问题是，生物改变只是发生结构的变化，还是含有更有利、更好或进步性的变化？这是涉及生物演变性质的问题。换言之，如果人的改变具有进步特征，其他生物改变也就必须有这种特征，否则两者性质就会不同了，也就不能将人归于“演化”。

对于这一关系人类进化性质的重大问题，迄今，进化论还是没有明晰这一问题。它既否定了生物进化的前进式变化，又在某些观点或概念上含糊地加入这种前进式变化，即留下了生物演变产生进步的“小尾巴”。

达尔文一方面强调自然选择“保留有利的变异，清除不利的变异”，肯定生物演化的有利、改进观点，他在《物种起源》结尾指出“所有的肉体和精神禀赋就倾向于朝着完善的方向进步”。另外，他又反对生物演化具有“天生的进步趋势”，指出“千万别说什么更高级、更低级”，这使得一些人误以为他是在反对生物“进步观”。达尔文的观点自相矛盾，各人都可以根据自己的需要选用，我在后面还要介绍。

迈尔的生物“进步观”也是含糊的。他说，生物进化出现的一系列结构和生理上的改变很难说不是进步。“很难说不是进步”是什么意思呢？既不是肯定，又不是否定，是中间的摇摆或踌躇。迈尔被学界称作20世纪的达尔文，他继承达尔文的观点，其观点也应该是现代理论的主流观点。

古尔德早期曾明确肯定生物演化存在进步趋势，人位于“进化之梯”的最高处。但在后期他又否定这一“进化之梯”或“进步观”，在《生命的壮阔——从柏拉图到达尔文》一书中，他指出“所谓的进步，其实是建立在社会偏见和心理上一厢情愿的谬见”[13]。我相信这是他深思熟虑的修正，因为涉及理论的全局性问题，作为进化论“大腕”，按理不会轻率改变观点，而他却改变了观点。

古尔德彻底否定生物“进步观”，他的论证充分，解释合理，只是他还是将人置于一般生物演化之中。他认为人的产生是生物演化历史的“意外”事件之一，与包括脊椎动物的产生、鱼的上岸等“意外”一样。其实，演化的“意外”产生了许多类似的同类，不是黑猩猩，就是大猩猩，或已经灭绝的古猿，而人是唯一的，并没有类似的。这说明自然选择的“意外”与人的“意外”（心理突破）完全不同，古尔德是将演化的必然性与进化突破的偶然性混淆了。

如此看来，在生物演化性质或“进步观”问题上，进化论并没有做出最终的定夺，因为肯定和否定的观点都有。在逻辑上，如果人是由古猿演化产生的，是自然选择结果，一般生物演化与人的进化就属于同一个性质。也就是说，如果人的“进化”具有进步性，就必须在其他生物的“演化”中添加一点进步性，否则两者性质将会不同。这也是以往大多数理论家的做法，虽然有的是旗帜鲜明的添加，有的是隐蔽的添加，或只留下进步“小尾巴”，而古尔德则是采用完全否定，他独树一帜。可以说，进化论在这一问题上是狼狈不堪，留下了一笔糊涂账。因为这是一个涉及理论核心的问题，我在后面还要阐述。

原因在于人的进化方式上出了差错。人类“依靠工具”发生突破，出现唯一的进步性性质改变，而进化论认为人的产生是自然选择的渐变演化，进化过程中并没有突然引入“全新的因素”。这就是问题所在。

我认为，正确认识人类进化性质在于认识人的进步性。人与一般动物的根本差别是什么？这是以往还没有解决好的基本问题。

对人类进化的认识，一般人是从一幅由猴变人的队列图开始：从排在最后面长尾巴的原猴，到去掉尾巴的大猿，再到腰身更直些、脑袋更大些的古猿，排在最前面的是完全直立的人。这一队列图基本反映了人的体质特征演变过程，它解释了人的由来。

但是，人的由来并不能说明人的进化性质问题。从古猿演化为现代猿，与从古猿进化到人是两回事：前者是依存特定环境的结构演变，是从适应一种环境到适应另一种环境的结构演变，是自然选择的结果，它与其他生物演化一样不具有进步性，遵循生物演化的基本规律；而后者是人适应工具、文化的演变，如产生人的完全直立和脑容量增大等，它使人更好地“依靠工具”和适应各种不同环境，它具有进步性。

灵长类的出现可以追溯到5000万年前的原猴。不同环境或地理差异，产生如南美雨林的小型猴类，或非洲山地大猩猩等，自然选择决定了它们适应环境的不同的结构特征。如在环境压力增大时期，它们体型变得较大，环境出现低压力时期，它们体型变小甚至退化、灭绝。据研究，步氏巨猿（G. blacki）体型逐渐变大，在最后阶段体型变小和灭绝[55]，即符合大型动物演化模式。又如现代猿适应特定环境的演化，黑猩猩只能生存在特定的密林中，不能进入草原环境，大猩猩虽然适应较稀疏的雨林，同样也是不能进入草原环境。可见它们的演化性质一致，即演化只能维持物种与环境的相依存关系，不能维持环境关系的将是与巨猿一样的灭绝下场。

人类进化发生适应不同环境的变化。早期人类已经走出雨林，来到干冷的草原生存，如200万年前的直立人，既是雨林的主人，也可生存在北方草原等气候波动较大环境，表明人类进化适应不同环境，发生环境关系性质改变，人超越了生物演化的基本规律。

无论是生活在森林、草原、高原或荒漠等，人的进化是一致的，也就是产生适应工具、文化的结构，如直立行走、脑容量增大。人可以生存在温暖的赤道，或生存在冰天雪地的极地，人体结构改变不再由某种特定环境掌控，如严酷环境不能使人成为“巨猿”，因为“依靠工具”使人的环境关系性质改变了，人成为唯一的进步生物。

进化论没有正确认识人的进化，即人“依靠工具”突破，出现人与工具、文化的有机结合，没有从环境关系性质改变上揭示人的进步性特征，导致出现“进化”与“演化”性质相混淆的根本性错误。正确认识人的进化或性质改变，“进化”有了新的定义：“进化是由猿到人和人类的基因改变，出现脑等结构变化和环境关系性质改变或进步。”[7]这样也就明晰了人类进化的性质。人“依靠工具”使动物为我们服务，反映人的性质改变。

7.3 生物进步的标准

生物进步标准是什么？在进化论，它尚未有一个统一的答案。

达尔文在《物种起源》中表示接近人的构造为进步。他说：

“在脊椎动物里，智慧程度以及构造接近人类，显然表示了它们的进步。”从原猴到古猿，古猿大脑等构造更接近人，即古猿比原猴进步。

但是，古猿构造与人接近并不能带来生存的好处。原猴生存时间远远长于古猿，在数千万年前已经见到它们身影（化石），现代一些体型较小、类似原猴的灵长类种类较多，如猴子等分布广泛，家族兴旺。古猿出现时间只有上千万年，曾经演化产生繁多的种类，但多数已经灭绝，如今仅存的几种猿也成为岌岌可危的珍稀物种。物种灭绝表明其构造不适合生存环境，我们不能将已灭绝或濒危物种当作生物进步，即以接近人类构造为进步标准不妥。

现代综合进化论的几位创始人曾对生物进步标准有不同的论述。

赫胥黎主张以控制环境能力作为衡量进步尺度，这无疑是将人类置于其他生物之上。问题是，这种控制环境能力并没有在人类前身（猿类）等演化上显示出趋势性变化，即能控制环境的进步物种只有人类。

辛普森曾以物种由低级到高级变化分析进步。他逐一讨论物种高级的标准，如物种延续时间、统治地位、特化、发展潜力、对环境控制、复杂性、神经系统发达等标准，结果发现没有符合全部标准的高级生物[56]。

杜布赞斯基认为进步指储存在生物体内的遗传信息量增加。但困难的是直到现在还不能确定生物体信息量，因为遗传信息总量并非只与DNA总数相关，如原生动物可能有比人类更大的基因组。而且，物种获得和处理信息能力就是适应环境能力，这意味着在某些环境下某些物种有比人类更强的获得和处理信息能力。最后得出结论是“没有单一的、先天的最好标准”[57]。

没有进步标准，却要比较物种演化的进步，这简直是扯淡。难怪这一问题在生物演化理论中显得如此蹩脚：早期进化论者高谈阔论，任何物种都能套上进步与落后的帽子，后期却缩头缩脑，唯恐触及。正如某进化生物学家所说："如果能将'进步'一词清除出著作，我将很高兴。"

一些学者为避免使用"进步"一词，改用"有利、完善、改进"等用词，如达尔文在《物种起源》中就使用了大量的这一类比较用词。但是，现在的生物结构较完善就是说明以往的不够完善，还是进步了。文字手法难以回避实质问题。

进化论的"大腕"都没有统一的生物进步标准，一般人也就无可适从。进化论初始目的是构建一种从低等生物到高等生物的演变体系，它产生了以人类进步为标准或价值观的生物演化思想观，从一般生物演化过渡到人类进化，形成包括全体生物的演化理论体系。但事与愿违，这一初始目的脱离了现实，人的进步性和方向性进化无法从其他生物演化过渡，因为人的进步性产生于人与工具、文化的有机结合上，"依靠工具"是发生的唯一的突破。因此要证明其他生物进步或衔接人的进步，也就成了一个无法完成的任务。目前情况是不了了之。

对生物进步认识的混乱，就是进步标准的混乱。进化论经过长期论战，并没有在生物进步标准上达成一致，而是根据各自所需进行解释，如一些生物学教科书以哺乳动物为进步典范，依据是其恒温、胎生和哺乳等，这些特征实际上是人的特征，即它是以人的标准作为生物进步标准。这种观点不符合物种演化只能适应特定环境，或维持其与环境依存关系的基本特征，即不符合生物演化基本规律，因此是错误的观点。

我曾经将不同生物的环境关系列表比较，建立生物进步标准[7]。人以及其他动物的环境关系特点见表7－1。

表7－1　不同动物的环境关系特点比较

种　类	寒冷气候	温暖气候	结构特点	环境特点	适应方式特点	与环境依存度	依存度变化
细菌	种类较少	种类极多	简单	简单	生活史等	极高	不变
昆虫	种类较少	种类极多	简单	简单	生活史等	极高	不变
鱼类	种类较少、较多洄游	种类较多、较少洄游	复杂	复杂	变温、洄游等	极高	不变
爬行类	种类少、较多卵胎生	种类多、主要卵生	复杂	复杂	变温、生殖等	极高	不变
哺乳类	种类较少、较多迁徙	种类多、一般不迁徙	复杂	复杂	体型、迁徙等	极高	不变
灵长类	不适合寒冷气候。在非洲山地等环境产生较大体型，如大猩猩等，在南美热带雨林等体型小，种类较多		复杂	复杂	结构和体型等	极高	不变
人类	体型基本稳定，适应不同环境		复杂	复杂	工具、文化	较低	逐渐降低

表7－1中表明不同生物以不同方式适应特定环境，维持其与环境的依存关系，只有人类进化出现依存度逐渐降低的趋势性变化。

现代人类生存不再是依存特定环境，而是适应各种环境，如雨林、草原和荒漠等，即人类环境关系性质发生改变。这就是生物进步标准。遗憾的是，在以往学者讨论的各种生物进步标准中，唯独未见以物种环境关系性质作为衡量标准，出现这种关键性遗漏实在令人费解。

无论生命演化如何错综复杂，生物结构如何千奇百怪，物种都得与特定环境相适应、相依存，即在依存于特定环境这一环境关系性质上保持一致，除了人，所有的物种都遵循生物演化的基本规律。由此可见，生物演化基本规律揭示了演化的本质，也就解决了生物进步标准问题。

关于生物演化的“进步”概念，它原本是进化论创立者的一个基本思想观。鉴于其意义重大，我将引述一位进化论研究者谢平先生的文章（见科学网 http：//blog. sciencenet. cn/u/Wild-bull），他曾详细地、不厌其烦地讨论进化论大师们的观点，并提出自己的不同观点。与我上面的结论做比较，也就不难看清问题所在。

下面是引述谢平先生原文：

（1）智慧化 = 进步？

关于生物体制的进步性，达尔文指出，“什么叫做体制的进步，在博物学者间还没有一个满意的解说。在脊椎动物里，智慧的程度以及构造的接近人类，显然就表示了它们的进步……人是最智慧的生物体，人最近已经在前所未有的范围内赢得了生态学上的优势。但是，并不由此可以认为，人在所有重要的方面都是无与伦比的……在植物方面，我们还可以更明确地看出这个问题的晦涩不明，植物当然完全不包含智慧的标准”（Darwin，1872）。因此，演化既趋向智慧，也与智慧毫无关系。

Rolston（2003）指出：“海洋，虽然为生命发端所需要，虽然长期以来是多种生命形式的环境，但它不是产生大脑的环境；引人注目的大进化，总是在陆地上发生的，因为更富挑战性的陆地环境似乎要求更大的神经力量。甚至今天海洋中的‘心灵’（鲸、海豚）也是在陆地上形成之后又回到海洋的。”

（2）复杂化 = 进步？

关于体制的复杂性，达尔文说，“每一类型都是由无限复杂的关系来决定的，即由已经发生了的变异来决定的，而变异的原因又复杂到难于究诘，是由被保存的或被选择的变异的性质来决

定的，而变异的性质则由周围的物理条件来决定，尤其重要的是由同它进行竞争的周围生物来决定的。最后，还要由来自无数祖先的遗传（遗传本身就是彷徨的因素）来决定，而一切祖先的类型又都通过同样复杂的关系来决定”（Darwin，1872）。因此，生命体制是内在因素与外在因素交互作用的结果，它随机但不完全如此，它留存有历史的痕迹。

威廉斯（2001）说：“生物体从低级到高级的进步体现为结构的不断复杂；从鱼类到哺乳类的变化证明了这一进步趋势的存在。在有些方面，例如大脑结构，一个哺乳动物确实要比任何鱼类都复杂，但是在其他方面，例如外皮的组织学构造，鱼类一般要比哺乳动物复杂得多。”

迈尔虽然认识到许多生命形式并不进步，但也无奈地说，从支配生物世界30多亿年之久的原核生物到真核生物（它们有很有组织的核、染色体及胞质细胞器）；从单细胞的真核生物到植物和动物（在它们高度专业化的器官系统中有严格的分工）；在动物中，由于气候的原因从冷血动物到热血动物，从只有小的脑和低级社会组织到那些有很大的中央神经系统、高度发达的亲代抚育、有能力使信息代代相传的动物，谁能否定其中的进展呢（Rolston，2003）？

威尔逊（Edward O. Wilson）指出，在进化过程中也曾出现逆转，但从生物史总的情况平均来看，是从简单到稍微复杂，直到非常复杂。在过去的几十亿年中，总的说来，动物演化在躯体尺寸、喂养和防御技术、脑和行为的复杂性、社会组织以及环境控制的精确性等方面都呈上升的趋势——在每一个方面，都比它们简单的祖先距离无生命的状态更为遥远。更精确地说，这些特征的总的平均和它们的上限都上升了。所以，从任何几乎可设想的直观标准来看，进步是整个生物进化的一种特殊性，包括动物行为中目的和意识的获得。至于判断它的无关紧要的方面就没有什么意思了（Rolston，2003）。

瓦伦丁（J. W. Valentine）指出，生物世界与它的有利于增加适应性并导致“生物进步”的选择过程的一种动态图像，投射在涨落起伏的环境背景之上……产生了生态形象扩展与收缩，但是，当用某种标准化的构型来衡量时，复杂性是逐渐平均上升的，展示出一种逐渐扩展的生态空间（Rolston，2003）。

但是，古尔德（2009）以颇为激烈的言辞说道：“进步如果真的那么显著，那么蚂蚁捡拾我们的野餐、细菌吞噬我们的生命，又该如何解释呢？……我不否认复杂的生物，是随时间而增加精致程度；但是我坚决否认，这件细小有限的事实，能够支持进步就是生命进化的推动力的说法。这种冠冕堂皇的说法，根本就是尾巴摇狗的荒唐事情；也可以说是把琐碎的副现象结果提升为主因的舛误。”

（3）特化 = 进步？

达尔文指出，“通过自然选择的连续作用，必然会产生出向着进步的发展，关于生物的高等的标准，最恰当的定义是器官专业化或分化所达到的程度：自然选择有完成这个目的的倾向，因为器官越专业化或分化，它们的机能就越加有效”（Darwin，1872）。

威廉斯（2001）说：“我倾向于承认，在生理学上，哺乳动物的组织在某种意义上要比鱼的组织更为特化。这种组织特化明显地需要以再生能力作为代价。在某种程度上，这意味着是一个适应代替了另一个适应，而不是增加了适应。”他还指出，“那些努力避免用进步来表示进化的生物学家有时用‘特化’这个词来替代高级。然而这个词，在生态学的框架中有其特定的价值，它独立于系统发育的立场”。

（4）适应 = 进步？

威廉斯（2001）指出，“进步通常也被用于暗示适应有效性

的改善，它类似于人类工具的进步性改进……在索迪（Thoday）看来，进步意味着适应的长期效果的改善以使种群更不可能趋于灭绝……某些进化性的演变，诸如某种泥盆纪鱼类对于边缘厌氧环境的特化，能够突然带来具有极其重要的适应性辐射，而其他的发展就没有这样的后果”。

迈尔（2009）说：“我比较喜欢的是比较强调进步适应特征的定义：进步是‘通过增加一些结合成适应性复合体的特征，种系逐步改善适应度以适应它们特殊生活方式的趋势’。”

威廉斯（2001）说，“植物学家正是在一种系统发育的意义上使用先进概念，把对于陆地环境的适应作为判断的重要标准。这一性状，例如受精过程中精子的传递不再依靠水作为媒介，就受到了极度的重视……将被子植物的胜利归之于对陆地环境的适应，确实是有道理的，在维管束和繁育系统中就可发现这一点”。

（5）信息化 = 进步？

杜布赞斯基指出，“什么可算是演化的进步，没有人能提出一个满意的定义。然而，把生物世界的演化看作一个整体，从臆想的原始的自我繁殖的实体到高等植物、动物和人，人们就不能不承认发生了进步，进展，或上升，或变得高贵……作历史的回顾，进化作为一个整体无疑有一个一般的方向，即从简单到复杂，从个体依赖于环境到相对独立，到越来越大的自主性，到感觉器官和神经系统越来越大的发展（而神经系统是用来传递和加工有关生物机体周围环境状态的信息的），最后是越来越强的自觉意识”。而阿亚拉（F. J. Ayala）将进步定义为“增进获取和加工有关环境信息的能力”（Rolston，2003）。

生物学在方法上是历史的，而这在物理学或化学中是不可能的。在自然界中，物理 - 化学层次的本质是物质和能量，但它们既不能被创造也不能被消灭（虽然在原子物理和天体物理学层次，两者可相互转化），而生物还需要第三类东西——信息，它记录在基因之中，既可以创造也可以消灭，这种遗传信息是生物界一切进步的关键（Rolston，2003）。为何生命要去获取与加工信息呢？或许这根植于其内在的适应、调节与优化秉性。

迈尔（2009）说，“现代的进化论者已经放弃了进化会最终产生完美的思想……人们常常把随时间的推移从细菌到单细胞真核生物、最后再到有花植物和高等动物的逐渐变化称作进步进化……高等和低等并不是一个有价值的判断，‘高等’只不过意味着出现于较近的地质时期，或者在种系发生树位于较高的位置。但是位于种系发生树上较高位置的生物就意味着‘更好’吗？还有人声称，进步体现在复杂程度更高，器官之间有进一步的分工，能更好地利用环境资源，更加适应等。在某种程度上这样说并没错，但是哺乳动物或鸟类的骨骼并不比它们早期的鱼类祖先的骨骼更复杂”。

威廉斯（2001）坚持，“在自然选择理论的基本框架中，绝不表明有任何累积性进步概念的存在”，他指出，“进步的概念必定来自于与生命历史有关的、以人为中心这一立场的考虑”。他列举了五个与进步相关的范畴：伴随着遗传信息的累积，伴随着形态学上复杂性的不断增加，伴随着生理学上功能分化的不断增加，伴随着某种任意规定的方向性上的进步趋势，伴随着适应有效性的增加。

够了，我还可以提供更多的进化论大师们的与“进步”相关的言论，但从这些烦琐的比较和多角度的生物“进步”中，能够呈现一个“进步”概念吗？相信读者应该心中有数了。我认为这样的“进步”是一个含糊不清、可左可右的概念，或一个既可以肯定又可以否定的文字游戏。

谢平先生认为，“如果进步包含适应性意义的话，那就只能是相对的，因为此刻的适应在彼刻就不一定还是如此。高级和低级也不是能适合所有的情形，譬如，对细菌或昆虫来说，你能说

刚分化的物种就更高级吗？至于好坏，那要看你针对什么，对思维来说，人类的确是自然之最（因此，从原核生物→真核生物→无脊椎动物→脊椎动物→哺乳动物→人类的进化肯定可称得上是一种进步），对飞行来说鸟类为王，对游泳来说鱼类称霸，但对行使分解功能来说，简单而原始的细菌则无与伦比！”这一说法的意思是所有生物都存在“进步”的一面，那也就不存在生物“进步”概念了。

生物进步概念原本是进化论的基本思想，最终却成了进化论者既肯定又无奈地否定的一个无所适从的概念。原因在于生物与环境是一个有机整体，是绝不能分拆开的，而大师们却偏要分拆开比较，必然是各持所见。进化论没有抓住“进步”的实质，即物种环境关系性质改变这一唯一的进步标准，没有分清“演化”与“进化”性质，也就永远分不清什么是生物进步了。

环境关系性质改变是人类进步所在。假如在数百万年前（人类进化前）地球气候改变，出现如中生代高温环境，大型哺乳动物灭绝或在湿热雨林体型变小，爬行类成为优势物种，人类前身或古猿还能有出头的日子吗？答案应是否定的，古猿将随着环境变化而消失，人类可能永远不能诞生；假如今后出现如中生代高温环境，人类还可以延续吗？答案应是肯定的，人类有各种方法可以延续进化，因为人类工具、文化进步可以使其适应不同环境。这就是人类进化的不同性质和不同结果。

7.4　人类进化与生物复杂化

生物演化只是物种适应性的改变，从适应某个特定环境到适应另一个特定环境，并不存在结构改善或进步，因为演化的最终结果只是维持生物与环境依存关系，即遵循生物演化基本规律。

例如，物种演化从简单生命如纤毛单细胞开始，到出现如猿类的脑细胞复杂分化，在结构和功能上发生了难以想象的变化，但纤毛虫和猿只能各自生存于特定环境，与环境融合成不可分割的有机整体，一旦离开这一整体或环境发生变化，物种存续将可能终止。可见两者并无进步性可比较。

生命演化出现新结构与新物种，只能带来对新环境的适应性，不存在物种的进步。如当某生物演化由水生走向陆生，它只是获得了陆生构造，却失去了原来的水生构造，新物种与新环境的关系仍然是依存关系。当未来环境回到原来的水环境，新物种也就失去了生存机会。

远古生物与现代生物在结构上存在差异，远古物种不能生存于现代环境，而现代物种也未必能够生存于远古环境。例如现代的快速动物或捕食高手，假如它们生存在远古慢速动物环境中，将可能成为最先退化灭绝的种类，正如在低压力环境将出现大型动物灭绝一样。远古生物与现代生物都只是维持其与环境的依存关系，遵循生物演化基本规律，不存在进步性的比较。

但是，在地球生命历史上，生物演化由简单的少数生物开始，到出现种类繁多、结构复杂的生物，生物出现了前所未有的复杂化演变。

生物复杂化产生具有较高智慧或复杂心理的动物，如灵长类，其中直立古猿是心理能力较高者，能够适应雨林与草原交界环境，它们成为人类突破的物种基础。也就是说，只有经过生物复杂化的积累，产生结构复杂化物种，才能出现人类突破的基础。而当人类发生了“依靠工具”突破，人与工具、文化有机结合，人的环境关系性质就发生了改变，这才是生物的进步。

由此可见，生物复杂化不是进步，它只是生物发生进步（工具突破）的前提条件。生物进步不能以物种结构本身比较，必须以物种与环境这一不可分割的有机整体比较，也就是物种的环境关系比较，只有物种环境关系性质才能清晰反映出人的进步性，

即人适应不同环境。人的环境关系性质改变原因在于人与工具、文化的有机结合上，人体结构完全直立和脑容量增加体现这一结合的深度，也就体现了人的生物学进步。

生物演化通过物种变异和自然选择适应环境的变化，每一个物种都能找到自己的环境位置。通过漫长的时间累积，产生各种形态不同的多样化的结构和物种，它们构成生命演变的基础层次。人类进化是在物种充分演化、生物系统深厚累积的基础上发生突破，它形成独特的第二层次。根本区别在于：第一层次的演化一定会发生，因为它只是普遍性的物种变异，使每一个物种适应不同的特定环境，地球存在有多少不同的环境或生态位，就可能产生多少不同的物种。如从原猴到猿演化，不是产生黑猩猩，就是产生猩猩等；而第二层次的人类进化不一定会发生，因为它涉及“依靠工具”的进步性突破，发生了物种环境关系性质改变。这就是生物演化的必然性与人类进化的偶然性，或生物复杂化与人类进化的辩证关系。

7.5 人类进化与古猿演化

人类由古猿演变产生，人与古猿在结构上是连续的，但是，古猿演化和人类进化在性质、方向等不同，遵循不同的规律。

在新生代出现气候周期趋冷转变，哺乳动物进入大发展时期。一些小型灵长类开始分化演化，产生各种不同类型种类，如猴、猿等，它们适应各自不同的环境。

一些种类长期生存在环境稳定的热带雨林中，体型趋向变小，如猴子和悬猴等，它们至今仍然广泛分布在新热带界或旧热带界等，物种种类丰富，成为灵长类不断演化的主力军。

一些种类生存在气候较不稳定或较大压力环境，需要凭身体力量和较大体型生存，环境压力使其体型逐渐变大，它们多数已经灭绝，如多种古猿，它们是灵长类适应气候较不稳定环境的演化小部队。而正是在这一小部队中，发生了某种古猿突破，诞生了人。

在森林与草原交界地带，随着气候波动和环境交替改变，产生了许多体型较大、较直立的古猿。如在我国广西发现一些巨猿牙齿，据推算，它们身体高度可达 2.3 m，如此体型只能在地面生活。显然，古猿下地行走是应对森林退化或环境草原化的一种生存方式，环境压力导致一些古猿体型逐渐变大，而当气候回到温暖、湿润周期时，一些种类不能再适应雨林环境，走上大型动物灭绝之路，即遵循大型动物演化规律。

研究认为，在 400 万～300 万年前出现了阿法南猿，它们分别向两个世系演化：一个走向 200 万～100 万年前的粗壮南猿等较大体型系列，它们最终灭绝；另一个体型较小种类走向 200 万年前的能人。体型较小的种类可能较有利于生殖，如黑猩猩体型小于大猩猩，30 岁龄黑猩猩可产第 14 胎，而大猩猩一生中只有 2～6 胎。

200 万年前的能人制造出简单石器，说明它们开始“依靠工具”生存（制造石器不可能轻易丢掉）。它们不断进化成为直立人，适应森林、草原和荒漠等不同环境，走上人类独自发展和进步之路。

“依靠工具”使人类摆脱环境气候对动物体型演化的控制作用。从能人到直立人，并没有出现体型显著的连续变大走向，如爪哇猿人和北京猿人，它们都是同类型的直立人，尽管北京猿人生存在北方草原，但体型大小远不及大猩猩。说明“依靠工具”使人的生存方式改变，人不再以蛮力或坚牙利齿生存，人的环境关系性质也就改变，超越了大型动物演化规律。

由此可见，演化规律揭示了古猿的演变，它们的产生、发展和灭绝，既遵循大型动物演化规律，也遵循生物演化基本规律。

而人类进化发生环境关系性质改变，因为人与工具、文化的结合产生了进步性，不符合演化规律。古猿演化和人类进化性质截然不同。

7.6 人类学的严重问题

人类学包括体质人类学和文化人类学等。人类学问题在于进化论对人的定位错误，即它采用将一般动物产生方式或自然选择套用于人，制造了一种“亦人亦猿”的人类演化模式。

人类标准是焦点问题。是以使用和制造工具为人类标准，还是以身体直立等构造为人类标准，学者观点不一。一些灵长类学者通过观察，证明使用和制造工具在不同的灵长类当中普遍存在，因而不适合作为人类标准。目前多数人类学家倾向于以身体直立、牙齿和脑量等接近人作为人类的综合标准。

采用直立结构为人类标准，使人的出现时间大大提前。如在发现 320 万年前的“露西”（Lucy）[58] 和 440 万年前的阿尔迪（Ardi）之后，2000 年在肯尼亚发现 600 万年前的“千禧人”（Orrorin tugenensis）[59]，2002 年在乍得沙漠中发现 700 万年前的托迈（Toumai）[60]，据认为它们都有一些类似直立的结构。最早的疑似人类祖先记录被不断刷新，这种情形似乎令人鼓舞。

问题关键是，半直立不是人的标准。古猿肢体结构演化适应环境，当森林树木变稀疏或环境变得开阔时，一些古猿下地行走较多，经常站立使其身体变得较直立，即出现一些半直立古猿。由于气候变化和生态演替反复发生，攀援和直立的混合结构也就长期存在，有的古猿较直立些，可以较多下地直立行走，有的较不直立，仍然以树栖生活为主，它们都只是适应特定环境的物种，与四肢攀援的猿并没有本质差别。

根据英国学者在2007年报告，他们证明红毛猩猩在树上有时也是直立行走的，而且是真正的直立行走：它们踩着粗细适中的树枝，两腿交替，像个杂技演员一样谨慎前进。他们认为猩猩在树上采用直立行走的方式已经生活了两千万年。更令人吃惊的是，猩猩直立行走姿态与人类非常相似，膝盖和臀部是伸展的，而黑猩猩二足行走时膝关节被迫弯曲，身躯也没有直挺起来。另一个报告认为，在过去数百万年的东非地区，不只有稀树草原，还镶嵌着大片森林，就是说，古猿仍然可以继续生活在树上，人类祖先因气候变化而无奈下地行走的假设也就不能成立了。这样一来，下地生活就不能作为直立行走的必要前提了。红毛猩猩没有下地，也照样可以直立行走（这种直立方式只能称之为“半直立”），而数百万年以来的古猿都可以生活在多树的环境中，它们不必下地求生存。这些表明从半直立到完全直立行走的演变仍然是一个未解开的“谜”。

现代猿或生存于雨林，更多地攀援而较少下地，如黑猩猩，或生存于较稀疏的森林，更多地下地而较为直立，如大猩猩，它们都是结构与环境完美相适应的猿。黑猩猩和大猩猩等都可以悠闲地短暂直立，只要有利可图，它们会直立更长的时间，但是，以它们的生存方式和环境特点，看不到有什么利益需要它们长时的直立。半直立既可以方便站立采摘、瞭望等，又可以攀援或快速逃离等，是适应森林环境的最佳选择，为什么要完全直立呢？不可能拿生命开玩笑。

人与黑猩猩的共同祖先在600万年前开始分化，存在于人这一侧的所有物种，无论是现存的还是已经灭绝的，统称为“人族”，其中有10多种具有半直立结构，它们都有不同的命名。但是，既然环境变化和自然选择改变古猿结构，难道另一侧的“黑猩猩族”就不会演化产生一些半直立猿？这不符合自然选择原

理。攀援和直立的混合结构（半直立）本来就是长期存在的，无论“人族”还是“黑猩猩族”都有可能产生，这才符合自然选择原理。实际上，只有人类发生了工具突破，走向了完全直立，其他半直立的“人族”或“黑猩猩族”只能继续半直立，而古人类学上却将半直立和完全直立当成同样性质的演化，并赋予半直立走向完全直立的趋势，出现认识上的严重偏差。

在南非发现两具距今约197万年的骸骨，它们既有类似直立等结构，又有较长手臂适合攀援结构[61]，它们被认为是介于南猿与直立人之间。这就是说，在300多万年前出现直立行走的南猿后，又再经历了100多万年演化，仍然是直立与攀援的混合结构。

脑容量不断增大是由猿到人的变化之一，但多大才算是人？一些半直立古猿的脑量很小，与现代猿脑差异不大。而且，同种不同个体的脑容量差别相当大，以现代人为例，脑容量为1000～2000 mL，因此无法界定人或猿的脑容量。采用牙齿比较也难以说明问题。灵长类种类繁多，猿类也曾繁盛过，食性不同牙齿也就不同，牙齿只能作为参考依据，不是衡量人的标准。

古人类学采用半直立、脑和牙齿等特征为人的综合标准，实际上是没有标准。由于标准模糊和自由裁量度较高，每一个疑似人类祖先化石的发现，几乎都出现各种争议，其中既有支持意见，也有反对意见，或者是模棱两可。结果是，要么让争论永远继续下去，要么由首次报道者说了算，让怀疑者保持沉默，目前情况多是如此。对一些早期骨骼化石，如南方古猿以及“露西”等，由主流学者确定为人类祖先，虽然另一些学者有不同的甚至相反的意见，如认为它臂长于腿，仍然是以树栖为主的古猿。但争议归争议，“露西”还是被认定为人类祖先，她的故事广为流传（见图7－1）。

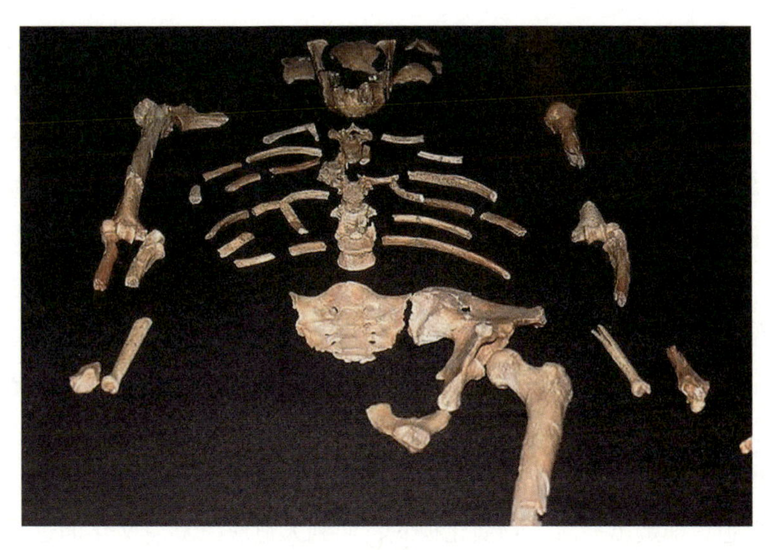

图 7-1 “露西”（化石）

她的肱骨粗壮，臂长过腿，证明她是“半直立”的古猿。

“人类祖先”是吸引眼球的人类学问题，谁发现了更接近人类的早期化石，必然带来显赫成果与名誉。在这种沽名钓誉的心理作用下，早年人类学研究上曾经出现一个赝品——贝尔当人（Piltdown Man）：一个由人头骨改造的合成品，从1912—1953年，由英国博物馆细心维护它40年，它蒙骗了许多诚实的人类学家，产生轰动一时的世界效应。

在人科动物中包括一些已灭绝的森林古猿、山猿等，以及现代的猩猩、黑猩猩等，这些物种显然是地地道道的猿类。各种猿济济一堂，人混迹其中，似乎人只不过是头脑较大和两脚行走的“猿”而已。那为何不把人科改为猿科？只是因为人也包括在内，这有失人的尊严。可见人与猿的分类系统何等的混乱。

古猿半直立是由自然选择产生。半直立古猿有一大堆，完全直立的人只有一个，从半直立中产生一个完全直立必然有特别的不同，这才是我们必须研究的问题。人出现完全直立等方向性改变，其背后的推动力是心理选择机制，它是一种因人的生存方式改变而产生的作用机制，它推动人体结构向适应工具、文化的方向演变，其作用力、作用方向及结果与自然选择完全不同。因此演化的古猿只能半直立，只有进化的人才能够完全直立，两者演变性质不同。

由此可见，人的进化方式、进化性质在达尔文进化论中出现偏差，是导致人类学问题的根本原因。古人类学将古猿的半直立结构抬高到人的位置，是因为没有找到人的进化突破点，即“依靠工具”发生心理和行为改变。人类学必须跳出以往进化论的思想框架，纠正将古猿适应特定环境的结构演化当作人的进化这种思想，即走出一般生物演化模式，回到人适应工具、文化的进化模式上，只有这样，才能建立真正反映人类进化性质的人类学理论。

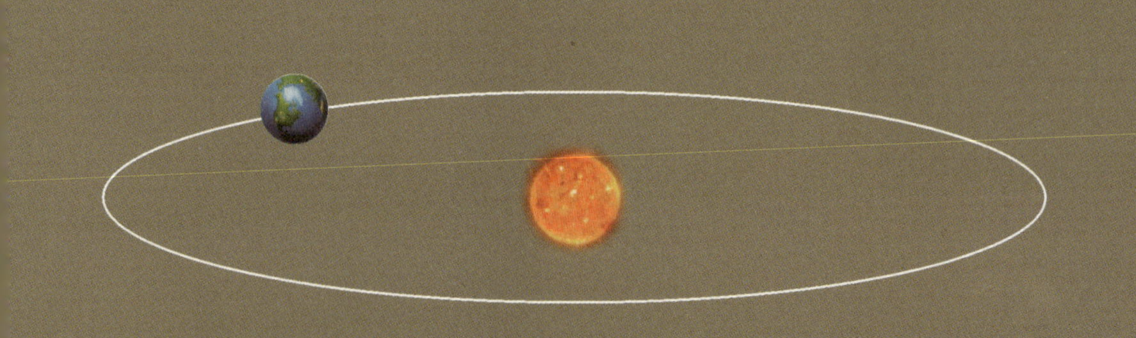

第8章 建立人类进化的新模式

人类进化存在着明确的突破点和启动点，即“依靠工具”行为改变，它使人与工具、文化出现了有机结合，产生人的进步性。“依靠工具”就是以工具进行近身防御等行为，它跨越一般动物“使用工具”自然行为的“红线”，其心理特征是使用工具者明知这一行为有风险，仍然坚持进行。根据对不同动物的行为观察，可知人的祖先具备工具行为改变的心理和结构优势，当其与环境机遇作用，将出现“依靠工具”行为的突破。

人类产生过程是由自然选择推动，还是由心理选择推动，这是关键点。心理选择机制解释了人化过程的推动力：人“依靠工具”导致生存方式改变，出现心理意识主导的心理选择机制，即通过人的生存条件或生存差异（人与工具、文化结合差异）作用，产生对人的完全直立、脑容量增大的结构差异选择，以及人的心理、语言、文化和社会等进步。建立人类进化的新模式，揭示人类祖先从适应特定环境的“演化”，转变为人适应工具、文化，从而适应各种不同环境的“进化”，即“依靠工具”突破和心理选择机制产生了人。

8.1 “依靠工具”特点

“依靠工具”是人类进化的突破性事件，它使人类进化发生不可逆转的方向性和进步性改变，使人类成为生物界独一无二的进步物种。

在词义上，“依靠”有依赖、凭借等含义，“依靠工具”也就是离不开工具，这一提法符合人的生存特点。人“依靠工具”与一般动物“使用工具”行为方式不同。如黑猩猩可以使用树

棍（工具）捅蚂蚁窝及钓蚂蚁，这是“使用工具”行为，是一般动物的自然行为，早期人类使用石器等工具防御、捕猎等，这是“依靠工具”行为，是人类独有的进步性行为。人“依靠工具”维护自身安全和生存，使自身适应了各种环境，由此改变了命运。

这里“依靠工具”是指在自然环境中能够近身或面对面地使用工具作防御、捕猎等用途，它符合早期人类的生存特点。

当早期人类用前肢（手）捡起石块等防身或猎杀竞争对手，也就是开始“依靠工具”了。“依靠工具”是一般动物“使用工具”自然行为的突破。例如黑猩猩使用树棍捅蚂蚁窝及钓蚂蚁，但它不会使用树棍攻击体型相近的动物，遇到对手则以身体搏击，在不利时迅速逃跑。又如训练猴子使用木棍击打，它能使其他猴子落荒逃跑；然而，训练过的猴子在今后打斗中并没有使用木棍，它们仍然是以肢体打斗。这些例子表明“使用工具”和“依靠工具”之间有一道“坎”：“坎”的一边是偶尔“使用工具”的动物，如猴子、猿类，甚至海獭、乌鸦等也有使用工具的行为，它们以各自的方式偶尔使用工具；“坎”的另一边是“依靠工具”的人，人类朝着使用工具更稳定、使用工具方式更多样、工具种类更多（制造工具等）的方向前进，它伴随着人与工具融合加深（直立等）、人的生存力提升等。这是一道界限分明、难以逾越的“坎”，人类突破了这一道“坎”。

“使用工具”与“依靠工具”两者界限为何如此分明？这必须从动物行为意识上认识。对于现代人来说，也许并没有感觉到两者有何实质差别，或者认为只是技术差异而已，如使用树棍捅蚂蚁窝和砸开坚果，或用作防卫、攻击对手，只是技术的不同、风险的不同，但并没有明显的界限。这是因为人的工具意识已经突破，产生工具的抽象概念，形成了连贯使用工具的心理能力。但对于猿等，它们没有这种心理突破，它们“使用工具”心理能力仍然停留于自然行为状态。如它们可以使用树棍捅蚂蚁窝、用石块砸开坚果等，但不会以它作武器，哪怕只是简单动作的防卫等，尽管其动作难度并不比“使用工具”自然行为（如砸坚果等）的难度大。可见对于一般动物，“使用工具”与“依靠工具”是不同的行为意识。因此我们应该改变固有的思维方式，将“使用工具”与“依靠工具”分别研究，即从一般动物角度审视它们的工具意识和行为。

行为学家为动物“使用工具”下的定义是：为了获得眼前利益而使用一个外界物体作为自己身体功能的延伸。显然，这一定义将“依靠工具”纳入“使用工具”范畴。实际上，一般动物“使用工具”只是自然行为，其身体功能延伸只限于自然行为作用范围，而人类“依靠工具”突破了自然行为，即人的身体功能延伸到了自然行为作用之外。因此将“依靠工具”行为纳入了“使用工具”自然行为范畴，这不适用于一般动物，对它们使用工具的定义和人的使用工具定义应该有所区别。“依靠工具”这一词组是我的首创，我采用带有引号的人的“依靠工具”，以示区别于一般动物的“使用工具”，表达两者是不同的概念。

“依靠工具”的意义在于它具有进步性。一般动物“使用工具”行为随着环境而改变，或消失或出现新的“使用工具”行为，改变不具有方向性、进步性。如黑猩猩用树棍钓蚂蚁，无论操作上如何熟练，当环境改变或无蚂蚁窝时，这一行为也就消失了。人“依靠工具”不随环境改变。如早期人类采用石块御敌等，它成为人的生存手段，由此改变了人的生存方式，它不会随环境改变而消失，而是不断创造新经验、改进工具，不断提升人的生存能力或生存质量，使人类进化具有方向性和进步性。不难理解，假如某种古猿（人类祖先）开始以石块进行近身防御，解除天敌或猛兽的威胁，这将带来生存上的巨大的进步，它们必

然以此为依托，开拓心理和行为等新发展。

人“依靠工具”使身体功能延伸到自然行为作用之外，延伸到生存力的不断增长上，即它突破了一般物种维持其与环境依存关系的界限，超越了生物演化基本规律。而一般动物“使用工具”不能使身体功能延伸到生存能力增长上，并没有改变其环境关系性质。“依靠工具”与“使用工具”性质不同。

“依靠工具”导致人类生存方式和生存环境发生改变，成为一种稳定的、进步性行为。由于它是具有风险的对抗性行为，它促使工具和行为不断地改进，并带来人的结构向适应工具的方向改变，如增加身体直立程度和脑容量等，或降低运动速度、灵活性（从工具进步获得补偿）。工具成了身体结构功能不可缺少的一部分，“依靠工具”行为不再消失，人的结构、心理、文化以及人类命运发生根本性改变。

“依靠工具”突破好比是跨越一道“坎”，人类跨过了“坎”，并由此改变了命运；没有跨过去的，尽管高矮或直立程度不一，但命运都一样。例如在石器出现后，非洲大陆的能人开始向欧亚大陆迁移扩散，在200万年前左右出现了欧亚大陆的直立人[62]。石器的产生、人类的迁移及直立人的出现在时间上一前一后，证明了工具突破的成效。“依靠工具”使人类进化出现不可逆转的方向性改变。

8.2 工具意识突破和标志

人类“依靠工具”行为是心理突破，具有明确的心理学特征。

从“使用工具”到“依靠工具”，在行为动作上仅一步之遥，为什么只有人类能够跨越，其他动物都止步不前？这是因为人“依靠工具”是面对面对抗的高风险行为，其心理特征是使用者明知道行为有风险，仍然要进行这种生存行为，它与一般动物无风险“使用工具”自然行为性质不同，因为它必须克服一般动物对“依靠工具”行为存在的某种恐惧或回避心理，即超越它们心理能力的极限。换句话说，“依靠工具”是一般动物回避的行为“红线”，人类跨越了“红线”，发生了进步性的性质改变。

从动物工具行为比较上可以认识这一“红线”。

在自然环境中，黑猩猩、猩猩、大猩猩、狒狒以及各种悬猴都有投掷树枝、石块的自然行为[63]，它们以此恐吓对手。如何看待在众多种类中出现相同的投掷行为？可以有不同的假设。

第一种假设是认为它们的投掷行为会逐渐地改进。“迟早会用树枝击中对方”，即行为“进步”假设。它们在竞争中投掷树枝、石块等，有时奏效，有时失败，而且这类工具行为在其他不同种类都可见到，是因物种和环境而改变的自然行为，其变化不具有方向性。故这种自然行为“进步”假设行不通。

第二种假设是逐渐增加使用工具假设。它类似通常的人类产生模式（达尔文模式），即因直立或增加使用工具，促进大脑的发展，不断反馈和增加工具使用。问题是，如果它们只是局限于这种无风险的“使用工具”自然行为，也就不可能会增加“使用工具”，因为自然环境不存在能够增加“使用工具”的条件，如蚂蚁窝或坚果只是一时或偶然的存在，它们将永远停留在偶尔“使用工具”的自然行为上，如各种投掷树枝、石块的灵长类一样。

直立与增加使用工具也不具一致性。如大猩猩与猴子相比较，大猩猩有更多的地面行走和短暂直立，但不见得它们更多使用工具，即直立并没有带来增加使用工具。故第二种假设不符合实际。

另一种不同假设是，它们（包括已灭绝的古猿）中一些已具备人类祖先的基本结构等，只是还没有发生意识突破，没有产生“依靠工具”行为（即采用工具近身防卫等）。如大猩猩偶尔会抓石块击打或挥舞木棍，因此，虽然它们不能较长时间完全直立，也可以“半直立”方式使用石块等进行防卫（如果身边有石块）。它们前肢比人更长，又有更快的速度和更大的力量，简单的防卫等应当不逊色于人，如果它们这样做，恐怕在自然界中没有对手。但无论是大猩猩还是黑猩猩，都不能利用工具近身防卫等。为什么它们一直不前进？很明显，它们心理上存在一道严格遵守的“红线”。它们是聪明的、会权衡的“投机分子”：它们都是挑选（或传承）一些最安全、无风险的工具行为，即“使用工具”的自然行为，如用树棍捅蚂蚁窝、用石块砸开坚果等，或修整树棍等工具以增加使用的便利和效率，即制造工具。对付弱小的动物，它们会直接捕食，而对付较强的对手，则会采取威胁恐吓手段（包括投掷树枝、石块等），或者以体力搏击，在不利时迅速逃跑，绝不会“依靠工具”。对它们来说，“使用工具”和“依靠工具”是两种不同的意识：“使用工具”是安全的或“可以做的”，“依靠工具”是危险的或“不可以做的”，是绝不能逾越的行为“红线”。

猿等动物都知道投掷石块的“利害”，以此威胁对手，它们共同选择了无风险的“使用工具”行为。从对动物工具行为的解读中，可以发现人类产生的关键点，即工具意识突破。如果人类祖先没有出现“依靠工具”的行为意识突破，不能破除其“不可以做”的行为心理，它们将永远停留在“使用工具”的自然行为上。这也是在众多灵长类动物中出现类似的投掷行为，但却无一敢于再前进一步的原因。它们的心理意识不同，“依靠工具”离不开心理突破。

“使用工具”自然行为如此普遍（如海獭和鸟类都存在），从早期原猴到古猿必然具有类似的自然行为，从古猿到现代猿也有类似的自然行为，或只是力量、技巧的差别。也就是说，自然选择千万年来只选择同样的不冒险的动物自然行为，即“使用工具”行为，因此人“依靠工具”是动物心理行为唯一的历史突破。

遗憾的是，以往学者忽视人与猿这种心理差异，没有从一般动物心理角度分开“使用工具”和“依靠工具”。达尔文进化论将人的“依靠工具”行为改变当作一般的增加使用工具过程，或当作因直立差异造成的使用工具差异，忽视这一工具行为突破意义或人类产生的关键点。如在人类学上，采用直立为人的主要标志，将一些古猿的半直立结构当成了人的标志，人与猿性质混淆。进化论和人类学理论忽视人的心理行为突破，未能触及人类进化的实质。

心理意识来自于对环境感觉和脑思维，它具有突发性特点。从现存的几种猿观察，并没有或罕有发现它们采用工具捕杀弱小动物的现象，它们更愿意直接捕食弱小动物。这一事实告诉我们，人类工具突破不是由捕杀弱小动物开始，即不是逐渐增加使用工具的过程，而是从对等的或较强的对手开始突破（如它们投掷石块的恐吓对象）。就是说，人“依靠工具”行为具有突发性，它是人类进化出现的一个“全新的因素”，它成为人类产生的启动点。

“依靠工具”行为突破可能是某一古猿和环境机遇作用的结果。人类祖先具备较复杂的心理特征，包括心理基因变异产生的心理差异，如大胆、聪明等，当它们与某种环境机遇作用时，发生心理行为的改变。我曾经假设：在布满石块、经常出没某种猎物的地带，人类祖先开始使用石块防御和捕食[1]，由此产生人的突破。

8.3 进化心理学基础

达尔文曾论述人与猿在结构及生理上的相似或连续性，并推测人与它们的心理变化。他在《人类的由来及性选择》中写道：“我们可以指出，人和其他动物的心理，在性质上没有什么根本的差别，更不必说只有人有心理能力，而其他动物完全没有了”，即人的心理与猿等不存在本质差别。

虽然华莱士（A. R. Wallace）与达尔文共同建立生物演化的自然选择学说，但在解释人脑和心理发展上，他质疑自然选择的作用[64]。他认为自然选择只能产生适应环境生存的结构和功能，人脑似乎包含着进步的无限潜能，远远超出适应环境的需要（猿的生存并不需要很大的脑）。他反对将人的心理意识纳入自然选择的演化范畴。

迄今，在心理学上仍然存在这一个“死结”：即人的心理进化是否纳入生物演化范畴？目前存在不同的观点，既有肯定的，也有否定的。如果不能解开“死结”，长期争议的局面还会继续下去。

心理意识和生物结构产生方式不同。生物结构通过演化或“微调”适应环境变化，它随着环境而改变，不具有方向性；心理意识是对事物的感觉和思维等，它有无限的想象或创意空间，改变具有突发性。当出现一种全新行为，表明心理意识发生了改变，当新行为对物种生存长久有利，心理意识必将向着这一方向拓展，并带来相关结构的方向性改变。人的心理意识因有了“依靠工具”内涵，它改变了一般动物固守的“使用工具”自然行为，使人的生存方式发生了长久的有利改变，人的结构和心理也就发生了适应工具、文化的方向性改变。

在人的心理进化过程中，人的脑容量出现了巨大增长，它证明人脑思维和心理意识发生了巨大改变。无论是灭绝了的古猿，还是大猩猩、黑猩猩、猩猩等，它们的脑容量差异都不大，都是小脑袋，说明它们心理意识没有出现人的实质性改变。人类脑容量巨大增长是适应工具、文化的改变，表明人的心理发展有着实质性内涵和坚实的物质基础。

在70年代美国曾进行一项科学实验——《尼姆计划》。这一项目旨在全面考察黑猩猩，了解它们心理行为发展与人的差别，这是一个长期的科学实验项目。一开始是将刚出生的黑猩猩婴儿寄托在人类家庭抚养，与该家庭的小孩生活在同样的环境，接受相同的文化教育（黑猩猩采用手语教育），一同成长为人类家庭的一员。结果发现，黑猩猩思维方式和行为都与人不同。它们性情不稳定，经常做出一些具有破坏性的、残暴的行为或动作，包括家庭成员、教手语的老师都成为受害者，都留下了手臂或脸部的一道道伤口。在黑猩猩5周岁时，项目已经难以进行下去。尽管寄养家庭对黑猩猩产生了感情，不忍分离，但黑猩猩还是被关进铁笼子，不然对人的伤害可能不堪设想。这一科学项目以失败告终。它清楚地告诉人们，采用与人相同的文化教育，不可能让黑猩猩培养出人的心理意识，因为它们的心理基础不同。

由此证明，人与猿心理存在无法衔接的巨大空间或距离，因为人类是单独而行的进化，与它们演化的方向不同。人类发生工具突破而改变了生存方式，人的心理意识跨越了猿的心理区间，进入了人独有的、全新的心理区间。人类进化的心理选择作用，使人的心理空间不断地远离了猿等，与自然选择产生的心理空间层次已经完全不同。换句话说，人类心理进化作用机制是心理选择机制，它产生了适应各种不同环境的进步性的心理行为，而黑猩猩心理演化是自然选择机制，它们只有一般动物适应特定环境的心理行为。

因此，人的心理改变始于工具认知心理的改变，人与猿等发

生心理上“断开”，以此为启动点，通过心理选择机制作用，出现人的结构、心理、语言、文化和社会行为等一系列改变，并通过这些改变的彼此相互作用，产生整体心理改变，使人类成为唯一的心理进化和心理进步物种。人的心理与猿等动物心理属于不同的研究范畴。

8.4 心理选择机制

自然选择是达尔文进化论的核心概念，即通过物种变异、生存竞争和自然选择作用，生物的新结构和新物种逐渐形成。自然选择产生适应特定环境的生物结构或物种，如生存于密林的黑猩猩，或生存于疏林的大猩猩等。

人类进化不符合自然选择原理。如只有人类下地是直立行走，其他灵长类下地都是四足行走。又如自然选择分离出不同的物种，如大猩猩、黑猩猩、猩猩等，它们都有类似的结构、行为和生存方式，是同样的猿，而人是唯一具有特大脑袋的动物，尽管人的分布区域更大。

动物行为改变产生结构改变的情况十分普遍，学者已有较多观察和记录。如大熊猫的拇指产生就是其行为改变的结果。大熊猫祖先原来为肉食性动物，其脚掌是用来扑猎物而不是用于抓握竹子，那时也就没有出现抓握功能的拇指。在大熊猫改变为植食性动物之后，竹子成为其主要食物，需要有一个可以牢固抓握竹子的拇指，自然选择对这一结构改变产生选择压力，也就逐渐修改了拇指结构。又如大型动物迁徙行为使体型逐渐变大，也是一个通过行为影响结构变化的例子。

人的结构改变是心理行为突破产生的适应工具、文化的结构改变，而不是一般动物适应环境行为产生的结构改变。两者的根本区别在于，人的结构改变是心理选择机制作用，它具有方向性，它产生了唯一的人的结构，而一般动物结构改变是自然选择机制作用，它不具有方向性，它产生了各种类似结构和物种。

人体结构并非是适应某种自然环境（如森林或草原等）的理想结构，而是最适合工具、文化的结构，这是漫长的使用工具行为作用所致，如使用工具需要直立，需要更强大的心理能力或大脑功能，出现了对这一方向的选择压力。某些个体或族群工具意识较强，工具和行为出现较多改进，或人与工具结合形成较为进步倾向，如身体较直立、脑容量较大等，它们将获得较多的生存好处，留下了较多的基因型，即由心理意识和行为差异决定选择结果。也就是说，人的结构选择是对适应工具、文化的基因型，或“人与工具结合的进步性”差异的选择，是由心理意识和行为差异决定结果的选择，即出现心理选择机制。

因此，人的直立和大脑容量增大是心理选择机制作用的结果。心理意识改变受到人的社会活动及脑思维等作用，包括工具、文化的促进作用。心理差异作用于行为、工具和文化，改变了人的生存环境，导致不同个体、群体生存条件或生存质量差异，以及对人体结构（基因）差异的选择作用，逐渐地改变了人体结构。说白了，具有较大的脑袋或较强的心理能力，或较直立的个体，它们将获得较有利的工具、文化，也就会有较高的生存机会而获得选择，即由“心理意识→工具等→生存机会→差异选择”，形成心理选择的作用机制。

很明显，人因“依靠工具”突破，它改变了人的结构选择方向：即在大脑和直立等关键性结构（基因）上，由猿选择适应自然环境（自然选择）改变为人选择适应工具、文化（心理选择），产生了人类独特的、不符合自然选择的结构。

心理选择和自然选择原理不同，产生结果也不同。自然选择是对生物适应环境变异的选择，产生的是与环境相适应的生物结构功能；而心理选择是对人适应工具、文化的变异选择，产生了

适应工具、文化的人类结构功能。虽然两种选择作用方式都是通过生存差异对变异进行选择，但在选择对象和作用方向上完全不同。如在自然选择上，能够适应某种特定环境的变异将获得较好生存、较多传代，因而它被某一特定环境所选择，这种结构选择只维持物种与特定环境的依存关系，不具有改进生存质量或生存能力的方向性。而在心理选择上，能够较好适应工具、文化的变异（如增加直立程度和脑容量等），就能获得较好生存和传代，它具有改进生存质量或生存能力的方向性，从而达到定向的选择结果。心理选择符合人的进化方向。

无论环境如何改变，如生存在森林或草原的直立人，心理选择结果是一致的，也就是获得适应工具、文化的结构，如脑容量增大和完全直立等，出现了人的唯一性。它解释了一个重要的事实：即人与猿的差异巨大，但并没有出现距离人较远、距离猿较近的种类，这是因为两者的选择机制完全不同，人是唯一出现心理选择的进化物种。

心理选择是人类进化的主导机制。心理选择产生脑容量增大和直立等构造，这是人的主要特征，使人适应了工具、文化，从而适应各种新环境的需要。而自然选择产生人适应某种特定（局部）环境的构造，如肤色差异等，它并没有改变人的主要特征。由此可见，人体结构（基因）选择虽然是以多种或混合的选择方式完成的，但主次分明，自然选择适用范围不包括人的关键性结构，即人与工具结合产生进步性的相关结构，如完全直立和脑容量增大，换言之，自然选择不能产生人。

心理选择机制开创了人类的新进程，它产生了自然选择无法产生的新结构，成为人类结构改变的转折点。从这里开始，人类出现适应工具和文化的结构，形成前所未有的方向性和进步性发展。

因此，人的产生成为物种形成的一种全新形式或例外。人类进化是以心理选择取代自然选择的过程，或者人体适应工具、文化的功能增强，适应自然环境的功能减退的过程。从发生心理突破和“依靠工具”开始，人与工具、文化结合产生的对人体选择的作用力，开始大于自然环境选择的作用力，出现心理选择主导作用，人开始变得逐渐直立和脑容量增大等。而这些改变又增进心理选择作用力，减弱自然选择作用力（因生存条件的改善），不断地推动心理选择进程。例如南方古猿脑容量只有350～400 mL，与现代猿类似，而直立人脑容量780～1200 mL，智人脑容量900～2000 mL，人的脑容量快速增长，符合适应工具、文化发展的需要，是心理选择机制作用的结果。

心理选择机制是人“依靠工具”突破后，因生存方式改变而带来的结构等选择的全新机制，是人类进化过程出现的又一个“全新的因素”。达尔文进化论完全忽视这一新机制或“全新的因素”，它将人类适应工具、文化的心理选择，等同于一般生物适应某种特定环境的自然选择，出现扩大自然选择适用范围的严重错误。

8.5 人类进化的新模式

人类进化方式和心理选择机制是建立人类进化新模式的基础。

人类发生工具意识突破和“依靠工具”行为，出现以心理选择机制为主导的结构、心理、语言、文化和社会等改变，造成人的直立和脑容量增加等，从能人发展到直立人和智人。这就是人类进化的新模式。

人类进化新模式以工具心理突破和“依靠工具”为启动点，通过心理选择机制逐渐改变人体结构。新模式既符合人与古猿在结构上连续的特点，又符合人的进步性性质改变，合理解释了人的独特性。

相比之下，以往自然选择模式存在的问题和矛盾多多。

达尔文认为人的产生是由于“转为两脚行走的缘故”。实际上，直立将使虚弱的腹部暴露无遗，容易遭受捕食者毁灭性的打击；直立使奔跑速度、身体灵活性等下降，如黑猩猩运动速度要比人快30%～40%。这些都是生命攸关的问题。又如东非草原上的狒狒对抗狮子攻击时，全靠快速的四足行走，而大猩猩基本上是下地行走，但它们只有偶尔的直立。可见直立不符合动物生存法则，四肢行走才是它们能够生存下来的唯一方式。

动物四足行走稳定性好、运动速度快、灵活性强，人两脚行走的速度和灵活性减低，完全直立是以工具进步为补偿的结果。当“依靠工具”行为不断进步，使人类可以降低行走速度或灵活性时，将出现人的完全直立。因此，如果没有工具突破，任何猿都不可能完全直立生存，半直立猿必然要回到四肢行走和攀援上，因为“依靠工具”和心理选择机制才是完全直立的推动力和支撑力。也难怪只有人类完全直立了。

直立并不是人类进化的核心实质，它只是人与工具、文化结合产生的必然结果。假如像猿一样只停留在“使用工具”上，达到50%的直立与80%的直立又有什么区别呢？它们最终还是要回到能够快速攀援或逃跑的“半直立”上，这才是灵长类生存的基本保障，增加直立或“使用工具”无法解决生存问题。又如人类婴幼儿从爬行开始，在前辈的搀扶和经历反复摔倒的磨炼之后才能完全直立行走，而失去人类文化的“狼孩”以四肢行走[15]，其生存能力甚至还不如一般动物。可见人的完全直立离不开社会和文化，离不开人类工具的进步。人类进化核心实质是工具行为突破和心理选择机制，而不在于随之而来的直立结构改变。

人脑改变也是如此。古猿与现代猿脑容量基本相同，说明它们都是适应特定环境或自然选择产生的结构。人脑容量出现唯一的巨大增长，是适应工具、文化的改变，其结构选择或推动力是心理选择机制。

显而易见，建立人类进化模式必须解决人化过程的作用力或推动力。是由旧模式的自然选择（或直立姿势）推动，还是由新模式的“依靠工具”和心理选择推动，这是问题的关键点。后者无疑是一个出类拔萃的优胜方案，它使旧模式的问题迎刃而解。

“依靠工具”的突破性在于其进步性，它使人的生存方式改变，使人必须依靠心理和工具等进步，才能不断提高生存质量，或适应各种新环境。而猿、猴在“使用工具”上差别并不大，漫长岁月演化并不能使它们的自然行为进步，因为“使用工具”自然行为不能改变其生存方式，如使用石块砸开坚果只是为了取得一点偶然的食物，不管是熟练的前辈还是刚刚学习的后辈，结果都一样。如果没有发生“依靠工具”突破，它们将永远停留在这种没有进步的自然行为上。

心理突破和心理选择符合人类唯一的进步性。人的结构、心理、语言和文化发展历史表明，人的演变是一种有方向的前进式的进化模式，它必须有一个启动点，就是“依靠工具”突破，而自然选择的演化模式没有启动点。从工具行为突破的启动点和心理选择机制可以解释人的结构能够不断地获得选择，而同一时期的其他古猿却不沾边，这种解释具有合理性。

一个是自然选择的旧模式，它存在种种问题，另一个是心理选择的新模式，它解决了所有的问题。心理进化模式更具科学性和可实现性，因为它具有可以观察到的坚实基础。

对于心理进化模式，我曾经想了千百回，有一个观察使我深受启发。

这是一场耍猴人和猴子的表演：台上猴子舞棍的动作熟练，击打的速度、力量令人惊心。但是，在得到应有的食物报酬后，台下猴子就不同了：没有哪一个会在猴群中耍棍弄棒的。这说明它们懂得表演归表演，或将表演当成无风险的“使用工具”（如

果在表演时遭遇其他个体抵抗或抢夺工具，它们会立即丢盔弃甲地逃跑）。就是说，它们并没有突破自然行为的心理“红线”，或没有克服“依靠工具”行为的心理障碍。我想，假如是人掌握了这种使用棍棒的动作要领，比如小孩学会了耍棍弄棒，他今后将以此防身，虽然他知道这种行为具有危险性。

这一事实表明两点：其一，某些动物具备“依靠工具”的基本结构。如大猩猩能够抓木棍和直立行走几十步，人们一点都不会惊奇。它们虽然只能半直立，但以其速度和力量，使用工具作简单防卫等已绰绰有余；其二，人的心理特征与它们不同，只有人敢于“依靠工具”。

进一步讲，猿（古猿）半直立并不能导致“依靠工具”行为发生，直立差异不是工具突破的唯一因素，心理突破更重要，“依靠工具”必须有一个心理突破过程。而只有真正体验到“依靠工具”的好处或“利害”，完成心理突破，工具才能成为人类不再放手的“护身法宝”，完成从猿到人的转变。

实际上，它们心理的这道“红线”不容易越过。人与它们的心理空间或层次不同，我们认为是简单的心理问题，对它们却可能是复杂的心理问题。自然选择千万年来选择了一种安全第一的动物自然心理和行为，要它们改变心理和行为，心甘情愿地承担“依靠工具”风险，这不是一种轻而易举的改变。它们的心理基础不同。

“使用工具”和“依靠工具”行为虽然动作相似，但行为心理不同：前者是在对手面前丢下工具（树枝或石块等），目的只是恐吓对手，它们已有保命的策略，即在失利时迅速逃跑，因此工具成了不利逃跑的“累赘”，即“使用工具”是安全的，“依靠工具”是危险的；而人预期“依靠工具”的机会大于风险，选择紧握工具不放手。可见两者主要是心理差别，“依靠工具”必须有心理突破。

至于人的心理突破是发生在50%的直立还是在80%的直立

阶段，它已经是一个无关紧要或无关人的突破性质的问题了，因为只有心理突破才能产生“依靠工具”行为，从而解决人的生存问题。就是说，人是唯一的“依靠工具”物种，证明了人的心理出现了突破，人与古猿心理出现“断开”而不再是渐变连续，人类进化发生了唯一的性质改变。

对猴子和黑猩猩“使用工具”行为进行观察，如果从利用石块砸开坚果比较，似乎看不出它们有多大差别。但从它们挥舞树棍的动作上看，黑猩猩的力量更大，站立更稳。显然，如果工具使用者的体型更大、选取树棍大小适当，“依靠工具”取胜的机会必然更大，出现工具突破的可能性也就更大些。

人类祖先（古猿）正好有适当的体型。在灵长类中，人的体型大小仅次于大猩猩。最初出现“依靠工具”行为的是一些能够制造石器的能人，它们运用工具的动作可能没有直立人的自如潇洒，可能站立不稳或踉踉跄跄，尽管如此，只要它们敢于靠近对手，击出有力的石块或棍子，也就是成功的开始。要知道，人是社会性动物，如果有几个一致行动，简单地“依靠工具”也是无敌于天下。

人的祖先具有心理突破的基础。在古猿千万年演化历史中，曾经产生繁荣的古猿大家族，在种类不同、结构各异的古猿中，有较聪明的，也有较大胆的，它们心理有别，所在环境不同，发生了一个“依靠工具”心理行为改变，这应该是可以理解的。

“依靠工具”行为导致人的生存方式大转变，产生人的心理选择机制，这一招实在是太厉害了，它使人类发生不可逆转的方向性进化。相比之下，达尔文将人的产生方式当作一般生物演化，采用“直立姿势产生人”的演化模式，它既不符合自然选择只能产生适应特定环境结构的基本原理，又没有任何可以观察到的实证，不能解释为什么其他动物采用了同样的姿势（可以观察到许多动物能“半直立”）却不能成功，留下一个又一个的争议。

"依靠工具"使人类适应各种不同环境，超越了生物演化的基本规律。200 万年前的早期人类，如爪哇猿人、北京猿人等，它们既生活在热带雨林，也生存在干旱草原，表明人类发生环境关系性质的改变。

"依靠工具"使人类走上一条可以预期的进步路线：从旧石器时代的简陋石器，到新石器时代的精细石器，到出现了现代工具，人类工具走过漫长的进步历程，人的结构、心理、语言、文化和社会出现巨大的进步。

生物演化规律和基本规律明晰生物演化历史，阐明生物演化的性质、实质，人类行为突破和心理选择机制明晰人的进化方式，阐明人类进化性质、实质。这样，生物演化和人类进化获得新的统一，人类进化的新模式获得充分的理论支持。

人类进化的新模式（见图 8－1）印证了人的过去、现在，并且将解释人类的未来。

图 8－1　人类进化的新模式图

与人类"演化"模式图（见图 10－1）相比较，区分"进化"与"演化"。

8.6 人类的母亲

一般认为300万年前南方古猿“露西”具有某种直立结构，是人类的母亲。但是，“露西”骨骼化石呈现“臂长于腿”（见图7-1），且其附近并没有发现石器工具，她显然是一种适应雨林攀援环境、可以“半直立”走动的古猿。

人类的母亲另有其人。

一个故事在我脑海回旋，人类诞生可能是特殊环境条件下的偶然性事件，这就是人类母亲的故事。我把故事情节概况列出，希望有朝一日可以搬上舞台。

某地生存着一支为数20～30个的古猿族群，由雄性首领统治这个王国。它们之中有地位等级差别，有简单的觅食等分工。在食物充足时期，族群安居乐业，一派祥和，有的摘树果、挖竹笋，有的抓小动物等。

它们有“使用工具”的头脑和行为，如用树棍捅开蚂蚁窝、用石块砸开坚果等。对付弱小动物时它们直接捕食，对付竞争对手时它们依靠强壮身体和体力解决，或采用投掷树枝、石块等恐吓手法，类似它们的近亲现代猿。当时还生存有其他几种古猿，如粗壮南猿等，它们各有各的地盘。

猿族的最大威胁是鬣狗，它们是体格强壮的肉食动物。鬣狗体型大，速度快，一般20～30只集体进攻捕食，在当地没有对手。对付这种令人恐怖的鬣狗，古猿采用上树或进洞躲避方式，因躲避不及造成伤亡的情况时有发生。

一个古猿母亲艰辛抚育两个儿子成长。儿子外出闯荡，母亲地位旁落，受欺凌，捡残食；儿子归来，母子相认，齐心协力惩治当权者，老大当上首领；之后，老人独揽大权，老二不服，争夺女眷，大打出手，老大出手惩戒；老二伤愈后再次寻机谋反，母亲劝导不听；老二与同伙计划即日起事，山雨欲来风满楼。

不料外敌鬣狗群入侵，老大率众勇斗。众古猿以嚎叫、推倒石块、投掷树枝和打斗等方式阻止入侵者。最后领地失守，古猿惊慌失措，撤退、逃避，一片狼藉。

老大护众撤退，不幸受伤；老二奋力救出心爱女眷，自己却受到鬣狗攻击，被一只大鬣狗死死咬住不放，危在旦夕；母亲见状奋勇相救，但出击数次无效，眼见其他鬣狗正在迫近，万分危急；最后母亲殊死搏斗，急中生智，捡起身旁的石块，对准鬣狗头猛砸下去，一次又一次，大鬣狗终于松口逃走，老二获救。

猿群重新聚集，赶走鬣狗，族群庆贺；两子目睹母亲英勇行为，感动流泪，跪拜母亲；母亲抚摸着救子的石块沉思良久，将“依靠工具”经验传授；从此母亲倍受尊重，二子推母亲为首领；族群以工具（石块等）防身，发展壮大，宣告人类诞生。

从此，鬣狗不再侵犯，人族逐渐兴旺，不断扩展地盘和发展壮大，产生从直立人到智人的进化，人类进步永无止境。

如今，保存有古人头骨、脚骨和石器，以及鬣狗头骨等物证的古人类遗址中，有中国的龙骨坡等，它留给了我们丰富的想象空间。

人类母亲发生“依靠工具”突破，诞生了人，这样的母亲比“露西”要真、要强。“露西”生存在320万年前，她的后代是变成了黑猩猩，还是大猩猩，或者如同粗壮南猿、巨猿等一样灭绝了，无从得知。这种指猿为人的赌注还是不下为好。

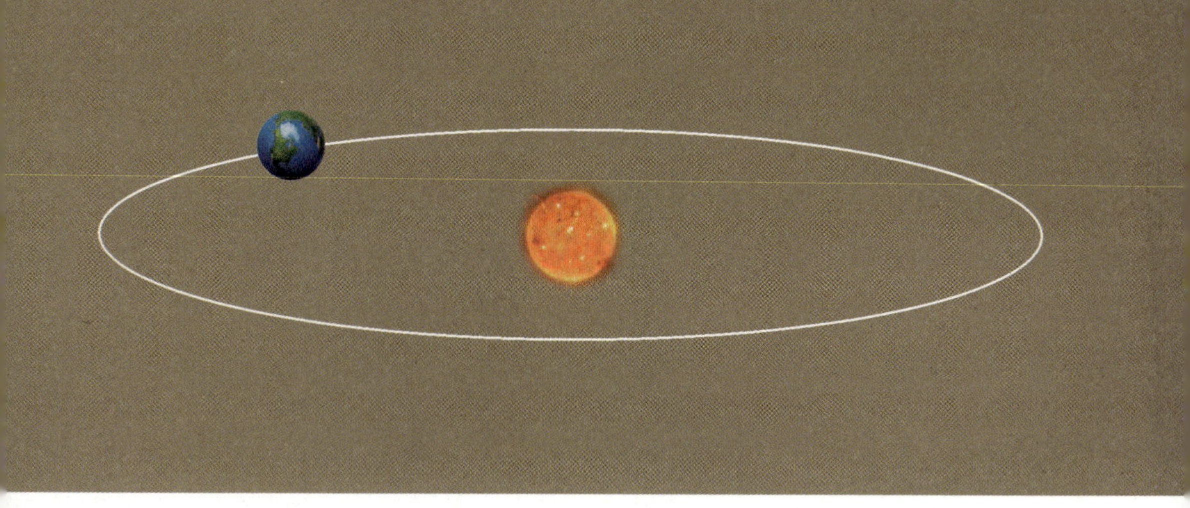

第9章 树立正确的人类观

当早期人类使用石块等与对手面对面竞争，即“依靠工具”时，人的身体功能突破了自然行为的限制，使人类能够进入草原等环境生存，即发生人的环境关系性质改变。石器是人类工具突破唯一留下的标志物，其出现就是人的产生时间。人的社会行为具有进步性，一些学者所谓“人类本身就是猿类”的观点是错误的，它混淆了人的进化性质。

人类定义可由“进化”内涵表达，即人是唯一的进化物种。以往因“进化”和“演化”性质混淆，出现严重对立的人类观、思想观，它不利于人类社会的和谐。作者建议在分类学设立人类界，它明晰人的进步性特征，符合人类社会的客观要求，是百利而无一害的大好事。

9.1 人类诞生时间

进化论将人的产生当作生物演化，通过漫长的渐变过渡，从古猿变成了人。人类祖先可以认为是300万年前的某种古猿，或600万年前的某种直立猿，可说成是3000万年前的原猴，因为它们都没有出现区别于人的本质特征，只是有的结构距离人远些，有的距离人近些。因此，如果不能明晰人类进化突破的标志，没有清晰的人类标准，人类产生时间也就无从谈起。

基因测定确定人类祖先与黑猩猩祖先的分离时间大约在600万年前。分离之后的人类祖先仍然产生各种分支，这些分支被称为“人族”，如多种已灭绝的直立古猿。就是说，直立古猿还有很长的演化路程，其中只有一支能够进化成为人。显然，基因测定无法确定人类诞生时间。

从古猿直立和脑等构造差异只能挑选疑似祖先。320万年前“露茜”具有某种直立结构，被套上了人类母亲之光环。但是，这个祖先臂长于腿，其身体是一种攀援和直立的混合结构，要成为能够完全下地生存的直立人，她还必须经受环境改变的各种考验，如由森林到草原，或由草原回到森林等环境变化。由于“露茜”早于石器时代100多万年时间，她将往哪个方向演化难以预测，或者她的后代下地行走体型变大，在气候转换时期与其他“人族”一样灭绝了，或者她的后代适应新的雨林，成为某种猿。就是说，在环境压力出现增大或减小的不同气候波动中，如果没有工具支持，演化将遵循大型动物演化规律。因此，人的诞生时间不是由古猿半直立结构界定，而是由工具使用情况界定的。

当早期人类手握石块或简陋石器、木棍与对手竞争时，即“依靠工具”，人的身体功能突破了自然行为限制，人将不再依赖体型、体力等身体结构为主要生存手段，即人的生存方式发生改变，超越生物演化的基本规律。因此“依靠工具”的时间就是人的诞生时间。我认为人类在发生工具行为突破后，无论使用木棍、石块或石器都不需要有很长时间的变换期，而石器是唯一能够留下的标志物，石器出现时间也就可以作为人的产生时间。

能人出现在200万年前，随同一起出土的有多种石制工具，这表明能人已经能使用简单石器，是早期的人。同一时期还有许多其他古猿，如鲍氏傍人、粗壮傍人等几种粗壮型种类，并没有发现它们有石器伴随，且它们具有厚重头骨和强大咀嚼齿，适合于体力竞争，或食用树根、植物块茎等粗糙食物，显然不是“依靠工具”，不是人的祖先。

分析诸多报道和资料，可以确认人类诞生时间在大约200万年前的能人阶段。理由是：

其一，在能人之前发现的各种直立古猿（半直立）呈现出猿的基本特征，如脑小、体小、前臂较长、脸庞大、牙齿突出等。

其二，没有发现直立古猿有石器等工具伴随。

其三，直立古猿与其他灵长类一样，不能脱离雨林环境生存。

在能人之前出现的各种半直立的疑似人类祖先，它们仅局限于非洲大陆。在欧亚大陆发现有直立人生存的几个古人类遗址，如格鲁吉亚的德马尼西、中国的龙骨坡和爪哇的莫佐克托，这些遗址在时间上都早于150万年而迟于200万年[62]。也就是说，如果直立人是发源于非洲，200万年前左右就是走出非洲的关键时段。

什么原因导致非洲能人或直立人的扩散？这当中一定是发生了什么，这也是人类学者一直在探讨的问题。一般认为在200万年前左右气候发生改变，撒哈拉沙漠扩张，面对干旱的气候变化，古人类被迫向北迁徙。问题是，气候波动导致沙漠进退一直是交替进行，为何古猿数百万年都没能扩散，进入到北方的较高纬度区生存，在能人之后仅数万年就能成行？

很明显，能人“依靠工具”突破，它是启动人类进化的开关，人的生存方式改变和环境关系性质改变，使人能够进入草原或较高纬度区生存。事实上，猿（古猿）不能进入草原环境生存，只有人才能进入草原环境生存，证明人的工具突破及人的诞生是有条件的。

因此，200万年前左右是从古猿到人的转折点，“依靠工具”启动了人的进化。人类开始使用石器防御、捕食等，开始走出雨林，向广阔草原等地球不同角落迈进。

9.2 社会行为的进化

人与一般动物界限模糊不清，在社会生物学上产生较多问题和争议。

美国著名生物学家威尔逊（E. O. Wilson）建立社会生物学[65]，他推导人与一般动物的社会行为具有延续性和一致性，如人与其他动物一样，既存在利他的高尚行为，又存在不利他的自私行为，如强奸等。由此引发一场社会生物学的大辩论，有反对者也有支持者，至今也没有产生一个各方都满意的答案[66]。这种观点近年来越演越烈，如灵长类学家德·瓦尔（F. de Waal）在《人类的猿性》中，将猿与人同样存在的权力、性欲、暴行、竞争、善意等类比，声称“人类本身就是猿类”[67]。类似观点的著作还有很多，如《第三种大猩猩》[68]《裸猿》[69]等。

说实话，我对这类作品有一种反感情结。一是其观察对象是猿，却是以人的心理意识和思维描述事物，对动物行为和意识进行揣测，其适用性和准确性值得怀疑；二是作者对人类进化认识存在误区，没有看到人类进步性的性质改变。他们往往是强调人与一般动物的社会行为在生物性层面上的相似，如性欲和食欲，或将一些人类社会行为的阴暗面与其比较，如残暴或强奸等，或抬高动物的一些合乎人的道德行为，如扶助和母爱等。这种处理方式符合进化论，即拉近人与一般动物社会行为的距离，将人类社会行为进化绑上一般动物社会行为演化的列车。

诚然，人是一种动物，在生理等方面与猿有某些相似特点，如性欲等，也有一些维护自身利益的类似的生存行为，如获取权力等，人在某些方面走得更远，这并不奇怪。但是，人类发生工具突破而改变了生存方式，人的社会行为已经跨越了猿的行为区间，通过长期的心理选择和心理进化，人与它们在心理上已经出现了巨大的空间距离，换言之，一个是进步性的，另一个是非进步性的，两者性质已经不同。如人更具有前瞻性、组织性和协调性等，社会体制日趋健全，文化发展更加进步，人更能团结协作和相互支持，追求欲望方式日趋理性，平等、公平意识更强烈等，人类社会行为呈现出进步性的变化。

一般动物社会行为变化只是为了适应特定环境变化，并没有产生任何进步。如古生代动物茹毛饮血行为与新生代动物一样亘古不变，物种残酷的生存竞争不可能改变；黑猩猩采用雄性权制，矮黑猩猩采用雌性权制，这只是对不同环境适应，因为矮黑猩猩环境较稳定，食物充裕，攻击性较弱，适合雌性权制，而黑猩猩反之，其攻击性较强，适合雄性权制；狮子集体捕食或老虎单打独斗，这是适应草原和山地两种不同环境。可见动物社会行为万变不离其宗，就是维持其与环境相适应或相依存，遵循了生物演化基本规律。

因此，是以进步性这一闪光点作为人的社会行为特性，还是以动物某些通性作为特性，这是问题的焦点。如果是后者，人与猿相近，猿与猴或猪、狗等也类似，与其说“人类本身就是猿类”，不如说“人类本身没有人性”。这是对人进步性的漠视，也是对人类的糟蹋。

人与猿的社会行为比较见表9-1。

表9-1 人与猿的社会行为比较

生存阶段	婴幼年期	青壮年期	中老年期
猿类	家庭和社会关爱及教育较少，学习期较短，普遍存在杀婴等生物性行为	主要依靠体能和暴力竞争取得地位或生殖机会，即一般的生物性社会行为	地位丧失，容易为家庭和社会所弃，体能衰落和悲惨死亡，与其他动物无异
人类	享受家庭和社会关爱，享受充分的文化教育等，学习期长	继续享受父母、家庭、社会关爱和教育，主要依靠智慧和技能生存，生殖机会趋向均等	理智、经验和威望等为家庭和社会认可，为家庭核心成员，享受关爱直至终老

由表9－1可见，人在不同阶段生存状态都与猿有着明显差别，人类社会行为具有进步性，而猿类依然是非进步性的生物性行为，与其他动物无异。

人与一些动物可以有某种交流，甚至有人展示其能够与野狼等共同生活、和平相处，似乎让人感觉到人与其他动物能够本性相通。其实，这是动物在人类控制下出现的行为改变。在大自然环境中，各种不同食性的动物们能够和平相处吗？显然不能。它们必定会出现你死我活的恶斗相争，而人也只不过是动物的一个竞争对手，如果误入狼窝，唯一的结果就是被吃掉。

一些动物出现适应人类环境的行为变化。人既能通过各种手段使动物臣服，又能利用食物引诱其亲近，正所谓"有奶便是娘"，动物一旦认定了主人，便会忠心耿耿地相伴相随，产生相亲相护之情。

人类正是利用动物行为变化特点，使一些动物成为人类生存的得力助手，成为人的忠实伙伴，这也是人类改造自然的一大创造发明。但是，一旦动物离开人的控制，或我们不能较好关照它们，动物将会恢复原来的本性。

有一个使我难忘的故事。一位同事的大哥饲养了一头大水牛，它曾经是我国南方农民耕作的主要畜力，他一直爱护有加。有一天同事突然告诉我，说他的大哥出事了，被大水牛的牛角刺中身亡。原来是大水牛处于发情期，性情突然大变，导致发生了不幸事故。这一事实告诉我们，一般动物行为是由生物性的自然心理所主导，环境变化或生理改变都可能较大地影响其心理行为。

动物社会行为纷繁多样，不同动物有不同社会行为。如工蜂或工蚁奋不顾身地利他行为，雄螳螂在交配后奉献身躯供雌性食用的古怪行为，一些动物残暴杀死非亲生子，而另一些动物又主动喂养其他动物的后代等。说明动物既可以有仁爱及利他等高尚行为，也可以有极端自私或残暴行为，而高尚或自私只是人的意识，其他动物并没有这种意识。人们往往为动物的一些行为所感动，看到猩猩哺幼或鳄鱼护子时同样地感受到仁爱之情，但不应忘记动物行为的多样化特点，自然界生存竞争、血腥残暴的行为普遍存在，永不改变，它是物种维持生存延续的唯一途径。

值得一提的是，杀婴行为在动物界普遍存在，如非人类灵长类的杀婴行为与其他兽类并无区别。许多杀婴行为是因族群的头领变更所引起的，即新头领对非亲生幼仔进行杀戮。一些学者将这种行为解读为“自私基因”作祟，认为它可以使雌性早日怀上自己的后代，新头领能留下更多自己的基因。但从物种延续角度，留下自己基因与保存其他个体基因相比，后者更有利于物种延续。从动物心理角度，母亲失子之痛带来对新头领的憎恨心理也应该存在，必然不利于种群生存。自然选择产生这种不利的心理行为令人困惑。而正是在这一点上，人类的新头领一般能够接受被征服者的婴幼儿后代（除非受到威胁），这有利于物种延续，应该是一种社会行为进步的体现。

人的生存方式改变和心理选择机制，是产生人的基本要素，造就人类独特的精神。离开这些基本要素和精神特征，人的躯体也就与一般动物无异。以往进化论采用生物渐变和自然选择的演化方式，它无法造就人的精神和社会行为进步，反而造成社会生物学的问题。

人类精神带来社会行为进步性改变。如在人权、博爱和健康等观念上不断取得进步，关爱残疾人和弱者、善待动物，或出现健身运动、讲卫生等社会行为变化，这些变化将对人类未来产生深远影响。

人类社会行为进化的动力在于文化进步。人类文化突飞猛进，人的幼年阶段具有远比任何物种更漫长的不成熟期，他们接受进步文化教育，人的社会行为与一般动物社会行为必然是天壤之别。

因此，人类社会行为与一般动物社会行为性质不同。如一场音乐盛会，在指挥家、演奏者和各种乐器组合下，演奏出一曲曲令人心旷神怡、荡气回肠的旋律。而屋檐下青蛙的鸣声，密林中猿猴的呼唤，或草原上雄狮的怒吼，只不过是满足物种生存延续的古老技巧，千万年来，大致如此，千万年以后，也大致如此，永远不会有进步。人的社会行为的进化与其他动物的演化形成了鲜明的对比。

9.3 人类的定义

明确人的进化性质和进化定义，也就可以确立人类定义。

进化论的问题在于无法建立从一般生物演化到人类进化的衔接结构，因为两者存在性质矛盾。一方面，进化论必须建立起生物走向进步的阶梯，以便将人的进步纳入到演化序列；另一方面，它又不能让人看清这种阶梯的存在，因为除了人，其他物种之间并无进步可比较。这样也就产生了进化论的基本矛盾。

这种矛盾也体现在进化定义上。早期生物学辞典将进化定义为“生物逐渐演变并向前发展的过程”，现代理论抛弃“向前”的进化定义，改为“物种适应的改变和生物群体多样性变化”[70]，或“一个基因库中任何等位基因频率从一代到下一代的变化”。在这一定义中，“进化”不再含有方向，只是一种变化，它成为全体生物的一个基本特征。但是，人类进化具有方向性特征，与生物适应环境的偶然变化相矛盾，即定义照顾了生物演化的这一头，又失去了人类进化的那一头，产生另一个大问题。

一个最简单的问题：由小鼠到大鼠演变是生物结构适应特定气候环境的改变，这可以称之为“进化”，而由猿到人的变化是生物结构适应工具、文化的改变，是“依靠工具”适应各种环境的改变，这也是进化，两种改变的性质一样。这令人费解！十分荒谬！

人的进化与一般物种演化性质不同，“进化”与“演化”必须分开。我认为，“进化”一词的字义明白无误地表达了生物进步性变化，是表达人类演变的最佳词汇，也符合人们用词习惯，必须赋予“进化”为人类专用词的新的历史使命。

生物进化只发生在人的阶段，涉及物种基因变化和人的环境关系性质改变，因而将进化定义为：“进化是由猿到人和人类的基因改变，出现脑等结构变化和环境关系性质改变或进步。”[7]

新定义清楚说明了进化性质：即进化具有进步性。人类适应森林、草原等环境，发生环境关系性质改变，是唯一进化和进步的物种。而一般生物“演化”并没有产生进步，猿仍然是依存特定环境的动物。换言之，“进化”与“演化”词义差别在于是否包含进步，两者在使用上不可混淆。

例如，当某生物演化由水生走向陆生，获得陆生构造却失去了原来的水生构造，这只是适应特定环境的演化；当原猴走向古猿，仍然只是演化，不是进化。而当某种古猿发生工具意识突破和“依靠工具”，出现了环境关系性质改变，这才是人的进化。

明确进化定义，也就能够对人类做出清晰无误的准确定义。

有一则笑话。希腊著名哲学家柏拉图将人类定义为“一种用两脚行走的无毛动物”，他的一位学生提来一只拔掉毛的鹅，问道：“这是人吗？”显然，两脚行走和无毛动物不能定义人类。

英国动物学家珍妮·古道尔（Jane Goodall）曾在非洲密林与黑猩猩为邻多年，对猿类社会行为进行了大量观察研究。她得出的结论是，猿类同样会制造工具，拥有语言，具有人的情感等，人与猿的差别已经很难区分。

可见人的定义也是一个棘手的问题。

目前对人的定义并没有统一，尚未见有严格的人类定义。人们从不同角度下定义，包括人的生物性和社会性等，但由于进化

论确立人与猿是演化渐变过渡性质，难以有精准的人类定义。如百度百科对人是这样阐述的："人，可以从生物、精神与文化等各个层面来定义，或是这些层面定义的结合。生物学上，人被分类为人科人属人种，是一种高级动物。精神层面上，人被描述为具有灵魂的生物。在宗教中，这些灵魂被认为与神圣的力量或存在有关。在文化人类学上，人被定义为能够使用语言、具有复杂的社会组织与科技技术的生物，尤其是能够建立团体与机构来达到互相支持与协助的目的。"

这是对人的概述，并不是严格的人类定义。

由人的性质差异以及进化定义，可以简洁得出人的定义：人类是唯一的进化物种。这一新定义严格区分了人与其他物种。

9.4　设立人类界的建议

人类由某一古猿突破产生，开始了独自的进化，形成独特的结构、心理、语言、社会和文化，发生了环境关系性质的改变。

如果把生命演化比喻为一棵成长的树，物种演化如同树枝的延伸，人的前身只是繁茂树枝中的普通枝丫，与其他枝丫并无区别。但是，正是在这一枝丫上能够幸运地结出了唯一的果实——适应不同环境的人。见图9－1。

图9－1　演化树结构
人类是唯一的进化硕果

既然人的产生方式不同，人类进化与物种演化性质不同，我认为应该在生物分类学上单独设立人类界或进步动物界，与一般的动物界划清界限。

生物分界至今未能统一，有分为5界的，也有分6界的[49]。人位于动物界，脊索动物亚门，灵长目，人科。人科中包括已灭绝的森林古猿、山猿等，以及现代的猩猩、黑猩猩等。

将人归于灵长目人科，它只是表明人与猿等的亲缘关系，却不能反映出人类最重要的本质特征，即发生唯一的进化或进步性改变，它不符合人的突破特点和独特的产生机制，即心理选择机制，也无法解释人的结构、心理、语言、文化等特征。这是以往进化论将“进化”与“演化”混淆的错误，必须予以纠正。

设立人类界区分人的“进化”，将给人类社会带来莫大的好处。

第一，树立正确的人类观，纠正进化论的错误人类观。人与其他生物产生方式不同，是唯一的心理选择物种，具有独特的结构、心理、语言、社会和文化；人发生环境关系性质改变，超越了生物演化的基本规律，是生物界唯一的进步性物种，人类社会发展必然不同于任何生物。设立人类界，将人的进化这一特殊形态与物种演化的普遍形态区分，体现了人类进化的本质。

第二，符合人类社会进步的客观要求。斯宾塞等将物种生存竞争、弱肉强食的演化观运用到人类社会，他认为穷人、残疾人是竞争失败的劣者，施以救助不符合自然选择原理；威尔逊《社会生物学》将动物社会行为与人类社会行为相提并论，造成思想混乱；一些灵长类学者对猿类行为大量渲染，把人比作《裸猿》，声称猿的行为特性符合人的特性。这些问题的根本原因就是忽略了人的进步性，是对人类进化性质的认识错误。

对人类的认识偏差成为社会达尔文主义的温床，它曾经给人类历史带来灾难和血的教训。希特勒法西斯和日本军国主义者对人类犯下了滔天罪行，其中就有“物竞天择，适者生存”的达

尔文进化论在助纣为虐，生物学的“丛林法则”被带到社会学，侵蚀人类的道德基础，毒害成千上万的善良民众，使他们成为侵略者的帮凶。将人类学从生物学单列出来，它体现了人的性质改变，符合人类社会进步的客观要求。

第三，解决宗教与科学的严重对立局面，有利于人类社会和谐。人与一般动物不同，人具有思想和精神的一面，宗教信仰与科学必然会长期共存，而两者走向和谐的基础来自于对人的认识。以往进化论造成人的性质模糊不清，在科学、宗教和文化等不同层面上出现没完没了的争吵，有的把人当作上帝的宠儿，有的将人列为“第三种大猩猩”。如果人的性质没有理清，这种严重对立局面必将继续下去。

其实，在生物演化问题上，一些宗教人士也做出了重大贡献。如遗传定律的发现者孟德尔，他就是一名奥地利的修道士。争议焦点还是人的进化。站在科学角度，人是来自于自然界的动物，但人发生了工具突破和性质改变，成为唯一进步性物种；而从宗教角度，人为某神灵点化，或是上帝之子。相对而言，进化论和创造论并非严格意义上的水火不相容，毕竟人的产生还存在着一些偶然的因素，而人的精神世界如此丰富多彩，采用某种神秘说法也未尝不可，我们必须有更多的宽容。我相信，只要修正演化论和进化论，摒弃将人与一般动物性质混淆的荒谬，科学和宗教是可以相容的，至少不会是对立的。单独设立人类界，表明一种全新人类观，符合人们的良好愿望。

对于无神论者来说，人是生物进化的硕果，遵循人类进化的进步规律；对于信教朋友，人是超越动物演化规律的上帝之子，具有独特的精神和情操，与一般动物不可同日而语。这应是皆大欢喜的理想结局。

物种演化和人类进化如同缤纷多彩的舞台剧，物种演化上演之剧目是“你方唱罢我上台”，而人类进化演出的是不断向前的进步剧。只有将生物演化舞台和人类进化舞台分开，才能演好人类进步之剧目。

设立人类界体现了生物分类的科学性，符合人类进步客观事实，有利于人类社会的和谐、进步，是百利而无一害的大好事。

第10章　达尔文进化论陷阱

进化论出现广泛的争议，在于它将物种演化与人类进化两种不同性质问题统合，既要兼顾一般生物演化，又要兼顾人的进化，产生相互矛盾。而为了掩饰“演化”与“进化”性质的矛盾，它必须留下生物进步“小尾巴”，或采用一些含糊用词，如“适者生存”等，或在一些重要观点上做变来变去、让人无所适从的调整，制造“一叶障目，不见泰山”“退五十而笑百步”等理论陷阱。一一剖开这些陷阱，才能看清进化论问题所在：即进化论是“一个先天不足的理论怪胎”，它必然要流产。

10.1 “进化”与“演化”

“演化”一词表示生物随着时间发生的改变，为什么又有“进化”一词？

“进化”由中文字义理解应有方向性含义，“进”与“退”是不同方向，“进化”与“退化”相对。

“进化”一词由“evolution”翻译而来，也有翻译成的“演化”。Evolution 词根来自拉丁文，本意为展现、展开等。1744 年德国胚胎学家哈勒（A. Haller）根据这一词根引申出“evolution”一词，形容受精卵发育成胎儿的过程，即小胚胎不断长大，最后成熟而出世，由此展现生命的发展形态。这一引申词由各国生物学家引用，词义明确生命具有发展、进步的趋向，如在当时英国，Evolution 就含有发展、进步之意。“Evolution”引入中国后，翻译为“进化”也就理所当然、不足为奇了，它含有进步之意。

既然“evolution”含有进步之意，就应该翻译为“进化”，不应该为“演化”，但为什么又有人说“进化”是翻译错误而必须改为“演化”呢？

“进化”字义贴近传统进化论“生物逐渐进步”的观点，易于一般人理解。但随着理论发展，生物演变方向受到一些学者质疑，“进步观”受到越来越多人的批评。一些学者认为“进化”词义偏离生物演化基本原理，应该改为“演化”，因为“演化”一词不含有方向性，符合生物演变特征。也有学者认为“进化”一词沿用已久，如果改为“演化”存在具体问题，如以往教科书、著作、论文等难以处理，只要大家心里明白，继续使用也无妨。从实际情况来看，目前多数人仍然是以“进步观”认识生物演变，否定“进步观”的只是部分人，因此使用“进化”一词符合多数人的理解。

再看看进化论的先辈们是如何表达生物发生的改变。

拉马克是最早建立生物演化学说的进化论者，他通常以 transformisme（转型）表述生物的改变。

达尔文在初版的《物种起源》一书很少使用“evolution”一词，他使用“descent with modification”，意为“有改变的传承”，后来他才使用“evolution”一词。

他们到底是如何看待生物发生“进步”或生物演变性质的，学者至今还没有一致的看法。

拉马克将不同类型生物分为不同等级，认为生物具有向上的内在力量，通过演化产生逐渐上升变化，在他看来，生物演化出现进步趋势是确切无疑的。

达尔文观点并不清晰，前面已经说过，他采用的是两面法，即既否定又肯定，实质上是一种“曲线式”进步观，也就是经过七拐八绕，到达人的进步阶梯上，即在否定生物演化“直线式”进步发展的同时，保留了一条进步“小尾巴”。

可见他们采用不同的手法表达生物演化性质，但在基本观点上是一致的，即生物演化能够达到人类进步之目标。他们在用词

上都十分谨慎，或在试图回避生物演化性质问题，因为他们清楚“进步”这一问题具有全局性意义。

生物演化从简单到复杂，从古猿变成人，出现人的进步，使用“进化”一词，正是对这一演化观最贴切的表述。多数进化论者都同意，在生物演变或“有改变的传承”过程中，或多或少含有生物有利、改进或进步的意味，毕竟生物演变产生了人。应该说，这一观点是进化论的主流观点，虽然它存在争议。

如此看来，使用“进化”一词是对的了。只是有一部分人认为生物演变不具有方向性，使用“演化”一词更加准确。但既然是存在争议，也就不能说谁对谁错了。

关键是，一个“evolution”可以翻译出两种不同方向的词义，而且“进化”和“演化”可以互通使用，这才是一大怪事。我认为无论是使用“进化”，或是使用“演化”都不对，因为生物演化与人类进化是两种不同性质的演变，是无法使用一个单词兼顾表达的。

根本原因在于，进化论将人置于与其他生物同样的演变体系中，即由同一个自然选择机制产生。人的进化具有进步性，生物演变也就必须带有一点进步，否则将与人的变化性质不同。就是说，人的进化性质决定了进化论的基本结构，如果人具有进步性，进化论有时就必须采用含进步意味的“进化”解释“演化”问题，即它必须保留一条进步“小尾巴”，才能使人与其他生物衔接。

说到底，“演化”和“进化”是不同含义的词，表达了不同的演变概念。比如说到生物演变适应特定环境，可以用“演化”理解，说到古猿变成为人和人的进步，可以用“进化”理解，两者搭配才能解释从简单生物到人的演变，是缺一不可的两个单词。而进化论却将两个单词弄成一个词混合使用，其用词混乱可谓极致。

这是进化论用词上的陷阱之一，它混淆了生物演化和人类进化性质。我曾将进化定义为“进化是由猿到人和人类的基因改变，出现脑等结构变化和环境关系性质改变或进步。”[7] 这样，演化可以定义为“除人以外的生物适应环境结构或基因变化”，将“进化”和“演化”分开。

至于“evolution”一词，它显然无法同时解释两种性质不同的生物演变。外国人应该如何用词解释一般生物演化和人的进化，只有等他们自己来解决，进化论“大腕”都是出自他们。

10.2 没有演化规律的理论

自然界已记载的植物有 30 多万种，动物有 100 多万种，生物世界的物种多样性令人叹绝。生物适应自然环境如此协调和完美，每一种生物都找到了适合其生理构造的特定的生存环境。

生物变异产生演化，只要对生物地理分布有所了解，明白生物结构完美适应环境变化，再观察人工选择产生不同的、符合人们需要的品种，就会联想到生物演化，它并不需要十分超群的脑袋和思维。在拉马克、达尔文之前，许多人已经指出这一点。

达尔文采用自然选择机制解释生物演化，这也不是什么高深莫测的原理。赫胥黎曾责怪自己笨，如此简单的原理为什么自己没有想到。如果没有达尔文，许多对物种形成问题感兴趣的人，迟早也会得出同样的结论。如华莱士就是自然选择理论的独立发现者之一，他与达尔文共同分有自然选择机制发现者的殊荣。

进化论的困难在于未能寻找到演化规律。生物演化是否存在可以遵循的规律，进化论迄今并没有达成统一。

生物从少数到多数、由简单到复杂、由低等到高等，似乎呈现了生物发展的某种趋势或轨迹，成为早期一些理论家的演化思想观，或一部分人所理解的演化规律。

这种演化观或规律不合实际。地球生物是从简单结构开始，生物演化必然出现由简单到复杂的过程。只有产生多样的简单生物，才会有复杂生物的结构基础和生态基础，出现复杂生物。因此不断演化产生类似的、多样的简单生物，它们才是生物的主力军。而撇开主力军的演化，专门挑选几个由简单到复杂的特例当作演化规律，显然不符合多数生物演化特点，不能体现生物演化本质。

物种生存离不开环境，生物与环境关系是依存关系，生物演化不断维持这种关系，它体现了全体生物的演化基本特征或演化本质，成为生物演化的基本规律。

显而易见，生物演化基本规律就是解决自然选择在“选择什么”的问题。生物演化到底是维持物种与环境的依存关系，还是可以改变或提升其与环境的关系？这是生物演化基本规律所要明晰的问题。事实和答案是明确的，生物演化只能维持物种与环境的依存关系，无论是结构简单的纤毛虫，还是结构复杂的猿，它们都在如此演化。

进化论没有建立演化基本规律，原因在于其理论基础出现了偏差，即它将人纳入了生物演化体系。人与一般生物都是由同一个自然选择机制产生，它也就无法建立生物演化基本规律，因为人发生了环境关系性质改变，不符合生物演化的基本规律。反过来说，进化论惧怕演化基本规律，因为它必定分开“演化”和“进化”，不符合进化论基本宗旨。进化论只能是一个没有规律的理论。

确立生物演化的总规律，即生物演化基本规律，也就可以建立不同类型生物演化规律，如大型动物演化规律、哺乳动物演化规律、爬行动物演化规律等，它们解决了生物演化历史问题。例如中生代以爬行类为优势，恐龙统治地球上亿年，新生代冰期出现了大型哺乳动物类群，这些生物演变历史都可由演化规律得到

清晰解释。同样，地球生态分布格局也可从演化规律得到解释，使动物历史分布和生态分布获得统一。生物演化规律解决了自然选择“如何选择”的问题。

进化论没有建立演化规律，对生物演化历史认识模糊。如对生物历史事件的解释五花八门，出现一些脱离生物演化规律和生物基本面的奇特解释。

例如在恐龙灭绝事件上，有小行星撞击或火山爆发灭绝恐龙的主流解释。但是，地球之大，恐龙种类之多，演化历史之漫长，这种局部灾难简直是不值一提。恐龙在地球上生存了上亿年，历史上出现上千种类，但只有几种生活在最后阶段，它们与其前辈一样地灭绝了，这一点都不奇怪。学者不去研究上千种恐龙是如何产生和消失的，却要安排最后几种恐龙与小行星撞击，编造一个破绽百出的灭绝故事，这才是一大怪事。

生活在1万多年前天寒地冻之地的猛玛象等，对于当时的人类来说，它们简直是遥远的庞然大物，但它们灭绝却要与人类捕杀扯上关系，有学者将人类推上历史的审判台。对于大型动物灭绝，一些学者想到的是地球灾难或人类捕杀，而不是去思考它们与环境关系出现了什么问题。它们如何产生？依存什么样的环境？不去研究和解决演化规律，也就缺乏生物演化的认识基础，就会有一些想当然的解释，制造出一部混乱的演化历史。

进化论不是根据生物依存其环境的基本特征建立演化规律，解决自然选择在“选择什么”和“如何选择”的问题，而是脱离生物依存其环境的基本特征，对不同生物做出有利、改进的认定，造成理论基础的重大问题。

没有建立符合全体生物演化的基本规律，也就不能正确把握生物演化本质。人是在生物演化体系之内，还是在生物演化体系之外，不是由某几个人说了算，必须由生物演化规律说了算。显然，无论是哺乳动物演化规律、大型动物演化规律，还是生物演化的基本规律，都不符合人类进化方向，因为人类适应不同环境，是唯一改变生物依存环境性质的物种，即人类进化超越了演化规律。可见生物演化基本规律意义何等重大，它分开人的进化。

没有演化规律的进化论也就可以堂而皇之将人类纳入“演化”体系，这也是一个理论陷阱。

10.3 只见树木，不见泰山

拉马克采用“用进废退”和“获得性遗传”说明生物演变，生物遵循从简单到复杂、从低等到高等的演变路线，人类位于生物进步的巅峰。

达尔文阐述物种变异、生存竞争和优胜劣汰时，认为自然选择使“每一微小变异如果有用就被保存下来”，生物演化产生从共同祖先到人的改变。

现代进化论以达尔文理论为基础，增加一些新概念，修改一些旧概念。如采用种群为选择单位解释生物演化，一些自然选择法则难以解释的问题，如动物报警等利他行为，可以采用群体选择解释，即因为群体利益更重要，损失个体利益可以维护群体利益，有利于物种延续。这样，动物利他行为或人类无私奉献的精神，都可以在物种演化中找到依据。

物种发生演变已经没有争议，达尔文自然选择比拉马克获得性遗传更有说服力，补充后的现代综合理论的解释更完整，进化论似乎在不断完善和解决存在问题，“对于进化论的主体，任何严肃的生物学家都没有异议”。

但是，进化论并没有解决人的产生问题。它将人类进化纳入一般生物演化体系，却不能够提供实质性证明，说明为什么这样做是对的。它没有说清为何只有人脑能够向一个方向发展，或半

直立到完全直立为什么只发生在人身上，并没有出现一些离人较近、离猿较远的类型。

人完全直立并不符合物种适应环境的演化方向，不符合自然选择原理。如东非狒狒等需要四足在草原上奔跑，而人类在同样环境却渐渐直立。进化论所提供的人类产生的证据，如古人类学的化石系列，它只是证明人来自于古猿的演变，并不能证明演变的作用机制，即进化论没有解决人类出现方向性和进步性的进化推动力问题。

这是进化论的最大问题，也是人们所关注的焦点问题：即为何同样一个自然选择机制既可以产生猿，又可以产生人？实际上，我们只能看到人与猿存在某些结构相似，如灵活的四肢或生理功能等，某些结构不相似，如人的完全直立、脑容量增大等，但我们不知道是什么机制作用造成人与猿的这种巨大差异，从同样一个自然选择机制无法解释这一问题。

迈尔是现代综合进化论创始人之一，被誉为20世纪的达尔文。他认为生物学具有独特性和自主性，因为每一个物种的存在都具有历史偶然性和自然选择概率性因素，即生物演化具有不确定性。他说“自然选择是进化的唯一定向因素”，“通过自然选择，人具有人的属性”。不确定的自然选择产生了人，这种解释既简单又轻松。

《生物学思想发展的历史》是迈尔论述生物观的专著，内容包括生物学独特性、物种多样性、进化和遗传等研究，引用资料十分丰富，书厚达600多页。但是，其中涉及人类进化的仅有3页，主要阐述人来自非洲南方古猿的研究。可见迈尔将人类进化问题当成一般生物演化问题，论证生物学独特性也就解决了人的产生问题。

古尔德否定生物进步的“进化之梯”。他认为人的产生是生物历史的一串“意外”之一，包括脊椎动物的产生、鱼的上岸、一支小小的原人能够在草原上存活下来，“人类真是幸运得让人意外”[13]。这样解释人的产生也很轻松。问题是，同样的一个自然选择机制，怎么能够在同样的环境中选择出人与猿的巨大差异？而这一巨大差异或“意外”又是长期的方向性改变过程，必须有特别的、不同于自然选择的推动力。这才是研究者必须解决而没有解决的问题。

进化论建立了一个从一般生物到人的演变体系，离开人这一环节，这一理论将不可思议。试想，假如在一个没有人的星球上，各种生物适应其特定环境，生物演化只是彼此之间的结构变来变去，即随着环境而发生变化，也就不会有自然选择的“定向”，不存在进化论的改进或进步“小尾巴”，这种演化观与进化论将有天壤之别。可见在生物演变中加入了人的进步要素，才是进化论的创意所在，也是必须研究和解决的重点问题。

人与猿存在巨大差异，人的结构、心理、语言、社会和文化发生方向性改变，人类发展历史清晰展现了人类从适应环境的落后到进步，出现生存力不断提升的进步性变化，它表明人的进化存在一个启动点。也就是说，人与猿两者的分异方式必然有特别之处，才能在古猿到现代猿适应环境变化的演化方向上，发生不同方向的适应工具、文化的人化转向。但是，进化论认为人类进化并没有引入“全新的因素”，即不存在自然选择之外的因素。

进化论没有揭示人的心理突破和“依靠工具”这一关键点或启动点，将人与猿心理“断开”变成渐变连续，也就是将人这一关键棋子放错了位置，混入到一般的自然选择的演化体系中。如此一来，无论它在理论上如何折腾，都无法使人与其他动物演变性质一致，也就无法通过“演化”将猿过渡成人，因为只有“进化”才能产生人。现代理论的重点是生物演化，包括演化机理等细枝末节，对生物可能发生的演化一论再论，而人的进化问题似乎成为一个众所周知的解决了的问题。这是一个“只见树木，不见泰山”的理论陷阱。

10.4 无所适从的理论

一种理论在形成过程中出现新补充或调整，这不奇怪。但进化论产生已经有200多年，仍然在争议和调整中，其观点变换之多，没有一种理论可以与之相比，这就不寻常了。

生命演变经历数十亿年漫长的过程，从简单生物到复杂生物，进化论以自然选择机制解释生物演化，人被纳入一般生物演化范畴。如此一来，人类具有的性质特征，如进步性、方向性等，也应该出现在一般生物演化中，否则两者就会性质不一样。进化论对此做出以下论述。

拉马克创立最早的进化学说，他认为生物存在不同等级，人位于最高等级。生物变化趋势是由简单到复杂、由低级到高级前进。然而，这种生物“进步观”已被现代理论所否定。

达尔文曾对生物“进步观”做出批驳说“千万别说什么更高级、更低级”，他认为自然选择只能导致物种适应当地的局部环境。但是，他并没有做到前后一致，在《物种起源》结尾，他说“因为自然选择只通过对每个生物有利的方式进行工作”，“所有的肉体和精神禀赋就倾向于朝着完善的方向进步”。他在这一问题上采用两面的手法。

古尔德早期曾经肯定生物演化存在的进步趋势，他在《科学》杂志上发表文章，使用“进化之梯”来说明生物进步。但在后期著作他又彻底否定生物演化的进步趋势，他提出演化的“细菌模式”，对当时流行的生物“进步观”做出批判。这一观点已被认可。但是，事情过了几十年，新近又有学者在主流刊物上发表文章，重谈生物“进步观”的正确性，对古尔德观点进行重新批判[71]。如此一来，目前是肯定和否定“进步观”的两种不同观点并存，不知哪个是对，哪个是错。

从进化定义的改变也可看出问题。

前期的生物学辞典将进化定义为“生物逐渐演变和向前发展的过程”，时至今日，进化定义改为“物种适应的改变和生物群体多样性变化”，或“一个基因库中任何等位基因频率从一代到下一代的变化”。

这一定义改变使进化内涵大大地扩展了，即它涵盖所有的生物，无论一般生物或人，都在发生基因改变或进化，进化成为生物基本特征。然而，一般生物是通过调整（修改）结构适应特定环境，人类进化是通过调整（修改）结构适应工具、文化，从而适应各种不同环境，两者基因改变在性质、方向和结果上都不同。对人类进化的实质性差异，进化论理论家们都不管了。这种定义修改，解决了一个问题，又出现了新的问题。

生物演化性质是涉及进化论的全局性问题，目前却是一个无法统一的、令人无所适从的问题。

物种演化既有达尔文的渐变观点，又有“间断平衡论”。“间断平衡论”获得许多生物学家支持，它以长期的缓慢渐变和短期的爆发式剧变解释演化。但是，环境变化或自然选择作用，物种演化有时速度快，有时速度慢，或进退互见，这是很自然的，符合自然选择的基本原理。例如，乌龟、鳄鱼生存在稳定的热带雨林，它们可以上亿年不变，古鳍鱼生活在水中，它们也可能千万年都稳定不变，但一旦它们爬上了陆地，环境将促使其较快改变，以适应陆地环境变化。就是说，生物演化不可能在速度变化上只有一个模式，而应该是许多模式，但是采用“间断平衡”模式取代演化渐变模式，它将产生新的问题。实际上，到底应该采用哪一个模式，迄今也没有统一的意见。

从达尔文进化论到新达尔文进化论，或现代综合进化论，名称都发生了变化，但现代综合进化论也不是一个统一的理论。该

理论是由多位著名学者的观点集合，他们在支持达尔文进化论上提供一些现代科学资料和新补充。但是，他们在一些重要问题上并不统一，如在大家同意的“自然选择决定了进化方向”这一条上，自然选择如何决定演化方向？或什么方向？对这种理论的重大问题，只有各自解释了。

例如在现代综合进化论建立之后，进化论“大腕”人物古尔德又提出一个新的演化观，他彻底否定已被普遍认同的演化趋势或“进步观”，他认为生物进步趋势“如同一条狗尾巴要撼动整条狗”一样可笑，生物演化是“细菌模式”[13]。如此看来，在“自然选择决定了进化方向”这一问题上又有了新的解释。

这种变来变去的理论其实也是达尔文的风格。达尔文《物种起源》一共出了6个版本，每个版本都做了大篇幅的修改。据统计，从第1版到第6版，改动的文字就达到3/4，几乎把整本书都改了一遍。据说达尔文是在受到不同方面质疑后做出的修改，第1版才真正体现其理论精华[11]。这是什么逻辑？一个理论的精华如果是好东西，怎么会丢弃了又再捡回来？它可能是存在什么毛病。实际上，达尔文有时否定演化“进步观”，认为物种不存在高等、低等之分，物种结构差别只是适应区域环境不同，但有时他又说接近人的构造为进步，在表达上左右逢源，结果是谁也无法判断他的真正观点是什么了。

这些说明了进化论观点的多变性。一个观点如果被挑战，就会重新修改，但修改后的观点可能又受到新的挑战，比如说，靠右受到批评，就改为靠左一点，甚至产生多个观点并存，出现“信不信由你”的局面。

理论和观点多变吸引许多学者的注意力，成为论文、著作的新素材，它让人似乎感觉到进化论在不断更新或完善，但其实并没有解决问题。如生物“进步观”就出现多个不同版本并存，不同学者有不同解释，最后只能不了了之，如此而已。正如鲍勒所说，“科学界最近争议的依然是我们曾经认为已经大致解决了的基本问题”[15]。

进化论观点多变原因在于其主体结构不稳定。从早期理论的生物演化产生层级上升、人类为进步的最高级，到后期理论将一般生物演化和人的进化性质弄含糊，如用“适者生存”或“自然选择决定了进化方向”这种模棱两可的解释，进化论并没有完成构建从一般生物到人的衔接结构，它产生一种左右兼顾、摇摆不定的矛盾结构。理论的主体结构不稳定，附属结构也就难以定型，出现变来变去的折腾，使人无所适从。

建立正确的科学理论必须准确定位循序渐进地进行，它如同我们扣好衣衫上的扣子。

对人类进化做出正确定位是第一个扣子，进化论采用自然选择方式定位人的产生，扣错了第一个扣子；将“进步观”纳入一般生物演化是其第二个扣子，这一个扣子至今未能扣好，令人无所适从；没有建立生物演化规律、没有揭示人的进化机制和进步性特征，这是其余的扣子，它们都由于跟随第一个扣子的错误而出现了问题。

比较我的扣子。建立生物演化基本规律是扣好了第一个扣子，它揭示生物演化历史和演化性质，成为区分“进化”和“演化”的基础；揭示人“依靠工具”的行为突破是第二个扣子，它解决了人的产生方式问题；确立人的产生机制或进化推动力，即心理选择机制，这是第三个扣子，它解决人的进步性和方向性问题。这样一来，其余的扣子也就一一理顺了。

进化论扣错了第一个扣子，就必须对所有扣子做出修饰或调整，但无论如何修饰弥补，也难以掩饰其基础性缺陷，它必然要混淆视听，制造出一些令人无所适从的理论陷阱。

10.5 饱受争议而屹立不倒

对进化论的质疑、争议或批判从来没有停息。来自国外的声音较强烈，因为这种理论本来就是他们的发明。

美国学者詹腓力（Phillip E. Johnson）在1999年出版《“审判”达尔文》[72]一书中，他对支持和反对进化论的理由，以逻辑设问方法展开讨论。他认为“微进化”与“广进化”不同。物种因遗传变异，加上自然选择可以演化出新种，这是“微进化”，一切复杂物种都是由单细胞的祖先，经过漫长的岁月，渐渐进化而来，这是“广进化”。詹腓力赞成“微进化”，但对“广进化”提出质疑。他从生物的突变、化石的难题、脊椎动物的进化等方面，说明以自然选择方式无法产生从花、木、鸟、兽到人的奇观，进化论是一种缺乏依据的假设，相信进化论就如同相信另一种宗教。

据说该书已经译成7种文字在世界各地出版。

我国也有对达尔文进化论深入思考的作者。张坚一在2012年出版了《达尔文的妄想，一个“伟大”的科学笑话》[73]一书，由光明日报出版社编辑出版。

张坚一认为达尔文进化论逻辑混乱，前后矛盾，“在科学上是荒谬的，在逻辑上也是混乱的”，他指出进化论的一些矛盾或荒谬之处。他从一些生物发生巨变的例子，如自然界存在的生物多倍体变异，说明生物演化并非只有缓慢的渐变方式，进化论忽略了生物巨变方式。特别是强调该理论产生的危害性，指出进化论思想影响人类意识和行为，具有道德的含义，它的错误对人类造成巨大的灾难，是有史以来“最坏的科学理论”。这应该是迄今我国出版物中对进化论的最严厉指责。

有趣的是，我和他一样都是1977年我国恢复高考后的首届高考生，他毕业于北京医学院（现北京大学医学院），我毕业于湛江水产学院（现广东海洋大学），同样接受过系统的生物学和传统的进化思想教育。当时的进化论其实是拉马克学说与达尔文理论的混合物，即认为生物演化是从简单生物到复杂生物的直线式进步，人达到进步顶峰。老师也是采用以生物进步为主线的教学方式，记得当时一开课的提问就是：某纲或某类动物的进步特征是什么？或哺乳动物为什么比爬行动物进步？学生满脑子装的都是某种生物进步的特征。

我出版《生物演化理论十大误区》比他的书出版晚了一年。我的书稿交付清华大学出版社时（2011 年）曾申报出版基金支持，但花去了一年时间却一无所获，经过编辑的审查、编校等，又花了不少时间。就是说，我与他是在同一时间独立编写书稿，挑战达尔文进化论，都成为传统理论教育的“背叛者”。

国内外的进化论挑战者作品还有不少。一些著名学者也曾发表文章质疑进化论的观点，虽然他们没有形成专门的论著。

但是，进化论依然屹立不倒，仍然是不能代替的主流理论。在科教书，在学术研究，进化论的地位没有改变。

在我看来，这些挑战者都未能找准进化论问题的关键点，正所谓“打蛇打七寸”。

詹腓力对生物“广进化”提出各种质疑，但并没有可以否定它的实质性证据，也没有提出新的、令人信服的生物成种方法。他试图采用“科学创造论”取代“进化论”，但“科学创造论”并没有可以观察到的事实证据，他的挑战也就缺乏力量。

在张坚一的观点中，他以多倍体成种这一生物巨变例子，说明进化论忽略生物可以发生巨变。但是，生物多倍体不能作为生物多样性产生的主要方式，因为它不具有普遍性，难以挑战自然选择理论的生物渐变成种方式。至于物种生存法则被滥用于人类社会或造成恶果的问题，是因为进化论将人纳入了演化体系，即如果人与它们是同样的演化，人的成功是自然选择的作用，也就与它们同样必须接受残酷的生物法则，进化论将物种生存法则应用于人也是理所当然，难以指责。显然，进化论的问题不在于一般物种产生方式，而在于人的产生方式，他以物种产生方式挑战进化论无法解决问题。

我在《生物演化理论十大误区——由大型动物演化规律挑战达尔文进化论》一书中，以历史和现代大型动物生殖退化、灭绝的事实，建立大型动物演化规律以及生物演化基本规律。它阐明无论动物变得如何强大，在气候环境反复变化中必然要灭绝，因为演化只是维持物种与环境的依存关系，遵循演化基本规律。人类依靠工具而适应各种环境，即发生环境关系性质改变，超越了演化规律，因此人的进化与一般生物演化性质不同，“进化”与“演化”两者必须分开研究。从建立演化规律入手解决进化论问题，这是对症下药的正确方法，因为人的进化不符合演化规律。但是，人类进化的独特性在于“依靠工具”突破和出现心理选择机制，在这一方面该书尚未有深入探讨，不能不说是一大遗憾。

达尔文下了一盘大棋：它将人放在了错误的位置上，无视演化规律或规则，使“进化”和“演化”性质混淆，无法看清两者的实质差异，制造了一个混乱的大棋局。在这种情况下，不但要建立生物演化规律，还要揭示人类进化实质，解决人的产生方式和机制等，多管齐下，才能解开大棋局。这是以往挑战者还没有完成的任务。

另外，赞美进化论的声音更加热烈。传统和现代进化论学者都是英国《自然》杂志或美国《科学》杂志这类世界顶级刊物的座上宾，传授进化论的著作堆积如山。

《为什么要相信达尔文》[74]是美国生物学教授科恩（Jerry A. Coyne）的著作，被美国《新闻周刊》评为“我们时代的五十本书”之一。书中充满对达尔文理论的褒奖，他说“任何一个神奇的科学发现都没有像进化论那样，引发了如此巨大的爱与恨。这或许是因为，无论是浩瀚的星系还是飞逝的中微子，都不像进化论那样与人性密切相关。进化论为我们展示了人类浩如烟海的生命形式之中所处的地位”。这话说到点子上，进化论与人性密切相关，如果理论正确，当然对人类社会有欢欣鼓舞的作用；但是，如果理论出现错误，那也许会变成人类社会承受灾难的泪水。

科恩从生物地质学开始，按地层古生物化石出现的时间顺序，展示了漫长的生物演化残迹和证据（在150多年前达尔文《物种起源》已有类似的论证），并从现代生物学研究发现的物种变异或微生物产生抗药性等例子，证明生物演化确实发生了，进化论已经“不仅仅是个理论”，而是“与任何其他科学事实一样坚不可摧”。如果要推倒进化论，除非发现“前寒武纪的兔子化石”，那当然是不可能的。

科恩从古猿、古人类化石演变过程整理出人类进化的路线图：即在众多古猿中，出现一种具有直立特征的南方古猿——人类祖先“露西”，而由她的这一直立创举解释了之后人类所发生的其他变化。这一观点与达尔文观点相似。

遗憾的是，“露西”长臂短腿，暴露了她是攀援的古猿。从一个攀援古猿变成人，如何发生或如何推动演变？存在太多必须解答的问题，而事实上是一个问题都没有解答，因为并没有任何实质性的证据，因而不同学者就会有不同的解答。

古人类化石发现的仅是一鳞半爪的残骨碎片，这些消失的古猿就是现代猩猩们的写照，它们时常展示其既能攀援，又能两脚行走的“半直立”姿势。很明显，古猿直立行走实际上是“半直立”，是自然选择产生的适应环境的“正常”结构，完全直立是适应工具、文化的结构，是心理选择产生的“非正常”结构，这也是人类产生的特别之处。然而，进化论认为人的产生并没有特别之处，把“正常”和“非正常”的两种不同结构都当作自然选择产生的。这就是问题所在。

生物不断发生变化是不容否认的事实，所以我们必须相信达尔文进化论。“对于进化论的主体，任何一位严肃的生物学家都没有异议”，进化论存在某些争议，那也只是完善过程的小插曲。这是科恩对进化论的基本评价。

在2006年有人对生物演化问题做过一个统计，对于“人类是从早期的动物物种发展而来”这一问题，以“正确”“错误”“不确定”选择问答，结果只有40%的美国人选择“正确”，较之前1985年的统计降低了5%（当时是45%），科恩认为这是美国社会的宗教背景使然。但是，自然科学和教育的高度发展，反而不利于认识人类的产生，这也太奇怪了。

其实，进化论没有解决好人与猿的衔接问题，因为未能弄清人的产生机制，其理论的主体结构并没有完成。大多数美国人不相信人与黑猩猩产生于同一个自然选择机制，因为无法解释两者存在的巨大差异，不明不白的东西，人们难以接受它。

科恩说：“对于那些拒绝接受达尔文学说的人而言，人类演化是他们抗拒演化论的核心所在。”他说得对。生物发生演化不能否定，反对者多数并不反对生物演化观点，但无法相信由一个自然选择机制可以产生猿，也可以产生人。

进化论混淆了人与猿的性质差别，人们担心该理论对人类道德基础造成损害，出现一些抵制也是情理之中。信教的反对者坚持传统的创造论观点，非信教的反对者以一些特别的观点，如“科学创造论”等，都在试图使人的产生有别于其他生物，毕竟人是生物界中特别不同的物种。

可见支持和反对进化论双方的争论焦点在于人的产生上。当确立人类产生的心理选择机制，它符合了人类进化的方向性、进步性特征，相比之下，自然选择机制无法获得人的特征，如此，还能相信“进化论”吗？当建立生物演化基本规律，区分“进化”与“演化”，“进化论”成为一般生物演化论，不是人类进化论，它还能称为“进化论”吗？而那些适合一般物种演化的“丛林法则”，损害人类的道德基础，成了希特勒发动侵略战争的理论帮凶，它不该被抛弃吗？

进化论产生已有近200年，理论家们仍然需要不断地著书立说，一遍遍地说服人们相信达尔文，相信“进化论”，说明这一理论本身出了问题，而不是人们的思维出了问题。

至于进化论“屹立不倒”，是生物演化的正确性“屹立不倒”，而不是将“演化”与“进化”性质混淆的达尔文理论“屹立不倒”。以生物演化的正确性证明进化论的正确性，这就是一个理论陷阱。

10.6 “亦人亦猿”的笑话

《人类的猿性》由美国灵长类动物学家德·瓦尔所写，在书的封面上有这样一段话：“科学家都认为人类起源于猿类，他们错了，人类本身就是猿类。”书中通过比较黑猩猩和矮黑猩猩的行为特征，说明我们人类的行为意识都来源于这些近亲，如权力、性欲、暴行、善意和道德等。

从古猿到人的演变是人类学理论的模糊地带，“人类本身就是猿类”这一说法，符合进化论的物种渐变原理。自然选择能够产生猿等物种，也就可以产生人，这是进化论的逻辑推论，成为人类学理论的基本观点。

人类学研究包括体质人类学和文化人类学等方面问题。体质人类学从生物性角度研究人类起源、发展、种族差异、人体与生态的关系等。但是，人类进化出现完全直立和脑容量迅速增长，

并没有任何一种灵长类动物出现类似的体质特征，如果这些特征是来自于自然选择，为什么仅存于人？这是体质人类学难以回答的问题。

文化人类学是从文化的角度研究人类行为的学科，包括人类文化的起源、发展变迁的过程，探索人类文化进步演变规律。但是，如果将黑猩猩的文化也列入初始的人类文化，将无法确立人类文化的进步性特征。也就是说，一个是进步文化，一个是非进步文化，如果不清楚界定人的文化和黑猩猩文化的本质区别，也就难以解释人类文化的独自发展等文化人类学问题。

在语言学上，人类不同种族都发展出丰富的语言，表明人类的进步性发展。而从人与猿的演化关系上，根本无法解释为何唯独人类语言出现丰富性发展。

进化论以生物演化方式解释人的产生，至今仍然无法理清人类标准和人类产生时间，如以结构直立为标准，人大约出现在600万年前，以石器为标准，大约在200万年前。直立标准得到较多人类学者的认同，如果有人挖出古猿的化石，只要有迹象证明它可用双脚直立行走，无论它臂长于腿，还是适宜在树上攀援生活，都可以当作人的祖先。

“露西”就是一个例子。虽然她臂长于腿，是以树栖为主，主流学者认为她就是人的祖先。现时“露西”已经被提到人类母亲的高度，甚至有人在《自然》杂志上发表论文，论证她是从14米高的树上跌落死亡，其依据是发现一块骨头开裂。在破碎的骨头上寻到跌落“证据”，不能不佩服研究者的细心。但从分散的、数量不大于整体40%的残骸中确定死亡原因，忽略其他丢失的大部分残骸，显然不是严谨的科学态度。根据其残骸的分散、不完整，或许是当时的捕食者、食腐者对尸体进行过多次“加工”也未可知，丢失的大部分遗体可能才是其死亡的真正原因。科学研究资源浪费在这种无聊的问题上，而且能在顶级学术刊物上发表，让人感到既好笑又悲哀。

将一种生活在树上的适应攀援的古猿当作人的祖先，因为它会“半直立”，但这与黑猩猩、大猩猩等能够进行短距离直立行走相比较，两者并无实质性区别，它们都适应特定森林环境，都不能进入草原生活。从它们的直立程度比较，如果认为南猿已经可以完全直立，为什么还是“臂长于腿”，与黑猩猩一个样？可以说，从“半直立”结构上认人，就算将古猿到人过渡的全部缺失化石找到，也无法确定它们什么时候是猿，什么时候变成人，只有“亦人亦猿”（图 10－1）。

图 10－1　人类“演化”

一种“亦人亦猿”的人类产生模式

完全直立不符合猿的生存方式，直立结构就是“非常”结构。事实上，人体直立必须有工具发展的支撑，只有工具与直立结合才能改变“非常”结构，形成进步性的生物结构，使人适应各种环境生存。但是，进化论却将直立变成了自然选择的“正常”结构，即将工具突破带来的人的直立变成直立带来工具的发展（或将“使用工具”的自然行为作为直立的原因），出现本末倒置。

古人类学直立行走概念包括“半直立”和“完全直立”，前者是适应环境产生，后者是适应工具、文化产生，是两个性质不同的概念。“半直立”的古猿有一大堆，完全直立的人只有一个，从半直立中产生一个完全直立必然有特别之处，这才是人类学理论必须研究的问题。人完全直立不符合动物生存法则，也就不符合自然选择原理。是什么力量在推动这一特别的方向性改变？这才是触及人类进化核心的问题。将“半直立”和“完全直立”性质混淆，人类进化的核心问题也就不见了。

显而易见，进化论在人的进化性质和机制上出了大问题。人与工具、文化结合才能产生完全直立，其启动点是“依靠工具”，其推动力是心理选择机制，使人的结构出现不同于其他猿的方向性改变。进化论没有揭示心理选择这一推动力，而是把自然选择的半直立等结构当作人的进化特征，赋予半直立走向完全直立的必然趋势，产生“亦人亦猿”的逻辑推理。

人“依靠工具”行为是一个可以观察到的事实，其进步性特征也不难证实。心理能力仅是小部分动物的专利，人类具有强大的心理能力，人的祖先具有心理和行为改变的优势。但是，进化论却以普遍的自然选择的结构渐变方式解决人的进化问题，显得十分荒谬，不符合基本逻辑。

心理选择机制使人与工具、文化紧密结合，产生人的进步性，它主导了人类进化进程，使人的结构、心理、语言、文化和社会发生全面的人化改变。而自然选择千万年来选择的还是同样依存特定环境的猿，不具有进步性，灵长类学者断言“人类本身就是猿类”，其所观察到的猿的权力、性欲、暴行等，只是一般动物的自然特征。这种“亦人亦猿”的逻辑推理偏离了人的进化本质，必将成为笑话。

进化论误导人的进化机制，将非进步的一般生物特征与人的进步特征混淆，这是一个理论陷阱。

10.7　五十步笑百步

犯错较轻的一方讥笑犯错较重的一方，其实都是错误。一个涉及生物学不同学科、不同层次的重大理论，如果出现基础性缺陷而不进行纠正，难免会出现五十步笑百步的现象。

拉马克创建最早的生物进化学说，他推导生物具有内在的向上的力量，产生从简单到复杂的方向性演化，使生物不断前进发展。但这种生物前进或“进步观”不符合自然选择原理，达尔文进化论予以否定。

对达尔文理论来说，最大困难在于无法在生物演化中添加人的进步性因素，因为任何物种都不具有人的进化特征。然而，达尔文还是将人类塞进生物演化体系，他采用含糊的表达方式或两面手法，掩饰这一问题所产生的各种矛盾。

达尔文一方面批评一些学者，他们将新生代海洋硬骨鱼类取代中生代软骨鱼类当作生物进步；另一方面，达尔文又将接近人的物种结构当作生物进步，他说：“在脊椎动物里，智慧程度和构造接近人类，显然表示了它们的进步”。这样一来，灭绝的古猿或现代岌岌可危的猩猩们成了进步典范。这种“进步观”显然也是成问题的。

一般生物适应环境是结构与环境结合，两者是不可分开的有机整体，而人类适应环境是结构与工具、文化结合，使人类出现唯一的环境关系性质改变或进步性。就是说，人的进步性是体现在人与工具、文化结合上，而不是体现在结构上，达尔文将人的结构与其他生物做比较说明生物进步，这是十分错误的。可见在“进步观”这一问题上，拉马克进化学说和达尔文理论都不对。

古尔德论著大量抨击生物“进步观”，将一些学者报告的生物进步例子当作笑料，他文笔生动，观点令人震撼。他采用的办

法是彻底否定生物演变的进步，将人的产生当作“幸运得难以置信的意外”。他认为，如果鱼类没有发展出能够支撑陆地上体重的鳍，陆地脊椎动物就不可能出现。如果没有一颗巨大的外星体撞击消灭了恐龙，今天的哺乳动物仍然是小个子，无法产生足够大的大脑应付自我意识所需。但问题是，鱼类上陆地并非“意外”，有环境就会有适应环境的物种产生，这是最基本的演化或自然选择，没有张三，就会有李四出现，在众多鱼类中出现一个古鳍鱼登上陆地并不是“意外”，只是时间早晚的问题。小行星消灭恐龙则是一种毫无道理的臆测，恐龙也并没有主导哺乳动物发展，而是地球气候的改变作用（前面已阐述）。这是一个以连连错误抨击错误的论证。

古尔德将人类发展独特性归结于文化演进或“文化变异”。但除了人，其他古猿等为何都没有出现过“文化变异”？这一解释过于粗放或随心所欲了。古尔德在另一本专著曾称“姿势造就了人”[75]，但却不能证明为何只有人的直立姿势能被选择并取得成功，而其他猿（古猿）的直立姿势却不能成功。这又是一个随心所欲的人的产生方案。

一般认为南方古猿结构显示能够直立行走，主流学者确认“露西”为人的祖先。但是，“露西”前臂长度超过大腿，显然是栖息于森林的攀援动物，许多人对这一祖先提出质疑、否定。“贝尔当人”是采用现代人头骨合成的假化石，它曾蒙骗当时大多数人类学家，享受了近 40 年的风光。实际上，造假者就是行家，早已摸清内部的游戏规则，就是人的标准模糊不清，化石残缺不全、真假难辨，他们才如此大胆妄为、无所顾忌。化石造假与错判人的祖先相比较，后者难以检验，且谁也不会介意，但实质上，它们都是五十步笑百步。

进化论没有建立生物演化规律，产生一部混乱的生物史。二叠纪末事件造成“70% 的陆地动物和 96% 的海洋动物”灭绝，其数据完全无视生物演化不均衡性和化石分布不均衡性的特点，是将局部物种演化当成“大灭绝”。特别是它脱离生物演化过渡种缺失的基本面，即既然物种演化化石缺失，何来大灭绝数据？出现数据矛盾。不幸的是，这种“大灭绝”例子往往被大量引用，成为理论家们用来说明生物演化的不确定性、不具规律性的佐证资料，如迈尔、古尔德都是热衷的引用者。有趣的是，古尔德建立“间断平衡”理论，目的就是为了解决演化为何不见了过渡化石这一难题，而他却无视化石缺失与“大灭绝”的对立或矛盾，反复引用“大灭绝”这种有问题的例证，这使要讨论的问题复杂化了。

进化论涉及生命科学不同层次，像这种五十步笑百步的例子不胜枚举。

10.8 造成人类灾难的理论

进化论将人类进化纳入到生物演化序列中，认为人只不过是一种大脑和语言相对复杂些的两脚行走动物，物种生存竞争的“丛林法则”曾被应用到人类社会。

在19世纪末到20世纪初，欧洲出现一种被称作“社会达尔文主义”的思潮，它将达尔文进化论的物种生存法则应用于人类社会，与优生学、种族主义相呼应。当时社会流行的一种看法是北欧人为“优等”人种，犹太人、非洲人、亚洲人是“劣等”人种。地球有限资源不能由“劣等”人掌握，“优等”人必须有所作为，它为侵略和掠夺行为提供了合理性依据。

进化论迎合了掠夺者的胃口。既然人也是通过生存竞争获取资源的动物，物种适者生存，“优等”人征服“野蛮人”或“劣等人”理所当然。希特勒以清洗犹太人等为借口，开动国家宣传和战争机器，成千上万的德国人成为迫害犹太人等的狂热分子。

在希特勒发动的第二次世界大战中，在欧洲战场上就死了4000多万人，单是在纳粹集中营就有600多万人丧失，其中大多数是犹太人。日本发动侵略亚洲国家的战争，也是以“民族优越论”和“生存发展论”为灌输思想，将人类社会当作弱肉强食的角斗场，使中国人民遭受了前所未有的灾难。

这些毫无人性的杀戮者和侵略者的出现，与达尔文进化论思想观脱不了干系。进化论将人纳入生物演化体系，人遵循动物界生存竞争、优胜劣汰规则，什么行为是对的，应该做什么才符合自然法则，它让人一目了然。如此一来，进化论关系人的道德，成为一种指导人类行为的可怕的思想观、道德观，善良的人可能从此变成杀人不眨眼的恶魔，人类社会为此付出了惨重的代价。

一些学者想出种种理由为进化论辩解。比如说，斯宾塞（Herbert Spencer）是当时著名的社会学家，他第一个将社会达尔文主义思想观引入社会学，他成为代罪羊，人们指责他不应该将生物学理论应用于人类社会，制造思想的混乱。其实，如果自然选择原则是所有生物生存的普遍真理，即人是自然选择的结果（如果这样人与猿将差不多），它为什么不可以适用于人类社会？没有斯宾塞，也可能会有文宾塞，想到这一点并不困难。

实际上，达尔文就是一个典型的种族主义者。他鼓吹白人至上，对不同种族以“优等人”和“劣等人”区分，他认为白人和黑人是人类进化过程的不同阶段。在《人类的由来及性选择》一书中，他写道：“我们为笨拙的，有残疾的、有病的人建立庇护所，我们实行了保护穷人的法律，我们的医护人员努力救治每一个人直到最后。有理由相信通过接种疫苗保护了成千上万因体弱而被天花击倒的人。因此文明社会的弱者会得以繁殖。凡是有过饲养家禽经历的人都会认识到这么做对人类社会是有很大危害的。”达尔文将人类社会当成了动物界，将家禽选育方法应用于人了。他是一个十足的社会达尔文主义者。

演化论以自然方式解决物种的由来，使人的产生摆脱传统神化思想的束缚，但它又制造了一个错误的人类连接结构，将人带入到一般生物演化体系中，让物种弱肉强食的生存法则冲击人的道德基础，致使“喜剧”演成了“悲剧”。演化论应用于人类社会只能带来灾难。

10.9　一个先天不足的理论“怪胎”

先天不足的胚胎，无论多么珍惜，小心呵护，都不能成为正常胚胎，进化论就是这样的理论“怪胎”。

从拉马克进化学说到达尔文进化论和现代综合理论，今日的进化论已走过200多年历程。有多少学者为这一理论呕心沥血，写出浩瀚的研究报告、专著，有多少学者为理论的某个观点辗转难眠、竭尽心力，但它终究还是问题丛生的理论，不同观点和争议充斥着理论的各个方面。依我看来，问题出自其“先天不足”上。

自然选择是进化论的核心机制，达尔文对这一机制有着特别的思考。他从马尔萨斯《人口论》获得启示，认为因物种过度繁殖导致资源不足，生存能力强的个体可以得到有限的资源或更好地生存，它们得以延续和遗传下一代。达尔文由此得出自然选择产生择强淘弱，即对资源的争夺使一些生存能力强的生物进化，而淘汰生存能力较弱的生物。

他说：“生物器官在构造上分化变得越发完善，使物种向高等方向发展。”“任何新物种，必须在生存竞争中击败与之竞争的旧物种，由此肯定，当现存的生物与始新世的生物在相同环境条件下竞争时，后者将会被前者打败。”

很明显，达尔文完全忽略了环境对物种生存的决定性作用。物种生存能力强是因为它适应环境，生存能力弱是因为它不适应环境，即环境将决定谁的生存力强，谁的生存力弱。无论是始新世生物，还是现代生物，它们都只能适应特定环境，决定它们生存的是环境，而不是物种结构高低。

从进化论建立者拉马克、达尔文，到现代理论家，都对生物演化如何产生更好适应环境的新结构、新物种做出各种解释，既有直线式“进步观”，也有曲线式“进步观”，或者只留下一点进步“小尾巴”。显然，这一问题并没有得到解决。

这是进化论第一个“先天不足”。

人的进步是不容否认的事实，所以就必须在下游生物中寻找“进步”的端倪，才能完成从一般生物到人的演变过渡，但它却是一个难以完成的任务。

对资源争夺使强者留下来，动物不断地变大、变强，适应严酷的资源短缺或气候波动环境。但是，当气候环境改变，或强者的大型动物进入雨林等食物稳定环境，它们不再拼命争夺资源，生存行为改变使它们走上体型变小、退化灭绝之路，即遵循大型动物演化规律。达尔文只想到能力强的可以争夺较多资源而变得更强，却没有考虑到环境变化使强者变成弱者，甚至灭绝。

迈尔提出“自然选择是支配有机体进化的定向因素”。自然选择如何“定向”？物种变异和生存竞争，能力较强的个体有较多生存机会，因此“定向”的似乎就是能力较强者。但是，如果竞争能力强的个体不能繁殖更多的后代（如大型动物），岂不是断了强者脉络，影响“定向”的结果。

一些学者使用“适者生存”表示演化结果。什么是适者？即生存者。这是用词的同义反复，许多人提出了质疑。其实，如果人与其他生物都是同样的“适者”，“适者”也就含有进步的含义，即它是一种含蓄的用词，它留下了生物进步“小尾巴”。一些学者曾表示生物进步是“统计学意义上的趋向”，但如何统计成为说不清的问题。进化论在解释生物演化性质上陷入了文字游戏。

除了人，任何生物都是依存于某种特定环境，它们的环境关系性质一致，这是一个简单而容易证实的问题。为什么要留下进步“小尾巴”？显然是因为人的存在，是解释从古猿到人的进步所必需。人的进步是一个事实，从一般生物到人的演变必须有进步因素，否则人岂不就成了另类？这是进化论所不容许的。换言之，生物进步“小尾巴”是人类演化的“通行证”，切除“小尾巴”等于剔除人的演化，它不符合达尔文理论的基本宗旨，即人与其他生物不存在本质的不同。

要么就是改变生物演化性质，即在演化中添加“进步”，要么就是将人类进化性质改变，即否定人的进步，这两种办法都行不通。可以说，进化论的种种处理是失败的，在一般大众层面，至今多数人仍然认为物种演化是在改进或进步，但对于什么是进步，谁也说不清。在学术界层面，目前是肯定生物“进步观”与否定的观点并存，不知哪个是对，哪个是错。

其实，生物依存特定环境的特性与生物进步根本不能相容或相互矛盾，生物演化并没有进步。人“依靠工具”突破而脱颖而出，人与工具、文化结合形成了进步性，即发生了环境关系性质的改变，如适应森林、草原和荒漠等各种不同环境，人类是唯一的进步物种，因此必须将人剔除出生物演化体系。

进化论没有解决好这一问题。既然不能将人剔除出生物演化，只能在生物演化中添加一点“进步”因素，导致其观点左右兼顾、摇摆不定。人的进化与生物演化性质混淆，导致无法建立生物演化的基本规律。

这是进化论第二个“先天不足”。

生物演化基本规律表明任何物种演化只是维持其与环境的依存关系，所有物种演化性质一致。如大型动物演化变大、变强，适应食物波动的严酷气候，当失去其依存的严酷环境，大型动物

优势将变成劣势，发生退化、灭绝，遵循大型动物演化规律，或遵循生物演化基本规律。进化论没有建立符合全体生物演化的基本规律，因为其演化观偏离了生物演化本质。

没有演化规律的进化论将如同一盘散沙。进化论以自然选择机制为核心，虽然自然选择的正确性毋庸置疑，但“选择什么”和“如何选择”，却成了一个百家争鸣、难以统一的问题。对于自然选择在“选择什么”，虽然学者讨论范围已经涉及基因、个体、群体以至性选择等不同观点，但这些观点并不能解决演化的基本问题，因为“如何选择”的基本框架都没有建立起来。为什么某类型物种能够在某种环境中获得选择，成为优势物种，而另一类型却逐渐退出演化舞台？这是涉及生物演化规律的问题。没有建立“如何选择”的演化规律，自然选择概念看似无所不包，实际上却是“空心化”，成为理论家们的各自表述。

主流理论家坚持自然环境对物种变异做出选择的演化观点，达尔文则强调由于物种数量增长与有限资源的矛盾，通过生存斗争推动演化的观点。而一些非主流观点也不乏支持，如拉马克学说认为生物演化具有内在的生理动因，即用进废退的作用，还有日本遗传学家木村资生的中性学说等，在演化方向、速率、动因等存在广泛争议。这些往往成为现代理论和专著的观点罗列，实际上是“公说公有理，婆说婆有理”，因为未能定论。其实，这是涉及生物演化在“选择什么”和“如何选择”的问题，只要建立生物演化规律，明白生物演化是使物种能够生存下去，演化目的是“维持”物种与环境依存关系，或遵循生物演化基本规律，许多问题也就获得较好解决，或成为无足轻重的演化细枝末节了。因此我更关注演化规律和演化本质问题，因为它们才是演化论的基本框架。

迈尔认为生物学预测“具有更多的概率性”，生物学唯一规律就是“所有的规律都有例外”，也是生物学没有规律。目前，生物学哲学的主流理论采用网络式整体观解释生物演化，生物复杂性成为一个研究的热点。采用生物“概率性”等概念，不同的理论家可以各自解释生物演化，“进化论的统一存在着难以克服的障碍”[76]。

科学的基本原则是越简单越好，“如无必要，勿增实体”，这是奥卡姆剃刀定律（Occam's Razor）。一个理论不是因为它的复杂或庞大，就会把问题解释得清楚，它可能正好说明理论的基础结构存在问题。这就如同建造大楼，如果基础结构出现问题，就需要增加其他附加结构以支撑，使大楼结构更加复杂。进化论走进了建造复杂结构的怪圈，因为它缺少生物演化基本规律这一理论基础。

进化论没有正确揭示人的进化原因和根本机制。人发生“依靠工具”行为突破和生存方式改变，出现了心理选择机制，而进化论却采用一般物种演化方式或自然选择机制解释人的产生，它也就不能解释人类进化具有的方向性和进步性特征。

这是进化论第三个“先天不足”。

明明是古猿心理突破，产生唯一的“依靠工具”行为，心理选择产生了人，却被解成自然选择的直立“姿势产生了人”，出现完全不同的结果：即从“进化”与“演化”断开变成了渐变连续，人与猿分开变成了“亦人亦猿”。

达尔文采用“拍脑袋”加“绕圈子”方法。从自然界神奇的生物多样性中推导人的产生，他推定自然选择产生人是唯一途径。这是一个缺乏依据的“拍脑袋”观点，因为要将人的性质或进步性弄进生物演化，它成为一个无法解决的难题。但不要紧，进化论大师会设置一些可左可右、模糊不清的概念或陷阱，采用“绕圈子”方法绕进去，只要多绕几圈，东南西北分不清了，人与猿性质也就“一致”了。进化论就这样解决人的产生问题。

一个是人的“演化”：由自然选择作用产生人，它如同从一种猿变成另一种猿，它不符合人的生存方式改变，不符合人的环境关系性质改变，不符合人类进化的方向性和进步性的事实。

一个是人的“进化”：人类心理突破和“依靠工具”，产生以心理选择为主导的进化，它符合人的生存方式和环境关系性质改变，符合人的结构、心理、语言和文化特征，符合人类进化的方向性和进步性事实。特别是它具有可以观察的依据，因为人是唯一“依靠工具”物种。

人类“演化”与“进化”相比，孰优孰劣，一目了然。

《自私的基因》作者道金斯（Clinton Richard Dawkins）是英国大名鼎鼎的进化论学者，他曾经写道：“不相信演化的人要么愚蠢，要么疯狂，要么无知。”但他不去弄清什么是“演化”和“进化”，强行将人与猿等“拉郎配”，这种做法也是不可理喻的。

孟子有言“贤者以其昭昭使人昭昭，今以其昏昏使人昭昭”。意思是自己还是糊里糊涂，却要去教别人明白事理。达尔文并没有弄明白什么是生物进步，他将后生辈取代或“击败”前辈当作进步，这是“以其昏昏”。他建立一个从猿到人的演变理论，并没有弄清两者的性质区别，糊里糊涂地将人与猿做一般演化过渡衔接，这种“以其昏昏”如何能够“使人昭昭”？

从生物演化基本规律到人的进化机制的系统性构建，逐渐暴露进化论的各种问题。只有通过系统性的揭示，才能从根本上解决进化论的系统性问题。

达尔文等建立的进化论，无论涉及人物之显赫，文章和论著之华美，只是皇帝的新衣，自我陶醉罢了。进化论这一先天不足的理论“怪胎”，它必然要“流产”。

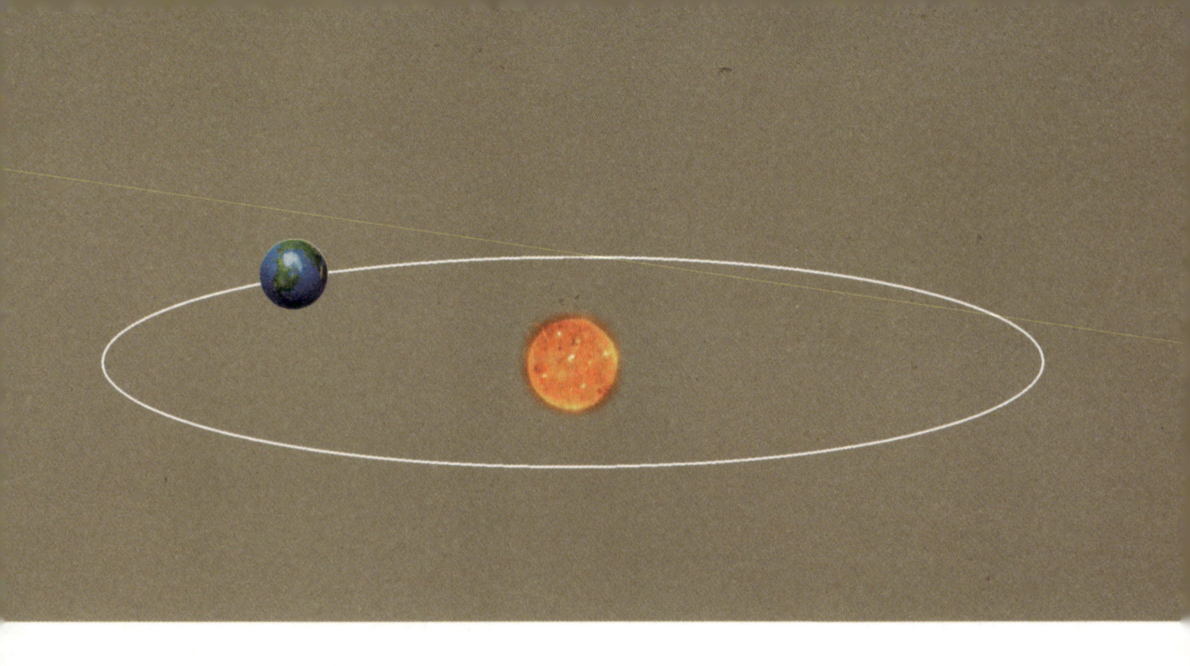

第11章　演化论的修正

演化论修正就是建立生物演化基本规律，明确生物演化性质，将人的进化从演化体系中清除。生物演化主导机制是自然选择，它产生新结构、新物种，包括人的祖先。在这种演变中，所有物种演化性质一致，也就是通过演化维持物种与环境的依存关系，遵循生物演化基本规律。

生物演化基本规律解决自然选择在“选择什么”的问题。自然选择只能选择维持与环境依存关系的物种，不能选择适应各种环境的物种，如不能产生既享受高质量的环境，又能够维持正常繁殖的大型动物（如人类）。它解决了生物演化性质问题，区分“演化”和“进化”。建立不同类型物种演化规律，就是解决自然选择在“如何选择”的问题，如大型动物演化规律、爬行动物演化规律和哺乳动物演化规律等，它们阐明不同类型物种与环境的依存关系，还原它们的演化历史。生物演化规律是对自然选择理论的突破和重要补充。

对演化论修正的关键点，就是要彻底清除生物进步“小尾巴”，形成演化论和进化论两个不同层次的生物观，使演化论回到生物依存特定环境的演化本质上，从而建立简明和统一的演化论。

11.1　生物演化性质

现代综合进化论的创始人之一杜布赞斯基说过，“若无演化之光，生物学将毫无意义”。事实上，生物演化理论影响了生物学及众多的相关学科，如人类学、社会学和心理学等，成为生命科学各层次和各分支学科的指导思想，深刻影响着人的思维和意识。

什么是生物演化？这是演化论的根本问题。达尔文理论的演化是生物随着时间发生的改变，包括人，但这里存在大误区：生物演化是以结构调整适应环境变化，人类进化是以结构调整适应工具、文化进步；生物演化只是维持物种与环境的依存关系，使物种适应特定环境，使所有物种的环境关系性质一致，而人类进化是"依靠工具"等，使人类适应各种不同环境，发生了唯一的环境关系性质改变。很明显，生物演化与人类进化性质不同，生物"演化之光"并非是人类"进化之光"，这是我们必须首先面对的认识问题。

自然选择是演化论的核心思想，它以简明的生物与环境相适应原理，清楚揭示生物演变的作用机制，即自然环境对生物变异做出选择，或生物随着环境发生改变。这一朴实的道理并不难理解。杜布赞斯基将自然选择比作作曲家，辛普森将其比作诗人，迈尔则将其比作雕刻家，赫胥黎将其比喻为莎士比亚，现代进化论的重量级人物都对自然选择机制表达了高度赞誉。

但是，自然选择在"选择什么"？只是使生物适应环境，还是使生物更好地适应环境？如果是后者，"更好"就是物种结构功能比之前更能适应环境，演化也就产生了进步。达尔文和后来的理论家们都对这一问题做了不同的解释，其中有的观点是明确的，有的观点是含糊的。

古尔德是进化论的"大腕"人物，他长期在美国《自然史》杂志上发表有关生物演化的科学散文，出版相关著作 20 余部。他认为达尔文一开始并不使用"进化"一词，因为它含有进步之意，直到最后才随大流使用它。古尔德反对生物演化"进步观"，认为这符合达尔文的思想。

古尔德的辩解十分糊涂。达尔文曾说：检验一个生物是否发育成熟，最标准的方法就是检查其器官的分化程度、专业化程度、完善化程度以及高等化程度。器官的专业化程度越高，对生物的利益就越大，自然选择作用正是使器官的专业化、完善化。很明显，在这里达尔文不是以生物适应环境为标准，而是以器官分化程度为标准。但是达尔文又说，假如一个阿米巴可以很好地适应它所生活的环境，就像我们适应生活环境一样，谁又能说我们是高等生物呢？阿米巴的器官分化程度显然较低，却不能称为“低等”，因为它们能够很好地生存。在这里达尔文采用生物适应环境为标准了，可见他的前后说法充满矛盾。

其实，达尔文一直强调生物改变包含对生存更好、更有利的变化，自然选择就是“保留有利的变异，清除不利的变异”，他在《物种起源》中充满对生物结构改进、完善的预期，其意思十分明确。达尔文甚至认为不同的人种是演化中的不同阶段，白人为较高阶段，黑人为较低阶段，如此也就表明他的演化“进步观”了。

对生物“进步观”的争议由来已久，目前是专业学者说不清，一般人糊里糊涂，而我经过认真查阅，才明白其深奥之处：它是一个关系整个理论的方向坐标，如果方向坐标模糊不清，人也就更容易混入生物演化体系中，这符合进化论的基本宗旨。而古尔德却将达尔文矛盾的、含糊的观点变成了支持自己的一方，反对演化“进步观”，实际上是在拆达尔文或进化论的台。对于他将达尔文纳入自己阵营的意义，我想原因可能是达尔文太强大了，代表着进化论，古尔德还需要“大靠山”。

达尔文曾断言，当现存生物与始新世生物在相同的环境条件下竞争时，后者将会被前者打败。问题是并不存在相同的环境条件，这种假设既无法验证，也不符合逻辑。如从动物结构、运动速度或脑力等进行比较，现存的大型动物可能更胜一筹，也许可以打败始新世的对手，但当这些“强者”凯旋，面对缺乏竞争、

压力全无的环境，它们繁殖后代就会成为新问题，强大的大型动物必然退化、灭绝，即遵循大型动物演化规律，其竞争结果也就由赢变输了。因此，纵然现存一些动物的大脑比始新世动物大脑更大或更聪明些，跑得更快些，也只是说明现代出现了一些结构更复杂的生物，或现代环境与始新世不同，自然选择必须选择适应现代环境的生物结构，才能维持生物与环境的依存关系，并不存在谁更有利或更完善、进步。比如说，一艘轮船开往小河中，它必然是一堆废铁，精密的构造根本没有用处，反而是一种累赘。生物与其环境相依存，两者是有机整体，是绝不能拆开比较的。达尔文的说法是错误的，它只是为生物演化过渡到人找一个“进步”台阶，但这不是合适的台阶。

“进步观”是决定生物演化性质的重大问题，正是有了生物“进步观”，达尔文进化论才有可能挑战创造论的“生物—人—上帝”的存在之链。进化论通过演绎生物演化的改进、完善或进步，建立从低等生物到高等生物的演变体系，自然而然地衔接到人的进步，从而消除人们对上帝创造人的联想。可见“进步观”是进化论的支柱，缺乏这一支柱，人不能混入其中，进化论也将失去眩人的光彩。

但这一问题并没有得到解决。在1959年芝加哥大学纪念达尔文《物种起源》出版100周年大会上，达尔文的孙子查尔斯让赫胥黎的孙子朱利安解释，什么是“更高”的生物组织？朱利安的回答含混不清。他们两人都是当代杰出的科学家，继承先辈进化论的思想传统。可见生物“进步观”这一争议问题从祖辈传到了孙辈，仍然是一个无法解决的问题。

“适者生存”是现代理论解释演化的一个常用词，它大有名堂。适者即能生存者，人生存下来，是适者，黑猩猩生存下来也是适者，还有寄生虫、细菌等都是适者。但是，一般生物是适应特定环境的适者，包括已经消失的物种（难道它们是“不适者”？它们也是适应过去的特定环境，与现代物种适应不同的特定环境的性质是一样的）。人是适应各种环境的适者，人的环境关系性质与其他众生不同，而“适者生存”似乎将它们都“摆平”了。“适者生存”在用词上同义反复，引起不少争议，但我认为它是在模糊人类进化性质，其真正的含意是“进步者生存”，与生物演化的“有利”“改进”“完善”等用词一样，都是表达生物“进步”的代用词，是掩饰生物演化性质的文字游戏。

无论采取什么方法，都难以掩饰生物演化和人的进化性质不同，演化论的问题是必须将人剔除出演化体系。我提出了几点论据：其一，建立生物进步标准。进化论没有统一的生物进步标准，如达尔文有时以结构为标准，有时又以适应环境为标准，这对认识演化性质十分不利。我建立了唯一的生物进步标准，即人的“环境关系性质改变”[7]，从而划清人的进化性质。其二，建立生物演化基本规律和不同类型物种演化规律。生物演化只是维持物种与环境的依存关系，“维持”就是保持原来的，它明确生物演化性质，区分“进化”和“演化”。而建立不同类型演化规律，阐明生物类型与环境的依存关系，可以明晰生物演化的基本脉络。其三，解决人的产生方式和机制。人类发生“依靠工具”行为和生存方式改变，出现了心理选择机制，产生人的结构、心理、语言、社会和文化的进步性改变。这样，我对生物演化和人的进化性质做了系统性的论证。

例如在以往生物学教科书中，哺乳动物被认为是能较好适应陆地环境的进步动物，其恒温、胎生、哺乳等特征，比爬行类变温、卵生等特征更完善或进步。但是，哺乳动物占优势不是出现在古生代一些较寒冷的年代，就是出现在新生代的寒冷年代，在两者之间的中生代，出现上亿年的温暖气候周期，由爬行类的恐龙统治天下，至今，爬行类在热带地区兴盛不衰。这说明哺乳动物比爬行动物结构进步之说法完全脱离事实，它们都依存于不同环境，遵循各自的演化规律。

非洲马德拉岛海风特别猛烈，会飞的甲虫容易被风吹到大海里去，不会飞的甲虫反而具有优势；当出现湿润气候，如果马跑得太快，“马失前蹄”将不可避免；爱尔兰巨鹿拥有硕大的体型和鹿角，在对付漫天冰雪的严酷环境时才能起作用，如果出现温暖气候和丛林环境，反而不利于它生存；有袋类的动物怀孕期较短，对澳洲高温干热气候能较好地适应，所以一直香火不断；大猩猩具有较高的智慧，如果它们迁居到南美洲雨林，虽然可能因食物丰富而一生快活，但却难以延续后代，高度智慧也没有用处。

无论是体型称霸的恐龙，还是智慧超前的巨猿，当环境出现变化时，强者将可能成为弱者，千锤百炼的生命精华就这样消失了。显然，强大的大型动物发生退化、灭绝不是物种结构演化错误，也不是物种生存竞争的失败，而是这些强大的动物没有演化出人的智慧，喜欢待在环境舒适的食物堆里，无法解决它们生殖力较弱的矛盾，最终退化、灭绝。可见生物演化不能产生既享受高质量的生存环境，又能够维持正常繁殖的大型动物。换言之，自然选择机制存在局限性，它只能选择出适应特定环境的猿等，无法选择出适应不同环境的人。

生物演化将永远停留在“维持物种与环境依存关系”这一基本框架之内，它符合了全体生物的演化规律，我们不应该再在其中加入人的价值观，搅混生物演化性质。

因此，对演化论修正，就是要彻底切除生物进步“小尾巴”，使之回归到演化的本质上。生物与环境相依存，两者绝不能分拆开，不能单凭物种结构判断高低，无论进步“小尾巴”多么微小，都是分拆物种与环境，都是模糊生物演化性质，对此我们绝不能等闲视之。

11.2 生物演化规律

生物演化规律包括生物演化的基本规律和不同类型生物的演化规律，它们是建立演化论的基础，演化论离不开演化规律。

生物演化产生物种的改变，包括新物种生成与旧物种灭绝，是物种对环境变化的适应结果，或环境对物种的自然选择，它具有一定的规律性，演化论就是要揭示这种规律性。遗憾的是，对一些客观存在的生物演化规律，以往理论并没有正确的认识，致使演化原因不明晰，难以解释一些演化现象。例如，达尔文曾对南美马、雕齿兽等大型动物灭绝感到惊讶，他认为环境必然存在某种不利于南美马生存的因素，但“这种不利因素是什么？我们向来都难以回答”。生物演化规律就是要回答这些问题，让人看清物种是从何处来，又将往何处去。

不同类型物种与其环境相依存，其关系特点构成了不同的演化规律，它们阐明自然选择是“如何选择”的问题。

大型动物演化规律由体型变化规律和生殖力响应规律组成。动物体型变化规律表明，环境压力增加使动物活动区间增加，动物行为适应导致体型变大；相反，环境压力减小导致体型变小。动物生殖力响应规律表明，环境中等压力生殖力较大，高压力和低压力生殖力减小，大型动物容易在低压力环境出现生殖退化、灭绝。大型动物演化规律揭示了大型动物的产生和灭绝原因，解决了历史上大灭绝事件原因、演化中间过渡种缺失和岛屿物种易灭绝原因等问题。

爬行动物演化规律解释了爬行类的地理分布特点和发展历史。为什么恐龙能够统治中生代上亿年？因为它们结构功能可以适应温暖气候环境。

哺乳动物演化规律解释了哺乳类的地理分布特点和发展历史。它们为什么在地球气候寒冷时期成为优势种类？因为它们结构功能可以适应寒冷气候环境。通过该规律重新定位似哺乳类爬行动物，即它们就是早期哺乳动物，因为它们能适应寒冷气候环境。证明哺乳动物起源于古两栖动物，而不是通常认为的起源于古爬行动物，澄清了哺乳动物的演化历史。

大型动物演化规律、爬行动物演化规律和哺乳动物演化规律，它们阐明了不同类型动物演化特点，成为解释动物演化历史问题的重要工具。

自然选择作为生物演化理论的核心机制，只是一个抽象的概念，对于生物将如何演化或选择，它并没有清晰的指引。例如自然选择是选择适应气候波动环境的大型动物，还是选择适应雨林稳定环境的小型动物，或者选择适应寒冷气候的哺乳动物，以及选择适应温暖气候的爬行动物，自然选择理论并没有给出答案。而通过演化规律，这些问题能够一一获得解答。可以说，自然选择理论出现“空心化”，是因为它没有建立演化规律。

大熊猫是国宝级濒危动物，我在前面曾对其生殖退化与环境关系做过分析（见第6章）。根据大型动物演化规律分析大熊猫的演化历史，可以看到其结构、习性和生殖等变化与环境变化的对应关系，较好地解释大熊猫为什么会走到濒危灭绝的边缘。

大熊猫体重大约100 kg，在同类中算得上较大体型。它们繁殖力弱，幼仔出生体重只有100～150 g，即大约为母亲体重的0.1%（人类为6%），一胎产仔1～2只。为什么自然选择会选取如此差劲的大熊猫繁殖特性？其实，这不是自然选择出了差错，而是环境变化和物种特性发生了改变。

大熊猫是由早期肉食性的小型动物，转变成为后期食竹子的植食性大型动物，随着环境和食性改变，动物行为习性、繁殖特性发生了改变。

从大熊猫产出的幼仔特别小的特点，可以推断大熊猫在体型变大之前（肉食性阶段），胎仔数应该在 5 只左右（如浣熊产仔就有 3 ～7 只，每只 100 ～150 g）。它们生存在湿润雨林或森林，环境食物较稳定，但物种竞争较激烈，特别是小型动物的竞争对手或天敌众多，幼仔存活率较低，因此体型较小的大熊猫祖先必须以较大的胎仔数才能生存延续，自然选择也就产生了较大的胎仔数；当气候逐渐变冷，大熊猫出现行为和食性改变（改为食用竹子），它们采取迁移方式适应环境（如冬季和夏季迁移等），体型开始变大，这时较大的胎仔数反而会造成生存的不利或劣势，如不利于确保幼仔有足够的食物，不利于较长距离的迁移等，胎仔数减少有利于物种生存，自然选择便产生每胎 3 只这一合适的胎仔数。

当出现气候变暖时，植物生长茂盛，竹子等食物数量充裕，大熊猫迁移等活动减少，它们养成了一副懒洋洋的行为方式，体形变小了，生理机能和繁殖力发生退化改变，每胎产仔 1 ～2 只的成为常态，种群数量逐渐减少，物种濒危。这时，该物种进入由环境气候决定命运的尾声，物种灭绝随时可能发生。

在大熊猫演化过程中，以动物体型较小、产仔较多、适应雨林，为一种较好的生殖选择，体型变大适应食物较波动的环境，产仔数量减少，也是符合生存环境变化的自然选择，但在尾声出现食物充裕而胎仔数减少，是动物行为改变导致繁殖机能发生退化，自然选择对这种改变的“不利”已无能为力“补救”了，因为它们喜欢栖息在食物最丰富、最不需要费力生活的环境，但这不是适合大型动物繁殖的环境。自然选择作用要么是通过选择生存和生殖较理想的个体，延续物种的生存周期，要么就是在环境不能改善的某一时期落井下石，将物种彻底消灭。

由此可见，生物演化规律能较好地解释自然选择原理，解决自然选择理论的“空心化”。大型动物演化规律是大型动物适应特定环境的自然选择，哺乳动物演化规律是哺乳动物适应特定环境的自然选择，爬行动物演化规律是爬行动物适应特定环境的自然选择，它们使得自然选择过程细化、清晰，解决了自然选择在“如何选择”的问题。

美国心理学家杰里森（Harry J. Jerison）曾对不同类型动物的大脑做比较，解释动物大脑的差异问题。他认为哺乳动物大脑明显大于爬行动物，是它们作为小型动物生存在恐龙时代的功能需要，因为当时小型哺乳动物日间躲藏，夜间活动，在黑暗夜里它们需要依靠敏锐的听觉和嗅觉生存，这就需要较大的大脑，才能将所获得的听觉、嗅觉信息转换，而日间活动的爬行动物仅凭视觉捕食生存，也就不需要很大的大脑。这一解释不符合自然选择原理：难道在恐龙时期哺乳动物就不能在白天活动？当时的小型哺乳动物与小型爬行动物一样地生存、竞争，它们多数生活在湿热雨林，并不存在恐龙的压制。退一步说，如果哺乳动物较大的大脑与恐龙的统治有关，在恐龙灭绝后它就应该退化变小，这才符合自然选择原理。

从演化规律分析，哺乳动物适应寒冷环境，较大的大脑可能有利于保暖和恒温，它使哺乳动物在低温环境下能较好地维持脑神经的正常生理活动。因此恒温动物生存需要较大的大脑，这可能是一种更合理的解释。

爱尔兰巨鹿（见图 11－1）是历史上生存过的体型最大的鹿，据资料记载，它是在几百万年前冰河期演化产生，灭绝于 1.1 万年前。爱尔兰巨鹿巨大的身躯（其背部就达到人的高度）和巨大的鹿角（有 3.7 m 宽）有什么用途？它们为什么会灭绝？学者进行各种研究，形成多种不同观点。

图 11－1　爱尔兰巨鹿

一个遵循大型动物演化规律的典型例子

直生论（orthogenesis）认为当进化形成一定的趋势后就不会停止，造成后期的生物结构功能出现劣势，导致物种灭绝。也就是说，巨鹿的角从小到大的增长趋势出现了失控，成为身体的累赘，导致物种灭绝。

异常发育观点认为，巨鹿的角生长较快，即异常发育，与身体结构不协调，最终妨碍巨鹿生存，导致物种灭绝。

这些假设十分有趣，但都违背了自然选择原理。既然自然选择对每一个微小的变异做了选择，经历漫长演化的鹿角如何可能成为无用之物？如果巨鹿因鹿角过大而不再适应环境了，为什么自然选择不选择减小尺寸或退化？如森林象的牙出现了变小一样。再者说，身体结构是长期适应环境产生的，它怎么就可能导致物种灭绝？这些假设不符合自然选择原理。

从演化规律上可以清楚揭示巨鹿的产生和灭绝过程：在数百万年前的冰河时期，寒冷气候环境迫使巨鹿祖先进行长途迁徙，随着冰河气候推进，巨鹿身体逐渐变大，遵循动物体型演化规

律。巨型身躯可以经受长途迁徙和寒冷气候考验，巨大鹿角适宜在深厚的积雪中挖掘积草（角的形状就如“大铲子”），使它们能够熬过食物短缺的冬季而生存下来，鹿角也就变得巨大了。当告别冰河期，气候开始转暖，特别是在1万年前的大暖期，冬季冰雪减少，食物变得充足、稳定，环境不再严酷，巨鹿失去了其依存的环境，不再做长途迁徙或发生行为改变，产生生殖退化、灭绝。同期灭绝的大型动物还有猛玛象、长毛象等，它们同样都是地球气候周期波动（变暖）的受害者，遵循大型动物演化规律。

可见自然选择理论如果缺乏具体的演化规律，不同学者就会有不同的奇特见解，而通过演化规律解释自然选择问题，事情就变得简单、明朗。

生物演化规律突破自然选择理论的基本框架，即将人类剔除出演化体系。

以往认为物种演化是偶然性和规则性的结合。一方面，通过偶然的变异产生演化的原材料，这些原材料杂乱无章，有用的和无用的鱼龙混杂；另一方面，自然选择对随机产生的原材料进行挑选取舍，适合生存的有利变异被保存下来，产生适应环境的新结构或新物种。在逻辑上，如果自然选择保存下来的变异只是维持物种与环境的依存关系，这一推论并没有问题。然而，演化论认为通过自然选择，增加了物种生存的有利或适合度，这就有问题了。

例如根据动物生殖力响应规律，动物生殖存在“奖勤罚懒”机制，“勤”和“懒”是动物对环境的必然响应，即环境决定了动物生殖力。如一些大型动物或迁徙鸟类在食物充裕、适合繁殖的低压力环境下，它们出现活动减少或不迁徙等行为改变，即变“懒”了，导致生殖力减弱，物种退化、灭绝。可见自然选择保存“有利”并不符合实际，环境改变将使“有利”变为“不利”。

自然选择挑选得到的适应结构必须通过繁殖传给下一代，必须增加繁殖数量才能实现，繁殖成为自然选择的重中之重。达尔文早已观察到某些强大的动物，如猛禽、大型动物等，它们在饲养或圈养环境下，“在几乎自由状态下也不能生育”，但达尔文并没有着手解决这一问题，而是以“不明原因”将其置之高阁。这是一个关键性的疏忽。可以说，正是由于没有解决强大动物为何发生生殖退化、灭绝的问题，也就不能揭示自然选择的局限性，即自然选择不可能选择出既能够享受高质量环境，又能够维持正常生殖的强大动物（如人类适应各种环境一样）。

在人类产生上，当环境发生由森林到草原的改变，迫使一些古猿下地活动，出现直立行走的古猿，逐渐走向直立人，这是通常所描述的自然选择产生人的基本模式。从演化规律角度，古猿适应从森林到草原的环境变化，将使其体型逐渐变大，如在300万～100万年前曾出现许多粗壮型的直立古猿，如粗壮南猿、巨猿等，它们最终走向灭绝。也就是说，古猿下地的演化最终必将走向灭绝，而不是产生人类。演化规律结果与自然选择的假设正相反。可见自然选择是一个可以任意拿捏的概念，它与演化规律不同。

因此，生物演化规律就是构建演化论的基本框架，失去规律的理论如同一盘散沙。以往不同学者对生物演化理解不一、观察角度不同，在演化方向、速率、动因等方面存在广泛争议，成为现代理论和专著的重点解说。其实，只要明白生物演化是使物种能够生存下去，演化目的是“维持”物种与环境依存关系，在生物演化规律面前，许多争议问题也就获得较好解决，或成了解释演化的细枝末节。演化论修正的重点就是生物演化规律问题，因为它构建了演化论的基本框架。

生物演化规律既是对自然选择理论的突破，又是其细化和必要补充。它理清了生物演化历史，让人看清物种从何处来，将往何处去，使演化脉络清晰。它明晰了生物演化性质，将人剔除出演化体系，这是生物演化规律的威力和意义所在。

11.3 建立简明和统一的演化论

解决生物演化性质和演化规律，是建立简明和统一的演化论的基础。

以往进化论的复杂性或难点，在于将物种演化和人类进化纳入到同一个渐变序列中，将性质和规律不同的“演化”和“进化”统合，其产生问题之多，以至于“几乎每个观点都有不同见解”。

这种统合要么就是将人的进步性特征归入一般生物演化体系，使演化性质改变，要么就是改变人的进化性质，使人的进化失去进步性特征。从两者中选一，或者两者兼顾，都是违背生物演化基本原则或演化本质，成为进化论的矛盾制造者，或一个无解的“死结”。

在生物演变方向上，早期说法是生物从简单到复杂、从低等到高等改变，进化定义为“生物逐渐演变并向前发展的过程”，后期说法是生物演变不具有方向性，进化定义为“物种基因频率从一代到下一代的改变”。

在生物演变性质上，有的说生物演化随着时间推移，自然选择“保留有利的变异，清除不利的变异”，使生物结构出现改进、完善或进步；有的说进化不是进步，甚至说进化不存在进步。至今人们对什么是生物进步都还没有弄清楚，肯定和否定生物“进步观”并存，不知哪个是对，哪个是错。

这些问题产生的原因，就是进化论统合“演化”和“进化”所发生的问题，学者并没有找到解决问题的合理方案。如在上述进化定义中，一般生物演化是产生适应特定环境的基因传代，而人类进化是产生适应工具、文化的基因传代，进化定义将两者统合，实质上是抹去人类进化的唯一性。

统合“进化”和“演化”必须使用一些含糊用词。如“适者生存”就是一个具有争议的含糊用词，又如生物“进步”受到非议，还有“原始、试错、高等、有利、改进、完善”等用词，它们同样含有“进步”之意。采用含糊用词来掩饰争议，使进化论陷入文字游戏。

进化论没有建立生物演化规律，对生物历史或演化现象解释不清，它们不能为演化理论提供支持，甚至可能提供了错误的信息。例如哺乳动物在新生代出现大发展，这被解释为因恐龙灭绝而腾出了生态位，使哺乳动物获得了发展空间。进化论、进化生物学、生物学哲学的权威人物都在向人们灌输这一观点，并以“小行星灭绝恐龙”的错误信息为论据，说明“历史性解释构成进化论理论的基本部分”[76]，或证明生物演化不具有规律性。

大型动物演化规律揭示恐龙灭绝原因，即环境低压力造成大型动物退化、灭绝，由中小型动物取代之。在恐龙灭绝后的新生代早期（持续了上千万年），哺乳动物仍然是小体型，并没有出现大发展，因为当时地球气候仍然处于温暖、湿润周期，即环境低压力时期。直到新生代中后期气候发生趋冷变化，才出现一些体型较大的哺乳动物种类，在第四纪冰期的寒冷气候环境中，出现了体型巨大种类，展现了哺乳动物适应寒冷气候的风采。可见大型动物演化规律、哺乳动物演化规律提供了恐龙和哺乳动物演化的正确信息，纠正以往的错误信息。

一些学者对二叠纪以来生物灭绝进行研究，发现在2亿多年中发生有8次灭绝事件，即每隔2600万年就发生了一次，事件的共同特点是出现海平面明显下降。这里传递出十分明确的信息，即灭绝事件与地球气候周期改变相关：海平面下降就是气候变冷了，大量水分形成冰层留在陆地上，海平面下降后必然会再

次上升，即陆地冰层融化了，说明地球气候冷暖波动对应了灭绝事件。可惜学者并没有以此揭示动物灭绝与环境变化的关系，没有建立起演化规律。

生物演化理论不是寻找演化规律，解决普遍的演化问题，而是凭主观和臆测解释问题，那必然产生混乱的演化史。而没有正确的生物历史观，谈不上统一的演化观，则必然出现各家学说。迈尔认为生物学思想具有独特性和自主性，生物演化不具规律性特征，他认为在生物学中应该以概念取代定律。

什么是概念？概念是“人脑对同一类事物的属性或特征的抽象的、概括的反映”。对事物的抽象概括可能因人而异，与严格的、没有例外的规律有所不同。比如说，生物演化基本规律规定了所有的物种演化性质一致，没有例外，而进化论的演化概念却可以有不同理解，因为演化涉及各种复杂因素。

自然选择就是一个重要概念。达尔文认为自然选择“保存有利的变异，清除不利的变异”，现代进化论认为“自然选择决定了进化方向”，那么，自然选择是选择随环境改变的结构或新物种，还是选择有利、改进的物种？这是一个有不同理解的问题或概念。迈尔说“自然选择是支配有机体进化的定向因素”，这是他的自然选择概念。

自然选择如何产生“定向”？通过物种变异和生存竞争，使能力较强的个体有较多生存机会，因此“定向”似乎是指较强的个体生存下来。但是，能力强的个体如果不能繁殖更多的后代，它们将不能“定向”，所以，被选择的只能是生殖更多的，自然选择的“定向”应该是更能生殖的。然而，在物种发展的不同阶段，繁盛时期往往生殖较多，濒危时期生殖较少（如雨林的大型动物等），就是说，自然选择并不是使生殖更多的留下来。这样，自然选择“定向”成为一个综合各种因子的复杂性概念，不同研究者都可以有不同的理解。

迈尔提出生物学预测具有概率性。采用概率性解释物种演化的问题，也就可以与人类进化的概率性混为一谈了。如果没有某种古鳍鱼偶然爬上陆地，也就不会出现陆地脊椎动物；如果没有一颗小行星在6500万年前消灭恐龙，哺乳动物不可能发展壮大；当年如果没有一支原人在非洲平原存活下来，今天就不会有支配地球的现代人了。这些论调在进化论著作中比比皆是。其实，生物演化就是适应环境，有陆地生态环境就必然会产生陆地脊椎动物，有气候周期性改变就必然有恐龙灭绝的一天，有雨林和森林发展，就必然有原猴和猿的演化，不是产生猩猩，就是产生黑猩猩等，这是生物演化性质和演化规律的必然。进化论将生物演化的必然性与人类产生的偶然性混淆了。

不错，人的产生是概率性或幸运的。首先，人发生了唯一的“依靠工具”突破，而且突破的时间点出现在物种生殖力鼎盛阶段（如黑猩猩），而不是出现在生殖力退化阶段（如大猩猩），人类进化超越了大型动物演化规律。其次，人类心理选择机制造就了社会和文化进步，人逐渐懂得如何维护身体机能，解决了生殖和生存的问题。因此，人的进化是唯一的，将人的方向性进步特性渗入生物演化是完全错误的。

其实，自然选择方向就是环境变化方向，即生物演化没有方向性，而人类进化方向是心理选择方向，两者并不沾边。进化论将人的产生纳入生物演化，把一个本来十分清晰的生物演化问题，弄成了模糊的生物复杂性问题，皆因在演化中渗入了人的特性。

如今，进化论成为不同概念的“大杂烩”，非生物学专业人士不能弄明白，甚至生物学专业人士都难以明白。少数人精于玩弄达尔文、迈尔等的一些含糊论点，多数人如坠烟海，成为似懂非懂的看客。

这种混合“演化”和“进化”的演化论，已经不是一般人

能够看得懂的理论，演化论的统一离我们越来越遥远。它从一个看似简单的原理开始，最终却要依托结构复杂的解释体系或生物复杂性概念，达到兼顾或统合“进化”和“演化”的目的。进化论走进了黑暗的死胡同。

其实，生物演化原理既简单又清晰，并不需要如此折腾。

生物演化只是适应环境变化，不同生物依存于不同的环境，历史上99.999%的生物已经灭绝，因为现在的环境已经完全改变。现代生物是由过去的生物演化而来，它们未来必然类似于过去的生物，即要么不断改变，要么灭绝，因为一种现代的生物不能生存于过去的环境，一种未来的生物也不能在现代环境生存。因此，生物随着环境的改变而发生变化，其依存于环境的基本特征不变，维持与环境的依存关系不变。生物演化性质清晰无比，也就是遵循全体生物演化的基本规律，这是构建统一的演化论的基础。

人类进化适应不同环境，发生环境关系性质改变，这是人“依靠工具”行为改变或突破的结果，人体结构出现完全直立和脑容量增大等方向性改变，是心理选择机制主导的结果，它产生人与工具、文化的有机结合，产生人的进步性。可见人类进化性质清晰，进化方向明确。

因此构建简明和统一的演化论，就是要区分生物演化与人类进化。任何将生物与环境拆开的比较，或对物种演化产生有利、改进或进步的预期，都必须予以清除，彻底割掉生物演化进步“小尾巴”，使演化论回到生物演化的本质上。

区分演化论和进化论：它要么就是论述一般生物的演化，要么就是论述人类的进化，而不是两者混淆的“进化论”。这样一来，一些“演化”与“进化”之间的模糊概念或含糊用词，或一些兼顾两者的附加结构，统统成为多余。

自然选择是生物演化的作用机制，生物演化规律是其细节补充，它们共同澄清了演化历史，规范了自然选择适用范围，解决了生物演化性质问题。由此形成观点清晰、逻辑严谨、结构稳定的演化论，使其回到普通民众可以理解的层面上，构建简明和统一的演化论也就可以实现。

生物演化一些相关问题和观点以表 11－1 归纳。

表 11－1　生物演化的相关问题列表

主要问题	原观点	新观点
动物体型变大原因	适应寒冷环境，或食物充足等	环境压力增加导致动物行为变化，遵循体型变化规律
生殖力与环境关系	进化选择产生最大生殖适合度	动物繁殖是对环境变化的必然响应，遵循生殖力响应规律
大型动物灭绝原因	环境变化、小行星撞击、人类捕杀等	大型动物在低压力环境容易出现生殖退化、灭绝，遵循大型动物演化规律
岛屿物种易灭绝原因	岛屿物种演化水平较低，竞争力不及大陆入侵物种等	岛屿海洋性特性造成环境单一化，当气候变化容易使一些物种灭绝
岛屿生物地理学理论	该理论是保护生物学的基础理论	该理论疏忽岛屿环境单一化作用，存在较大问题
演化中间过渡种缺失原因	化石记录不完整，或演化的“间断平衡”模式	物种演化不均衡性，“大演化”难以产生化石
历史上大灭绝事件	灭绝规模巨大，如二叠纪有“70% 陆地和 90% 海洋动物灭绝”	物种演化和化石分布不均衡性，造成统计数据的失真
似哺乳类爬行动物	是从爬行动物到哺乳动物演化的中间过渡种	是早期的哺乳动物，它们适应古生代的寒冷气候

续表 11 –1

主要问题	原观点	新观点
哺乳动物起源	哺乳动物由爬行动物演化产生	哺乳动物由两栖动物演化产生
物种演化性质	生物演化含有利、改进或进步	生物演化维持其与环境依存关系，不具进步性
自然选择适用范围	适用于包括人的全体生物	适用于除人之外的所有生物
演化定义	一个基因库中任何等位基因频率从一代到下一代的变化	除人以外，一个基因库中任何等位基因频率从一代到下一代的变化
大型动物演化规律	无	环境压力增大使动物体型逐渐变大，最后因环境压力减小导致大型动物灭绝
哺乳动物演化规律	无	在地球寒冷气候周期，哺乳动物演化成为优势种类
爬行动物演化规律	无	在地球温暖气候周期，爬行动物演化成为优势种类
生物演化基本规律	无	生物演化以结构调整适应环境，演化无方向性，维持了物种与环境的依存关系

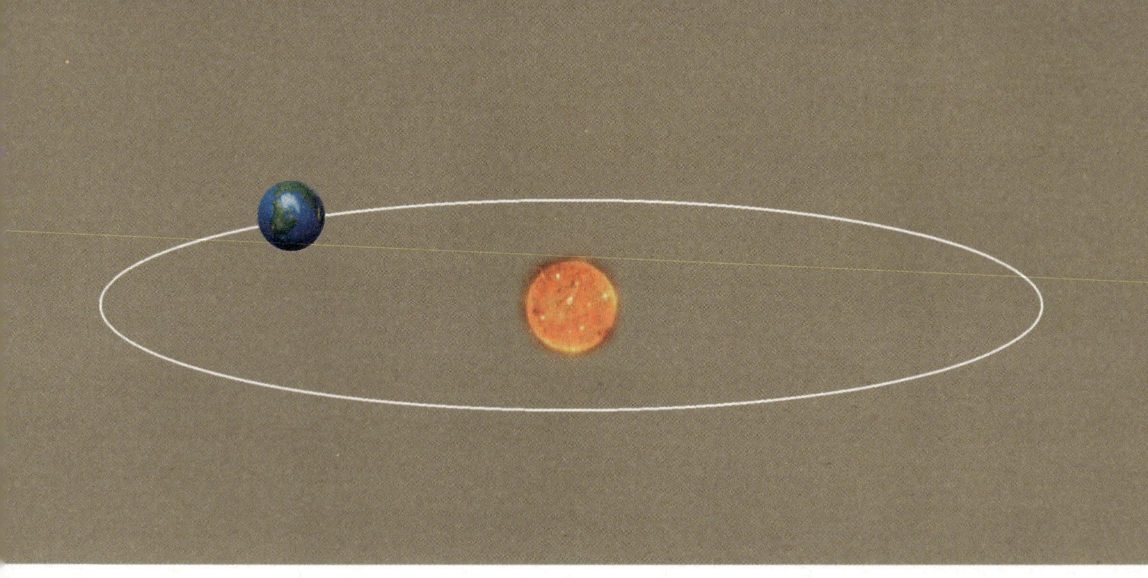

第12章 进化论的回归

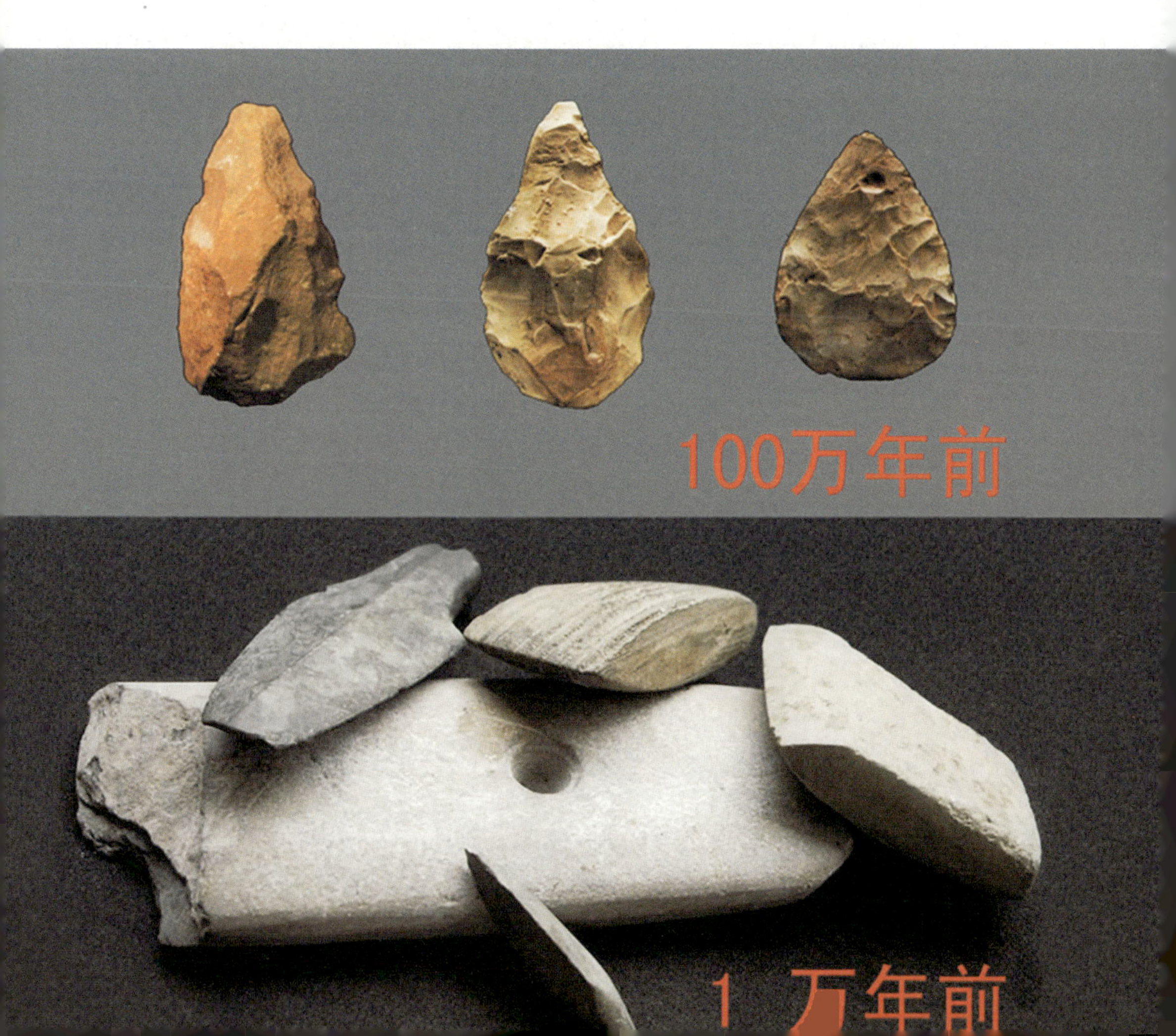

进化论是人类进化的理论，“进化”一词是人类的专用词。进化论必须以人的产生、发展为理论主体，以人的心理选择机制和进步性为理论核心。达尔文进化论忽略了人的心理优势，把一般生物结构渐变的演化模式套用于人，它不符合人的进步性特征。进化论的回归就是纠正“亦人亦猿”的人类演化模式，回归到进步性质明确、进化机制明晰的人类进化新模式上。

“依靠工具”突破是人类进化的启动点，它使人的生存方式改变，产生以心理选择为主导的进化机制。心理选择机制是人类进化的方向性推动力，它使人出现完全直立、脑容量增大等。人类进步实质是人与工具、文化的有机结合，使人的环境关系性质发生改变，产生人的结构、心理、语言、社会和文化等一系列的进步。

通过对进化论创始人拉马克、达尔文和华莱士的不同观点比较，可知达尔文进化论与拉马克学说一样，是以人类进步为演化参照物的混乱的思想观。相对而言，华莱士反对将人的进化纳入自然选择，他不愧为自然选择学说的发现者。

12.1　人类的进步性

人的产生开创了生物演变的独立进程，人的进步性是人独立于生物演化的标志，它包括人的生物学、文化等进步性。

可以说，以往进化论是一种不伦不类的理论。它论述的是生物演化，包括物种变异、生存竞争和自然选择等，但在演化观上赋予了人的价值观和思想观，人的特征时隐时现，使生物演化失去了原本清晰和简洁的脉络，让人看不清、摸不透。

自然选择是达尔文进化论的核心内容，其作用机制被简述为变异的产生加不利变异被剔除，不利变异剔除方法在于物种生存竞争。问题是，什么是不利变异？一些不利变异（个体）存在是增加群体利益的必须，即群体的生存必须有一些个体的付出，而且当环境发生改变时，不利将可能成为有利。因此如何判定有利或不利，估计所有选择力的合力，是一个困难的问题[76]。

适合度是衡量物种生存力的指标，进化论认为自然选择能够提高适合度。问题是，如果物种演化存在适合度增加的趋势，物种适应环境能力将越来越强，物种生存周期必然是越来越长，但事实并非如此。如中生代恐龙等的生存时间远远长于新生代的古猿等。说明生物演化并没有增加适合度，物种过去如此，将来也是如此，结构复杂性变化并没有增加适合度。换句话说，无论物种如何演化，适合度最终还是要回到原点上，即任何物种都曾是最适者，也将成为不适者，两者随着环境变化而变换。

由此可推出，在2.5亿年前古生代的古兽们也应有同样的适合度。这些种类繁多、体型如牛至鼠的古兽，假如当时地球气候不出现较大波动，或没有出现中生代的漫长高温周期，随着哺乳动物多样性增加，应该早已演化出适应雨林等环境的各种灵长类动物。或者说，假如2.5亿年前的古兽们不是碰上倒霉的中生代高温气候周期，也许早已生成人的结构基础或出现人类前身，如果运气更好，那么人类可能早已经诞生了。

反过来说，如果在200万年前（人类工具突破前）发生气候转变，出现如中生代漫长的高温周期，由爬行动物重新统治地球，哺乳动物体型变小或灭绝，一些残存种退回到雨林重新隐匿起来，即重现中生代哺乳动物体小如鼠的情景，这些小哺乳动物可能又会回到1亿年前中生代的起跑线上，人的产生将遥遥无期。

由此看来，古兽与古猿演化一样，是地球气候变化决定了它们的演化和未来，即生物演化永远停留在同一个基本框架中，也就是维持物种依存特定环境的演化本质。在这一演化框架内，有的生物较早出现，有的较晚出现，有的结构离人较远，有的结构离人较近，它们都是同一个层次的演化，它们的构造等变来变去，都是自然选择的同一个变法，遵循生物演化基本规律。

人的变法完全不一样，出现进步性的改变。人出现生存方式改变，从依靠生物结构生存到依靠工具生存，工具和心理因素成为生存的主导因素，心理选择机制发挥了作用。因此人的进化跳出了生物演化的基本框架，出现了人的进步性。人类发生环境关系性质改变是唯一的进步标准[7]。

人的进步性产生于人与工具、文化的结合上。人“依靠工具”发生突破以及生存方式改变，使人与工具不再分离，工具成为防御的武器，成为获得食物的手段，它变得越来越重要，随着使用工具的方式越来越多样，工具变成了人的附属结构部分，人体结构也就出现相应的改变，如完全直立等。因此人的进步性也体现在人的生物学改变上，因为这种改变使人与工具、文化结合不断加深，人的生存力变得越来越强，成为自然界中最强大的物种。

一些学者对人的生物学进步表示怀疑，认为人的进化也带来一些生存的不利，如直立使脊椎的负荷不均，带来较多的毛病，或直立使女性骨盆变化，导致婴儿出生的困难等。其实，这是鱼与熊掌不可兼得的问题：即如果人体与工具结合对生存的好处更大，也就证明了人的生物学进步。如人的直立能够更好制造工具等，使工具不断进步，它足以抵消人体结构改变造成的不利。换句话说，既然人体结构改变能够更好适应工具，使得工具这一人的附属结构发挥了更大的生存作用，人体结构就是生存进步的结构，即具有生物学的进步性。人类从使用石块到石器（见图12－1），从简单工具到复杂工具，人类工具越来越进步，文化也在不断地发展，人的生物学进步不断地适应工具、文化，不断地获得生存和发展空间的过程。人的生物学进步与社会、文化的进步一样，共同构成了人类的巨大进步。

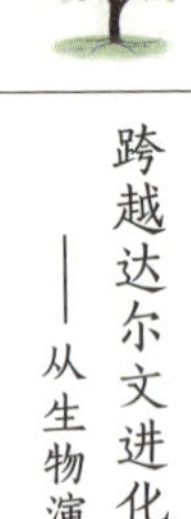

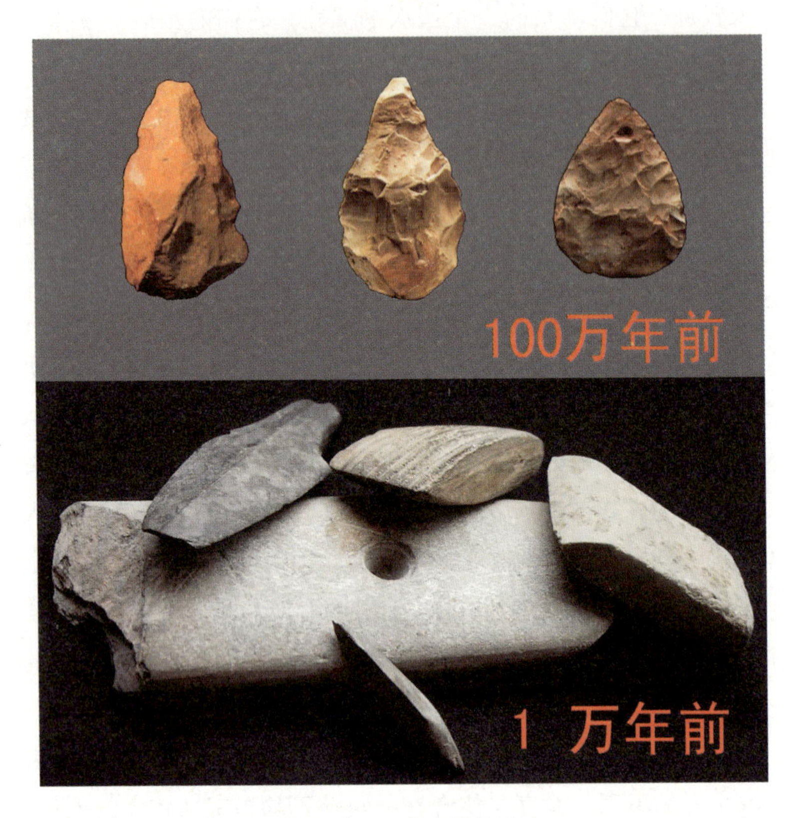

图 12－1　人类石器的进步

石器的进步离不开人的结构直立等改变（进步）

否认人的生物学进步的一个重要原因，就是以往进化论无法解决人与猿等的进步性衔接或“进步连续性”问题。达尔文进化论采用渐变演化方式解释人的产生，即如果人的生物学结构具有进步性，古猿结构也必须具有进步性，生物演化也就存在逐渐进步的方向或目的，这是现代理论所否定的。古尔德认为人只是演化树晚近才伸出的“小枝桠”，生物“进步观”是“人类自大的偏见”，即否定人的生物学进步，原因也在于无法解决“进步连续性”问题。因此确立人的工具突破，将人的进化与猿的演化断开，即人出现唯一的进步性改变，上述这一难题也就解开了。

人的生物学进步表明，离开了工具、文化，人将是结构不全的残疾物种，成为自然界不能生存的怪物。如一些脱离人类社会的“狼孩”，其生存能力甚至不及一般动物，这就是最好的例证。就是说，除非是从人的生物学进步上解释人的结构独特性，否则人的结构将一无是处。

在人类出现的种种变化中，进步性始终贯穿着全过程，主导人的全面改变，而心理选择机制成为稳定的推动力，使人发生不可逆转的方向性进步。随着人类社会进步，人与文化结合形成了现代人类进步的巨大推动力，人类社会以更快的速度前进。

确立人类进化的进步性性质，人的定义、人的产生时间等将得到明晰，在人类学、心理学和社会生物学等方面，一些长期备受争议的重大问题都能迎刃而解，人类进化论演绎更为畅顺，更易为普通大众所理解。人类理直气壮地成为唯一的生物进步化身，符合人类精神和文化，必将鼓舞人类不断前进。

美国学者科恩曾用“内心的野兽”来形容人们对进化论的担忧。他说：进化论出现的困境不是缺乏证据，很多人需要的不仅仅是生物演化的证据，而是它带来诸多深奥的问题，比如目标、道德以及意义。美国哲学家迈克尔·鲁斯（Michael Ruse）说：没有人会担忧化石记录中存在的空白，人们担心的是人的道德伦理丧失，担心的是人可以仿效自然界生物，胡作非为、胆大包天。他们都说得对。

人的价值观不能混同于生物演化观。一些学者对不相信进化论的人十分不解，感叹这些人的执迷不悟，甚至横加指责。实际上，相信生物演化与相信达尔文进化论是两回事，生物演化可以相信，但如果将人纳入演化体系，生物演化观就会搅混了人的价

值观，这种理论如何使人相信？在“科学”与伦理道德面前，人们选择了道德为先，这是不能够指责的。

当进化论回归到真正的人类进化论时，人们就不用再担心这一问题了。人类进化论的主体是人，是一种不同于其他任何生物的进步性物种。从能人开始到直立人和现代智人，人类生存的进步，人的结构、心理、语言、社会和文化的进步，人的道德和行为已经全然不同。而自然界的野兽们，它们永远保持着古生代的自然风貌，保持着生存竞争的残酷性，这符合物种生存和演化的本质，也是完全可以理解的。

毫无疑问，人类进化论的回归就是进步性回归，它必须回归到人类进化的进步层面上。建立一个展现人类进步性的新理论，一个脱离自然界“丛林法则”的人类进化论，不是更加令人鼓舞吗？

12.2 人类进化机制

人的环境关系性质发生了改变，成为唯一能够在地球各种气候环境生存的物种，即人出现适应各种环境生存的进步性。而从古猿到现代猿演化，由于它们都是结构类似、依存特定环境的猿，其改变不具有进步性。

因此，我们不能只是从结构比较上认识人的进化，而必须认识发生结构改变的背后因素：是自然选择机制作用，还是心理选择机制作用？其作用方向和产生结果是完全不同的。人类发生“依靠工具”和生存方式改变，出现心理选择机制，产生人的全新结构，因而产生人的环境关系性质改变和进步性。

大脑是人的重要特征，它在过去的100万年中增长了2倍。按照进化论和自然选择原理，“每一种微小变异如果有用就被保存下来”，即因智力对人的生存是有用的，所以它被不断选择。

问题是，为什么只有人会出现脑容量增大的方向性选择？同一环境还有多种其他的半直立古猿，它们都没有增加脑容量。自然选择无法解释人脑独自发展的问题。

迈尔以“灾祸性选择”[12]解释人脑，即在危急情况下的自然选择。他认为当时环境出现森林面积减少（草原化），迫使古猿下地行走，古猿大脑发生紧急应变。但是，环境改变及古猿下地是反复发生的，不可能只有人类祖先碰上。如100多万年前的粗壮南猿、巨猿等都是下地生存，它们并没有发生脑的应变或增大。又如现存的大猩猩基本是下地活动，它们也没有出现脑的增大变化。“灾祸性选择”缺乏依据，不符合事实。

人脑增大是生存方式改变产生的功能需要。人“依靠工具”出现生存方式改变，需要一个容量增大的大脑，而猿只是适应特定环境生存，也就不需要很大的脑，它们一直保持小脑袋。换句话说，脑功能强大或脑容量增大更适合于“依靠工具”，使具有这种变异的个体更好生存，它们得到了不断的选择。

人的直立也是同样的道理。猿既能短暂直立（半直立），又能四足快速运动，是完美适应森林环境的结构，也是自然选择产生的自然结构。人完全直立不是适应森林或草原的完美结构，而是适应工具、文化的结构，是心理选择机制产生的结构。这也就解释了为何人会出现唯一的完全直立，因为人的产生不是从适应一种环境到适应另一种环境的变化，人的产生机制不是猿的自然选择机制。进化论将两种不同生存方式和不同适应结构，套上一个同样的自然选择机制十分荒谬。

一个如此不合乎常理的人类进化机制，即自然选择，却能够长期成为主流观点，其中的原因值得我们探讨。

其实，对自然选择适用于人的观点，也曾有过激烈争论和反对，甚至就连华莱士这位自然选择理论的发现者之一，也表达了质疑和反对。但是，抛开自然选择机制，如果没有找到其他可行

的解决方法，必然会回到创造论的老路上，如华莱士后来走向“唯灵论”，这也是行不通的。我认为主要问题在于生物演化基本规律缺失，导致演化性质模糊不清，没有发现人“依靠工具”突破和心理选择机制的关键点，也就是找不到人与古猿的“断开”点和人类进化的方向性推动力。如此，人的产生方式也就被套死在演化方式上，即自然选择产生人。

人与猿的差异并非只是脑的大小、直立程度差异，这种差异并不是两者的本质区别。人与猿的本质区别在于“进化”与“演化”的区别，也就是人与工具、文化结合的进步性区别，或人的环境关系性质改变的区别。只有依靠心理选择机制，才能不断加深人与工具、文化的结合，产生适应各种不同环境的进步改变，以及人体完全直立和增加脑容量的生物学进步。

“依靠工具”改变人的生存方式，也就改变自然选择机制对物种结构的控制作用，这是心理选择机制发挥作用的前提条件。一旦人采用工具方式生存，人类发展也就成为脑思维主导的工具和文化发展，并带来人体适应工具、文化的生物学改变。某些个体使用工具意识较强（如脑容量较大），身体结构比较适合使用工具（如直立等），或对工具、文化有较多改进的，它们获得较多的生存好处，留下了较多的基因型，即出现对人的结构（基因）差异选择作用，逐渐地、有方向地改变人体结构。

心理选择机制解释了人的单一性（猿类等有许多的类似种）、拥有唯一的进步结构（完全直立和特大的脑），以及人类工具、文化等进步特征。而猿等通过自然选择机制适应特定环境，它们与一般物种无异。如此，还有什么理由相信由同一个自然选择机制既产生猿，又产生人？

没有任何依据可以支持自然选择产生了人。人与猿的结构相近，它只能证明自然选择产生了人的前身，或人类祖先来自某种古猿，并不能证明自然选择产生了人。进化论只从人的结构渐变这一点，就断言人的产生方式和机制，即人为自然选择的结果，这是一个毫无根据的断言。

自然选择是一个“空心化”概念，它可以任意解释新物种产生。比如说，某种古猿发生变异，通过自然选择将产生另一种猿，却被说成是产生了人，至于人类进化方向与自然选择方向不相符，又可以解释为人的祖先出现了“文化变异”等，一些学者就是这样解释的。这样的解释充满随意性。我对自然选择在“选择什么”和“如何选择”做了细化补充，即建立生物演化基本规律和不同类型物种演化规律，也就是将自然选择的功能定位于维持物种与环境依存关系上，这样一来，也就表明自然选择的局限性，即它无法产生适应各种不同环境的人。

没有任何理由可以否定工具突破产生了人。“依靠工具”行为改变具有独特的心理特征，就是动物行为心理出现一个大转变，即从无风险的“使用工具”自然行为，向有风险的“依靠工具”行为转变，或动物行为心理从“不可以做”到“可以做”的改变，导致新的行为意识和新的行为出现，并由生存质量的改善或生存力进步而固定这一新行为。既然有许多种灵长类能够“使用工具”威胁对手，为什么不能在猿类演化的漫长历史中出现一个勇于承担风险或“依靠工具”的古猿，产生工具行为的突破？进化论在人的突破方式上出现重大疏忽。

确立人类心理选择主导机制，并不是完全否定自然选择对人的作用。

自然选择机制仍然对人体结构产生一定的作用。例如“北部高加索人的淡色皮肤有利于使弱的阳光能更多穿透皮肤，以便生产足够的维生素 D”，或者“非洲种族紧密的卷曲头发，可以防止热带阳光下水分过度蒸发和炎热伤害”[45]，这表明自然选择仍然产生适应特定环境的人体构造。因此人的产生是由多种选择机制共同作用的结果，即以心理选择为主、自然选择为次的混合的

选择机制。

自然选择机制和心理选择机制解决生物演化和人类进化问题，即一个是随环境而改变的选择，一个是不随环境改变、具有方向性的选择。自然选择遵循生物演化基本规律，产生了猿，心理选择超越生物演化基本规律，产生了人。心理选择使人类独自前行，成为能够认识世界和改造世界的唯一物种。

进化论的回归就是要从自然选择机制产生人的理论，回归到心理选择机制产生人的人类进化论上。

12.3 人类进化论

地球生命从少到多、从简单到复杂，形成一个渐变的、连续的生物演变体系，人成为生物体系的一员。构建生物演变理论无疑是一个伟大的思想工程，而揭示人的产生和发展成为一个关键点。

但是，达尔文进化论把人纳入了演化体系，把应该揭示的关键点置于一般生物演化中，即采用同一个演化机制兼顾生物演化和人的进化，由此造成生物演化和人的进化性质矛盾，出现人类学、心理学和社会学等问题。

在人类学上，人类学家从生物结构渐变中寻找人的产生方式。

早期人类学理论确立以“大脑为先”的观点，毕竟人的大脑优势明显，作用重大。南方古猿的发现使这一观点受到挑战：南猿能够直立但脑却不大，即直立并不需要很大的脑。人类学家又开始从直立上解释人的产生过程，“姿势产生人”的演化模式成为主流观点。问题是，南方古猿只是半直立，程度不同的半直立是古猿演化的主基调，而达尔文进化论和人类学理论却改变了这一主基调，即赋予半直立走向完全直立的演化趋势。可见进化论将人的产生置于生物演化的框架中，进化论的错误也就成为人类学的问题，产生首尾相连的错误。

古人类学中直立行走概念包含有“半直立”和“完全直立”，前者是自然选择概念，后者是心理选择概念。“半直立”的古猿有一大堆，完全直立的人只有一个，从半直立中产生一个完全直立必然有特别的不同，这是必须研究的焦点问题。但是，进化论和古人类学研究却以半直立为人的特征，并以此预测某个古猿可以成为人的祖先，其人类祖先值得怀疑。

比如说，一种身体强壮、相貌类似黑猩猩的古猿，生性聪明、大胆，或心理能力较强，它生存于一个有利于工具使用的独特环境，它发生了“依靠工具”行为改变，使身体结构向完全直立方向转变。而同期的另一个种类虽然具有更为接近人的结构特征，如较直立等，它被认为是人的祖先，它却可能因心理能力较弱，或长期生存和适应某一特定环境，没有出现工具行为突破，在经历漫长的演化后并没有多少改变。这样将出现人类祖先的挑选错误，我们不能排除这一可能性。

既然古猿可以演化为许多种现代猿，也可以进化为唯一的人，焦点问题就不是揭示其结构渐变（这一过程无法区分人与猿），而是要揭示它为什么会发生唯一的人化过程，是什么力量在推动这一唯一的进化？这才是关键点。而在以往人的产生模式中，古猿半直立演化被当成了关键问题，赋与自然选择产生人的直立趋势，也就偏离人类进化的核心实质或焦点问题。

人类进化新模式则完全不同。从某一古猿发生工具意识改变和“依靠工具”开始，人的生存方式也就发生了改变，即由靠身体结构生存变成靠工具生存，心理选择机制发生作用，产生人的完全直立和脑容量增大等，出现适应各种环境的进步的人。在这一新模式中，心理选择机制是人的进化推动力，它产生了人区别于猿的进步性或人的本质特征。

由此可见，古人类学研究必须跳出达尔文进化论的人类产生模式，即自然选择模式，才能走出重重的误区。

确立人的心理突破和心理选择机制，是建立人类进化论的基础。

只要某一古猿勇敢地拿起石块或木棍，与对手进行面对面的斗争，如防御等，就是发生工具心理改变而成为人，不管它原来是生活在树上（较多地攀援），还是生活在地上（身体较为半直立）。从此人的生存方式发生转变，生存质量高低将取决于心理意识差别，或人与工具、文化的结合深度，也就是产生了心理选择机制，导致结构、心理、语言、文化和社会出现一系列人化过程，出现从直立人到智人的变化。

心理意识或行为改变不是什么神秘事物，心理意识是大脑的产物，它完全可以在自然科学领域上得到解释。事实上，心理意识只是极少数动物所有，99%以上的生物都没有心理意识，人类前身与现代猿类似，是动物界中具备复杂心理特征的灵长类，我们不能忽视人类祖先率先出现工具行为改变的可能性。而从现代猿的结构、行为特点来看，完全可以证实人的心理突破模式的存在。

例如，科学家已观察到许多灵长类动物能够投掷树枝、石块，以此恐吓对手，说明它们具有认识工具的心理能力。一些种类具有能较好运用工具的身体结构和功能，如在一个广为流行的动物视频中，有一只大猩猩以直立姿势甩出力量强大的飞石，谁碰上都是要命的。

在动物表演节目中，猴子学会使用棍棒，以它们的击打方式表演，其击打速度之快，足以令靠近的观者惊恐。当然，在每一个表演动作背后，耍猴人都予以猴子特别的食物奖励，猴子卖力是为了一点可口的食物。黑猩猩也有类似的表演，它们舞棍的力量更大，更吓人。

因此人类祖先心理和行为改变的基础早就已经存在，它存在于千万年来古猿的演变历史中，存在于猿的多样化演化中。“依靠工具”行为摆脱了对身体结构的依赖，将人体结构功能延伸到猿的自然行为所达不到的地方，如工具防御等。这是一种食髓知味的行为改变，因为它改变了人的生存质量，它就如同“开弓没有回头箭”，成为人体结构完全直立和心理进化（脑量增大）的方向性推动力。事实上，其他动物统统在“依靠工具”上止步了，只有人类跨过“依靠工具”这道“红线”，也正是如此，猿只有半直立和小脑袋，而人是唯一的完全直立和大脑袋的动物。以往进化论忽视人的心理优势和“依靠工具”行为的进步性特征，失去了解开人类进化之谜的金钥匙。

一些学者曾采用“使用工具”和“制造工具”区别人与猿，即人是“工具制造者”。但是，猿等动物也有“制造工具”行为，如大猩猩去掉树枝上的枝叶，得到光滑的、用于某种用途的树棍，或黑猩猩将树棍一端咬出刷子状，以钓出更多的蚂蚁，它们都制造出了工具。说明它们的“制造工具”与“使用工具”是同一性质的自然行为，都同样的不具有风险性，也就不需要心理的突破。相比之下，“依靠工具”行为突破了一般动物的心理障碍，即千万年形成的不承担风险的自然选择的心理行为，它反映出人类进化性质的改变，成为一个清晰区分人与猿的行为特征。

人“依靠工具”突破成为决定性的一招，它实在是太厉害了，它使得人的进化方向无法逆转。我认为200年来进化论出现的重大争议，关键就在于没有破解这一招。从达尔文自然选择方式造人，人与猿结构、心理渐变连续，或华莱士的结构连续、心理分开的观点等，都没有捅破从猿如何变人的核心问题，即人“依靠工具”突破的这一招。至于它是发生在50%的直立还是80%的直立阶段，它已经是一个无关紧要或无关人的突破性质的问题了，因为只要人与猿在工具心理上出现了“断开”而不是

渐变连续，人的进化性质也就改变了。

从“依靠工具”和心理选择机制解释人的完全直立、脑量增大等结构特征，解释人类进化具有方向性和进步性，成为一气呵成的人类产生方案。而达尔文进化论采用一般的生物结构演化的变人方案，漠视人的心理优势，这毫无道理、难以理解，是一种缺乏依据、舍近求远的论证方法，不符合基本逻辑。

在人类祖先突破过程中，古猿半直立和大脑独特结构将有利于“依靠工具”行为发生。打个比方，半直立和大脑差异（聪明、大胆）如同添加了行为突破的“催化剂”，它与某种有利的环境机遇发生作用，引发“依靠工具”行为这一“化学反应”，启动了人化进程。事实上，在工具突破或石器产生之前的古猿只有半直立的，没有完全直立的，这表明“依靠工具”是人的进化启动点。

“依靠工具”行为是对动物心理的巨大挑战，需要特定的种类，如较聪明、大胆和较大体型，还要有特定的环境机遇，如有利于使用石块等环境条件，在诸多因素共同作用下，才能产生突破的合力。幸运的是，在200万年前众多的古猿中，能够出现某种合适的古猿个体，它抓住了环境机遇，一跃而成为人的祖先。

我曾对“依靠工具”突破过程做过假设[1]：人类祖先是具备复杂心理能力的某种古猿，栖息于布满石块的地段，这些地段也是某些动物的栖息地或必经之路。一些较聪明、勇敢的个体受到偶然因素或现象启发，发现了使用石块防御、捕食的神奇效果，它们开始进行有意识的尝试，尝到“依靠工具”行为的甜头。从此该族群以工具捕食、防御等，生存方式发生改变，即宣告人的诞生。

某古猿族群在一次抵抗来敌攻击中，出现母亲护子的故事：一位母亲急中生智，抓起近旁的石块击敌，解除儿子的危机，由此发现石块的救命功能，产生“依靠工具”防御等行为，使族群得以不断发展。这是“人类的母亲”，我在前面讲过。

这些假设并没有超越自然力或不可理喻。

从古猿到人，人类历史不再含糊，人就是人，猿就是猿，两者是突破的进化关系。在时间上，200 万年前石器的出现，标志着人类的诞生。人走出雨林，向包括高纬度的寒冷草原等不同环境进军，如出现在格鲁吉亚的德马尼西、中国龙骨坡等的直立人。从直立人到智人，人的道路漫长，但进化方向明确，人类在与大自然斗争中奋力拼搏，不断地开拓前进。

人类进化的心理突破、心理选择机制和进步性特征，构成人类进化的推动力，使人类行进在全新的生物进化轨道上。达尔文进化论完全错了，人类进化论必须回归到人的突破模式上。

人类进化一些相关问题和观点归纳于表 12－1。

表 12－1　人类进化的相关问题列表

主要问题	原观点	新观点
进化定义	一个基因库中任何等位基因频率从一代到下一代的变化	从猿到人和人类的基因改变，出现脑等结构变化和环境关系性质改变或进步
物种进步标准	从物种结构、能力等比较，没有唯一的进步标准	环境关系性质改变是唯一的进步标准
人的进化性质	人类进化与物种演化性质一样，人的进化过程没有突然引入“全新的因素”	人类进化发生“依靠工具”的进步突破，发生人的环境关系性质改变
人的进化方式	由古猿演化，即出现逐渐直立等的连续渐变方式	古猿工具意识突破和“依靠工具”，启动全面人化进程
人的产生机制	自然选择机制	心理选择机制为主导
人类的标准	由身体直立、脑容量和牙齿等比较的综合标准	人依靠工具和文化生存，具有适应不同环境的进步性

续表 12 –1

主要问题	原观点	新观点
人类定义	由生物性和社会性等综合	人类是唯一的进化物种
人类产生时间	在 600 万年前至 300 万年前之间	由"依靠工具"突破开始，大约在 200 万年前的能人阶段
社会生物学问题	人与动物社会行为具有延续性，是目前的主流观点	人类社会行为具有进步性，出现性质的改变
演化树结构	演化树上只见分支的枝丫	在晚近抽出的枝丫上结出人类唯一的硕果

12.4 进化论者的回归

12.4.1 拉马克和达尔文

拉马克和达尔文都是演化论的缔造者，他们通过创立生物演化理论，挑战以神学为基础的创造论，对人类精神世界产生深远影响。

拉马克认为生物演化具有向上发展的方向，即生物通过内在力量向上一层级发展，从简单生物开始，逐渐上升到高等动物。他建立了动物由低级到高级的演化序列，人位于序列的顶层。他的生物演化进步观一目了然。

达尔文对生物演化向上发展观点做出含糊的表述。他既否定生物由低等到高等的向上演变，但又不时表达生物结构的改进、完善等，他认为后来出现的生物能够取代或打败它们的前辈，表明它们结构的改进，并以接近人的结构为生物进步标准。

可见拉马克、达尔文同样是以人作为生物演变序列的参照物，都表达了生物演化导致原始类型的改进、完善或进步，这一思想观成为演化论的思想基础。

在生物演化机制上，拉马克提出“用进废退”和“获得性遗传”两条重要法则。“用进废退”就是经常使用的器官逐渐变强、发达，不使用就逐渐退化、消失；而“获得性遗传”是指“用进废退”的变化是可以遗传的。拉马克说，由于生活习性的变化，会使动物发生相应的变化，这些后天获得的变化可以遗传给后代，使生物出现一代又一代的不同改变。

达尔文采用自然选择为生物演化机制，“每一微小变异如果有用就被保存”。他认为通过物种生存竞争、优胜劣汰，自然选择产生更能适应环境的后代。可见达尔文与拉马克在生物演化机制上不同。现代进化论抛弃拉马克学说，支持达尔文理论，自然选择学说成为进化论的核心机制。

问题是，拉马克学说与达尔文理论都是以人作为生物演变的参照物，即通过生物演化的有利、改进或完善，达到与人类进步衔接，因而都是将生物演化与人类进化性质混淆的理论。拉马克学说不能正确地解释生物演化机制，而达尔文理论也不是正确的人类进化理论。

达尔文通过物种生存竞争和自然选择解释生物演化，包括人的进化问题，生物演化的样板成了人的进化样板，物种生存法则与人的生存法则相通，把自然界残酷的生物学机制带入人类学和社会学，这对人的价值观和道德观产生负面作用不可低估。而拉马克学说的生物演化机制尽管不是科学的演化机制，但它对人类价值观和道德观并没有造成较大的冲击，因为他采用后天获得性解释生物演化，该学说在提醒人们必须努力奋斗，才能不断向前进步。这是我们评价两者历史意义时所必需注意到的。

拉马克采用用进废退、获得性遗传解释生物演化，它使生物演化具有某种方向性，它不及达尔文自然选择机制来得科学，现

代理论予以否定。但公允地说，从简单生物到人的演变中，达尔文方案能较好地解释从简单生物到复杂生物，包括人的祖先古猿的演化问题，而拉马克方案能较好地解释人的进化问题。用进废退和获得性遗传方法可以部分解释人类一些独特特征，如心理选择导致人完全直立（获得直立前辈照顾的婴幼儿才能直立），脑容量增加与人更多使用大脑有关，以及人类语言、文化和社会的发展等，更符合拉马克学说的方向性演变特征。

这就是说，从一般生物到人的演变历史中，相比而言，拉马克错了生物演化的前半场，但他赢了人类进化的后半场，而达尔文赢了生物演化的前半场，但他输了人类进化的后半场。两人各有千秋。

拉马克是历史上第一个提出比较完整的进化理论学者，他以唯物主义的历史观认识生物产生和发展，为科学的生命观奠定了基础，他对植物学、无脊椎动物学等做出巨大贡献，值得后人景仰。

12.4.2 达尔文和华莱士

达尔文和华莱士共同创立了以自然选择为核心机制的进化论，打破了19世纪创造论统治学术界的局面。自然选择机制以简明的方法，展示自然环境如何发生作用，产生生物新结构和新物种。它一举解决物种产生的机制难点，成为达尔文理论的新颖性亮点。

对获得自然选择理论首位创立者殊荣，达尔文是幸运的，而且是令人难以相信的幸运。因为有一位年轻学者将一篇题目为《论变种无限偏离原始类型的歧化倾向》（*On the Tendency of Varieties to Depart Indefinitely from the Origin Type*）的论文稿件寄给达尔文，文章明确提出了生物演化的自然选择原理和机制。这位年轻学者就是后来成为生物地理学奠基人的华莱士。就是说，自然选择观点是由华莱士最先提出，结果光环却落在了达尔文身上。

出现这一情况主要有两方面原因。首先，达尔文有显赫的家族背景和上流社会的活动平台。达尔文身边的朋友不是达官显贵，就是学界权威，他有深厚的人脉关系和多方面影响力。华莱士将自然选择原理这一重要论文寄给达尔文，是希望能获得达尔文的推荐，将论文呈交给著名地质学家、达尔文的深交老友奈尔，使论文能够顺利发表。其次，达尔文对物种变异的相关研究也已达到一定深度，对华莱士论文中自然选择原理的理解已非一般人所能及。华莱士论文寥寥4000余字，据说完全击中了达尔文早已萌生但尚未公开提出的物种分歧原理，使达尔文“惊愕莫名”而“近乎瘫痪”。

最终的解决办法是，达尔文对一些已经积累的相关材料做紧急整理，并写出了概要，在奈尔和植物学家虎克（Joseph Hooker）等人的精心安排下，将概要与华莱士论文一并在林奈学会上同时宣读。然后，达尔文抓紧时间写作，在一年半以后出版了《物种起源》一书。

这一戏剧性的安排使自然选择理论出现了2位“父亲”，而人们往往只记住了达尔文，因为他出版了《物种起源》。

实际上，《物种起源》并不是在严格地探讨物种起源。真正的物种起源涉及的问题极其广泛和复杂，包括地球地质演化和生物化学理论等，至今尚未有一个可被完全接受的方案。《物种起源》主要论述了物种变异、生存竞争、自然选择和人工选择等，内容十分繁杂，其中大量引用前人的观点，不厌其烦地列举类似例子，目的是论证物种变异和发生演化的可能性、可信度。它更像是一部生物演化的博物学全书，以细腻的描述和面面俱到的解释，说明物种是由同一祖先演化而来。

《物种起源》中真正属于达尔文自己的创见并不多。自然选

择原理是主要的亮点，但其观点和内容十分浅显简单，详细叙述也只需要 1 个章节就够了。据说达尔文对物种演化问题的思考时间远远早于华莱士，但关键是，他发现物种“无限偏离原始类型”的自然选择原理和机制，是否也是早于华莱士？或者仅是通过华莱士论文的提示，达尔文产生“心有灵犀一点通”也未可知。

《物种起源》中可见到不少拉马克思想的影子或获得性遗传的例子。如达尔文认为一些不常使用的器官（如盲肠等）的退化萎缩，是用进废退的结果；又指出太平洋岛屿上一些大鸟因为没有捕食天敌，不用飞来飞去，翅膀长期不用而退化，产生了不能飞的后代。这些都是拉马克获得性遗传的典型例子。达尔文还相信知识可以遗传，老子水平高儿子也聪明，这也是拉马克获得性遗传理论的智力版。这类观点与自然选择原理是两回事，也全无新颖性。说明当时达尔文演化思想并非只有自然选择，或对自然选择理论尚未深思熟虑。

达尔文使用一些含糊字眼，这也广受争议。如“适者生存”被指为同义反复，因为适者即生存者，两者是同样的概念。他在一些观点上相互矛盾或模棱两可，不同学派都能找到对自己有利的证据而互相指责，都认为自己的理论完全符合达尔文主义。例如，种族平等主义者、男女平等主义者、和平主义者都能从中找到对自己有利的证据，而种族歧视和性别歧视以及战争贩子，也能从其文字和逻辑推理中获得有利的证据，也都把达尔文视为好友，认为是适合自己的一套理论。正所谓各取所需，皆大欢喜。这点真的很不平常，难道这些对立双方都只是在误读达尔文，或者是达尔文在玩弄文字游戏？

对自然选择理论的发现权属于谁的问题，已经有不少史学家提出了同样的质疑，因为是华莱士首先提交了这一理论的论文版本，经达尔文手后就成了共同发现的理论，这一过程真实而清楚。而有关达尔文发现的细节仍然较含糊，仅根据他收到华莱士论文后的种种解释和补充材料，难以评说事件的是非曲直。

按照达尔文的说法，他的自然选择观点隐藏了 17 年之久，但这对于一位活跃的博物学者来说，实在是不合常理、令人怀疑，也难怪有史学家指控他为“剽窃”。他有可能是在收到华莱士论文后，才在他的理论中添加了自然选择那“画龙点睛”的几笔。因此公平合理的做法，应该是让华莱士作为第一发现者才对。

最大的问题是，达尔文理论将人类进化纳入与猩猩同样的演化行列，而华莱士则将人类区别对待，两人出现矛盾分歧（其他一些观点也不一致），最后分道扬镳。如果达尔文正确，仍然能算作伟人，对伟人不能过于斤斤计较，但如果是华莱士正确，将有必要另眼看待。这也是我在此重弹历史老调的原因。

再来看看华莱士。

华莱士，英国博物学家，动物地理学的奠基人。他出身于贫寒家庭，14 岁辍学，当过测量员和建筑工人。他依靠勤奋自学当上了大学教师，并结识了当时英国昆虫学家 H. 贝第斯，从此他对采集生物标本产生强烈兴趣，走进了充满风险的、以采集物种标本为生的挑战性生涯，这就是 25 岁的华莱士。他先是在南美洲雨林采集了 4 年标本，自己染病，同在南美洲的弟弟患黄热病去世，他因此遭受不小的打击。在回国时又因轮船发生火灾，将所有采集到的珍贵标本和资料全部烧毁，自己也几乎丧命，真可谓倒霉透顶了。但这种种挫折并没有击倒华莱士，他随后又奔赴马来群岛，历经 8 年的艰辛和颠沛流离的生活，搜集到了 10 万多种生物标本。由于他取得了大自然的第一手材料，对生物地理分布有客观认识和新感悟，同时开展各种开创性的研究，他成为生物地理学的奠基者。他出版了《动物的地理分布》（1876）、《生命岛》（1880）等著作，根据不同动物类群分布特点，他将地球划分为不同的动物地理区，并研究和揭示了岛屿生物的分布格局等。现代生态学上采用“华莱士线”标记澳洲界和东洋界的两大动物区系，以纪念这位卓越的生物地理学先驱人物。

在生物演化方面，早在赴南美考察之前，华莱士就已经对物种起源问题十分着迷，他认为答案必须到大自然中去寻找，这也是他甘愿放弃学校舒适环境而冒险远行的重要原因。在马来群岛的第二年，他发表了一篇题目为《论新物种发生的规律》文章，明确提出现有物种是由相近祖先演化而来的观点。达尔文看到这篇文章后主动写信给华莱士，表示同意他写的“几乎每一句话”，从此两人建立了交谊。在马来群岛的第三年，他再次遭到疟疾的侵袭，在患病期间，华莱士对物种变异和演化机制进行了深入思考，首次提出了物种演化的自然选择原理和机制，写出了论文。显然，华莱士的这一重大发现，并非只是突发而至的灵感，而是对生物演化长时间思考而产生的思想升华。华莱士将自然选择的重要论文寄给达尔文，表明他对达尔文的信任，却促成了达尔文的成功。达尔文成为人们所记住的自然选择理论发现者，华莱士却几乎被人遗忘了。

但此种种不公是历史问题，不是要讨论的重点。这里要探讨的是两人所提出的自然选择原理的一些异同之处。

华莱士提出的自然选择观点，强调物种由环境决定去留，自然环境好似标尺，将不符合标尺的变异除去，只要环境不变，物种就不需要改变，当然也不能变。这种观点和表述十分清晰。达尔文则强调物种生存竞争和优胜劣汰法则，认为自然选择“保留有利的变异，清除不利的变异”，导致物种结构获得改进、完善或进步。在《物种起源》中涉及生存竞争的内容占有相当大的篇幅。

生物演化只是维持其与环境的依存关系，所有演化性质一致。达尔文采用物种生存竞争方法解释生物结构的改进、完善，这种演化观添加了人的价值观，不符合生物演化本质。而正是在这一点上，一些学者却认为达尔文的表述更完整，水平更高些，显然是陷于“进化”和“演化”性质混淆的误区中了。就是说，华莱士不提物种生存竞争和生物结构的改进、完善，这要比达尔文棋高一着，其表述更为深谋远虑、切合实际。

达尔文强调物种繁殖过盛和生存竞争，导致一些结构改善的变异物种更多生存传代，即自然选择更青睐有改善的变种。在前面已经知道，这是进化论一个基础性错误，自然选择只挑选适合特定环境的变种，维持物种与环境的依存关系，遵循生物演化基本规律。可见华莱士对自然选择的表述是正确的：有环境才有物种，“环境是一把标尺，决定变种存留”，环境变化是物种产生和消亡的根本原因。华莱士的自然选择机制清晰无误，符合生物演化本质。

达尔文与华莱士的理论分歧主要体现在自然选择是否适用于人类上。华莱士认为，如果人脑及其派生出的精神产生于自然选择，那么它们应该在史前物种成员的平均水平之上，而且还意味着应当仍然存在于现存的人类社会和人种之中，但事实并非如此。这说明人类历史不能简单用自然选择来解释，人类精神的进化应是“自然选择之外的某种因素”，应对人类进化给出一个“独立于自然选择的证明”。总之，华莱士认为人类智慧进化超出了生物适应范围，不能适用于自然选择。

华莱士在发现生物演化机制的基础上，并没有盲目扩大战果，将人类置于他所发现的理论中，而是及时抽身，提出将人类独立于自然选择之外的新论证，其眼光锐利、独到，令人钦佩。这才是一个伟大人物的丰采。

但是，华莱士未能解释人的进化机制，未能找到人独立于自然选择的某种因素，最终他将人的产生与“唯灵论”掺杂。一些人指责他走上了创造论歧途，他的自然选择理论发现者地位也

被降低，使他不能够与达尔文处在同一档次了。

诚然，由于华莱士没有建立生物演化规律，没有揭示人类进化机制和进步原因，也就难以解释人的智慧和精神的产生，而且他将人的进化问题渗入了一些创造论成分。但是，平心而论，这点只能算是华莱士演化观的瑕疵。华莱士发现生物演化自然选择机制，也就是否定创造论，这具有独创性，而他认为人类智慧不能适用于自然选择，这也是他的过人之处。

华莱士是对的。人类发生工具意识突破，产生“依靠工具”行为和人的进步性，心理选择机制导致人的心理和结构出现方向性改变或进化，人类精神也就不同于其他动物。虽然华莱士不能证明人类进化的性质突破，不能给出人类进化“独立于自然选择的证明”（如心理选择机制），但他将人类智慧和精神独立于生物演化的做法，远胜于达尔文将人类进化与一般物种演化混淆的做法。华莱士提出自然选择原理的首创性和准确性超过达尔文，后人评价明显有失公允。

回过头来看，生物演化思想并非出自达尔文，拉马克等人已经明确该思想，加上自然选择原理可能来自华莱士，达尔文的新意已经不多，再加上在人类进化问题上出现了根本性错误，达尔文理论的价值已经淘空，剩下的只是一个权威人物的空壳。相比于华莱士，达尔文将黯然失色。

假如历史上没有达尔文，华莱士也同样发现了自然选择理论，并更准确地阐明演化机制的精粹。在涉及人类产生这一重大问题上，华莱士表现出了应有的小心求证态度，而不是一棍子将人打入一般生物演化的行列，这种做法正是避免真理落入荒谬，防止对人类产生不利的正确做法。但是，历史总是强者的舞台。人的进化与生物演化混淆，自然选择的“丛林法则”被一些人弄到人类学和社会学理论中，使人类道德观受到前所未有的侵蚀，造成人类历史的巨大灾难，科学发现的“喜剧”演成了人类社会的“悲剧”。人们应该深思了。

较之达尔文的种族主义、社会达尔文主义倾向，他在一些重要观点上出现前后反复，或采用玩弄文字游戏的手法，我更崇敬华莱士。他历经挫折而坚忍不拔的精神，居功而谦让的高尚品格令人钦佩，他在生物地理学理论上做出开拓性贡献，他是更应该为人们所记住的首位自然选择理论发现者。华莱士是一位真正让人肃然起敬的历史人物。

许许多多对生物演化具独特见解的优秀生物学家和先驱人物，如编著《自然史》、指出人猿同祖的布丰，进化论先驱人物拉马克，坚持人类独特性的生物学家欧文等，都应该受到后人的敬仰。

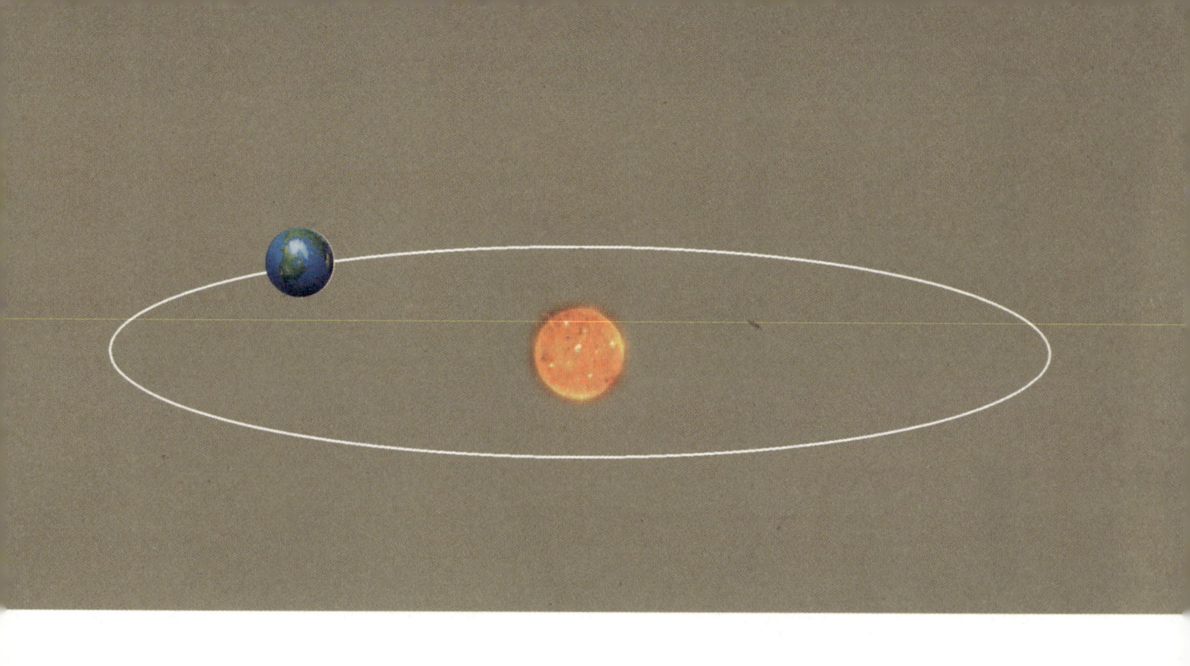

第13章 人类的未来

认识人的进化未来，首先必须认识人的过去和现在。以往对生物演化和人的进化性质存在认识偏差，对人类未来进化做了一些不伦不类的预测，即采用自然选择机制预测人类未来，偏离人类进化方向。人类进化历史已经照耀人类未来，进化的主题词是进步和发展，人的未来将以心理选择机制为主导，以科技和文化进步为方向目标，出现一个大同的人类世界，并将把人类改造成为一种自己所希望的未来人。

13.1 人类在继续进化

自人类诞生以来，人的进化以其独特方式、机制和方向行进，进步、创新和发展是人类进化的主题词。人的进化历史照耀人类进化的未来，人的未来将前无古人。

在这里，我将一本有趣的描写人类未来进化的作品提供讨论，它的思想观代表了以往进化论的观点。这些观点可能为大家所熟知，但反映出问题的严重性，即如果不首先弄清“进化”与“演化”性质，在人类进化未来这一主题上，我们讨论的将是不着边际或南辕北辙。

著作译名为《人类演化的未来：普罗米修斯的后代》[77]，这是美国学者克里斯多佛·威尔斯（Chrsitopher Wills）所作，该书受到学术界的广泛赞誉。下面引述了这本书的部分内容。

在神话中，普罗米修斯将火种送给人类，结果却导致他自身可怕的命运。这个故事以浅显的方式解释了人类与其他物种为什么会走上完全不同的道路。

现在我们知道，我们和其他物种的不同，并不是因为从天堂偷来火种，而是演化本身的力量，但是这并无损于普罗米修斯传说的传奇。毕竟，正是因为演化的力量，才使我们具有创造普罗米修斯传说的能力，将我们的存在转化为其他的故事、诗歌、理论以及各项发明。

演化使我们有能力去完成这一切的改变。但是我们仍然在持续的演化中吗？如果真是这样，这将会是以什么样的形式进行呢？我们将会演化成为什么模样呢？自达尔文以来，这些问题深深吸引着生物学家。

作者通过对印度尼西亚群岛的红毛猩猩（见图 13－1）的观察，解释它们为什么没有发生类似人类的演化的原因。它们生活在一个有 400 多种水果的环境，其他生态环境无法提供这么丰富的食物，所以它们一直待在原地。威尔斯相信，如果当时它们的森林消失了，那么它们也会加入我们，搭上演化的自动扶梯。

图 13－1　红毛猩猩

它在树上直立行走姿势几乎与人一样，但却是繁殖速度最慢的哺乳动物

演化自动扶梯就是威尔斯假设的演化“反馈的循环”（feedback loop）。

“在几百万年前，我们的祖先搭上脱轨的演化便车（遗传变异），当遗传改变使人类的大脑和身体发生改变时，有些改变被特别地挑选出来了，因此我们祖先的活动，也就构建了更复杂的和以人类为主导的环境。”（注意：没有工具突破，如何主导环境？）

遗传和环境的改变强化了演化“反馈的循环”。“任何在文化上或是环境上的改变被选择出来，为具有这些基因的人所善用，结果其中有些人（或他们的后代）因此具有足够的智力，去做更进一步的文化和环境上的改变。这也可能会导致更多的选择，不仅是因为突变所导致的遗传变异，同时也是因为每一个世代遗传的随机重组之故。”（注意：自然选择为何只是挑选人的智力和文化基因遗传？）

一旦人类进入这个“反馈的循环”，那么也就再也无法阻止或是逆转演化的发生了。他认为人类祖先之所以展开奇特演化的诱因，是旧的环境消失同时，出现一个能够符合生存的新环境。如果在这一新环境中，正好对于直立、工具的使用、沟通的技巧或是三者皆有利，那么这类改变就注定开始发展了，而且它们从来没有走上回头路。

至此，这一部分的引述可以结束了。威尔斯在著作中大量地插入印度尼西亚群岛的风情和人物长篇描写，但要点还是可以理清的：人类出现智力等改变，善用了文化和环境的不同改变，并遇到了对于直立、工具的使用、沟通的技巧皆有利的新环境，从而走上不可逆转的人化道路。

威尔斯采用演化“反馈的循环”，与其他主流观点或模式，如气候决定论（即气候改变使古猿下地直立）相比较，虽然略有差别（他试图建立一个有方向的进化模式），实质上都是古猿基因变异加上环境机遇作用，通过自然选择产生人的模式。由同样的一个自然选择机制既产生人，又产生猿，必然要对人的改变方式进行一些特别的设计，在这里，威尔斯认为人类祖先可以选择出“足够的智力”，进入他所建立的“反馈的循环”，而其他

猿因为舍不得离开食物丰富的环境，没有进入“反馈的循环”。

这种人类进化模式疑点重重。首先是它忽视其他猿的环境也在不断地发生改变，如红毛猩猩历史上曾经出现过体型巨大的种类（化石），这说明红毛猩猩的环境在不断地发生改变，即它们曾经离开过食物丰富的环境（大型红毛猩猩应是下地生活的种类），只是并没有进入演化的“反馈的循环”。

威尔斯演化模式有一个启动点，即人类祖先获得“足够的智力”，进入演化的“反馈的循环”。问题是，人类产生是一个漫长的结构选择过程，环境在不断改变，自然选择不具有使演化“不再回头”的推动力。比如说，当环境出现草原化改变时，古猿下地行走和体型变大，走上大型动物演化之路，如粗壮南猿等。或者，当环境又回到雨林气候，出现了有400多种水果可以享用的环境，难道它们不再上树吗？就是说，如果没有工具突破和生存方式改变，它们不可能进入“不再回头”的“反馈的循环”，只有“依靠工具”行为产生了食髓知味，才能出现这种“不再回头”的驱动力，产生完全直立的人。威尔斯设计的人类产生模式充满随意性，它与其他的人类产生模式一样，并没有说清楚关键问题，因为他采用的是自然选择模式，它只能产生适应特定环境的猿，不可能产生人。

我的人类进化新模式也有一个进化启动点，它是一个实实在在的“依靠工具”心理行为改变，是某种具有心理优势的古猿（人类祖先）发生的行为改变，它导致人的生存方式改变，出现心理选择的进化推动力，人类当然“不再回头”了。

根据达尔文进化论预测人类未来，在不同学者的预测也是不同的。下面再继续引述威尔斯作品资料。

自达尔文以来，许多权威人士、专业人士对人类是否仍在继续演化，以及我们未来将变成什么模样意见不一。在对人类是否继续演化上，最大的论战在于演化到底是有益于人类，还是会使我们产生退化？

一种观点认为，如果选择压力缓慢下来，那么大量有害基因突变将有害于我们的基因库。演化学家赫胥黎在《现代世界中的人类》做出了“人类将从内在逐渐被毁灭”的可怕预测，遗传学家穆勒（H. J. Muller）发明了专有名词“遗传负荷”（genetic load），用它来度量人类所承受的有害突变负担，他认为如果不预先做好预防措施，人类未来将相当危险。

另一种观点则认为，人类适应自己创造的环境，这是有利的改变。如人类学家布雷斯（C. Loring Brace）认为人的牙齿变小等改变，并不是体质变差的退化，比起古时的粗大强壮牙齿，人的小型牙齿更有益。他指出，“蛮力无法和良好的运动技巧相容，只能在两者取一”，即人类的改变是有益的。

对人类未来“进化”（演化）的讨论十分热闹和有趣，占用威尔斯著作的大量篇幅。在我看来，这些争论根本就没有弄清“进化”的含义，没有把握焦点问题。现代人在结构上适应自然环境虽然不如祖先，但人的进化已经加入了工具和文化的附加部分，这些有形的或无形的附加物都是人的一部分，是决不能分离的。只是比较人体结构，人就是一个不能存活于自然界的怪物，如同离开人类社会的“狼孩”难以生存一样，因而这种结构比较失去意义。换句话说，人能更好地适应自己建立的人类环境，其进化新产生的结构特征才是人的特征，失去这些特征也就不是人了。因此，如果是继续做人，没有必要对人的结构变化担忧。

至于将产生什么模样的未来人，却是一个值得探讨的问题。

威尔斯认为文化因素将影响未来人，我同意这一观点。实际上，人类文化进化对人的影响早就开始了，“依靠工具”产生新的生存方式，创造了人类文化的新形式，人体结构适应新文化改变，人脑容量不断增大和出现完全直立，产生了现代人的模样。

一些学者根据现代人的生存方式和社会环境变化，从演化原

理中得出预测：未来人将是一种大头、少发、细手细脚的类型。这种未来人的形象已经出现在一些科幻小说或影片作品中。

这种未来人的形象对吗？实际上，它是一种由自然选择机制或演化方式设计的未来人形象。但是，人的进化机制是心理选择机制，不是自然选择机制，因而这是一种错误的未来人形象。人类进化从200万年前“依靠工具”启动，产生以心理选择为主导的进化机制，现代人的模样已经远远偏离自然选择的方向，这种变化方式在未来还将继续进行下去。而随着未来人的科技和文化高度发展，未来人的形象必定是由未来人的意愿所塑造，怎么可能出现“细手细脚”的未来人？

人的未来进化将是更快速的进化。人类进化出现心理选择为主、自然选择为次的作用机制，这种混合机制将随着人类环境改变、种族关系改变或世界大同的进步而逐渐调整，其中区域性人类差异或自然选择作用将不断地减弱，人种差异逐渐缩小。而心理选择作用部分将不断地增强，在人类生存环境朝着相同的方向发展的未来，人的认识将会出现一致性，最终出现全球性的人种。

显而易见，是采用心理选择为主导的人类进化模式，还是采用达尔文自然选择模式，对人类未来的预测是截然不同的。人的过去和现在不是演化，人的未来也不是演化，而是不断地进化。因此在探讨人的未来进化上，必须抛弃达尔文进化论模式。人类心理选择机制出现了200万年，人才能进化成为今日之模样，未来人的模样如何，必然与未来科技、文化发展相关，它们是主导人类进化方向的决定因素。

13.2　人类进化的未来

人类进步依靠工具和文化，使人类适应不同环境，同时推动人的结构、心理、语言和文化发展，未来人类进化仍然离不开工具和文化。因此，以工具和文化进步为主线追寻未来人类进化轨迹应有较大的可靠性。

第一，工具等进步将为人类创造出理想的生存环境。未来环境将较适合人类生存，对体能的要求较低，在人类意识和先进文化指导下，体育健身将继续维持人类身体机能发展，使人类不断进化。

第二，人类进化是心理选择主导的改变。随着社会进步和文化意识改变，人们已经不再视生育为荣耀，未来人的生育愿望减低，最终可能必须采取其他生育方法代替。因此未来人是高是矮，健壮还是敏捷，将是由人类自己的意愿所塑造，由人类科技和文化发展决定人的基因遗传方向。

例如以日本人口结构变化为案例，日本现时每位女性产下1.4个婴儿，已经远低于人口增长所需要的水平。其他许多发达国家也出现类似问题。有一篇题为《2076年的世界，人口导弹反向爆炸》（*The World in* 2076：*The Population Bomb Has Imploded*）的文章，文章阐述未来人口将会出现老化的问题，指出在未来60年内，德国和意大利人口可能减半。

我认为未来人类生育不是大问题，有多种办法对付这一问题，如出台各种鼓励生育政策等。未来只需要部分人工作，就足以满足全社会的物质或精神需求，而另一部分人将专责培育后代。退一步说，如果生育不足，大不了就是采用社会生育或社会抚养方式。科学技术不断进步已经为人的基因延续和改变提供便利，如试管婴儿等，在不远的将来，人类将掌握改造自身基因的能力。

以科技进步和生育创新为主导的人类未来进化方式，将是以人的意愿为进化的方向。它与心理选择作用方向一致，只不过它采用是直接的科技手段作用（选择），而不是通过生存差异的选择压力作用。因此前者的进化速度将更加迅猛，选择标准也有所

不同，如在容貌、健康和寿命选择上，未来人的容貌将会更加俊美、潇洒，体格变得更强健，寿命也更长。在科学技术迅猛发展的未来，未来人必然成为人类按照自己意愿所塑造的独特生物。

人类进步创造出精神文明和物质文明，完全可以解决未来出现的各种新问题。科技进步使人适应各种环境和不断创造新环境，未来人的活动空间不只限于地球上，太空时代将为人类带来更多样的生存环境。

对于我这种乐观的人类未来观，也许有些人会不以为然，如认为人类科技发展也有两面性，核科学、机器人、地球污染可能造成可怕后果，人类未来战争也可能毁灭地球。虽然这些可能性也许是存在的，但人类会让自己走向灭绝的深渊吗？我认为不会。人类进化本质在于人的进步性，必须牢牢记住这一闪光点。人的进步性在于其不断创造解决问题的新方法，当某方面出现问题，总会有人想出办法解决，否则人类社会不可能达到今日的繁荣。比如说人类战争，单是第二次世界大战以前的欧洲就打得不可开交，但是，一场战争就是一剂良药，人们记录战争的可怕灾难，吸取了经验教训。从第二次世界大战至今，国家与国家之间、民族与民族之间的矛盾远远多于100年前，但并没有发生一场规模较大的战争，原因就是人类服了药，都知道现代战争要比过去的战争更可怕，人们找到了部分有效的解决办法，如建立大国之间的武器平衡、建立国家的联盟关系，或设立公约限制小国发展核武器等。未来人类战争可能还会发生，但不会毁灭人类，人类将继续前进。

科技时代的到来正在快速改变人的生活方式，不断创新人类环境。一个“微信”网络工具创新了人与人之间的交流方式，形成便捷的生活圈，未来的超级“微信”将解决全世界人们的交流问题，消除语言或地域障碍，一个世界大同的生活圈应该指日可待。

科技和文化必将创造人类未来。未来人类进化将是以科技、文化主导，什么国家之争、种族之争、民族之争，在新科技和新文化面前必然彻底瓦解，人类将成为一个命运共同体。

人类进化历史照耀人类未来进化。人类历史是一部惊天地、泣鬼神的生存史，每一个民族都能够在与环境斗争中汲取进步元素，取得生存和发展。从旧石器时代到新石器时代，从奴隶社会、封建社会到资本主义社会，人类社会不断进步，不断释放出新的创造力。人类科技和文化发展已经汇成了不可阻挡的全人类进步洪流，人类未来进步必然超出现代人的想象空间。

13.3 人的生存的本质

大自然创造出无数精致绝伦的物种。有游弋于海洋千米深层的鱼类，也有飞翔于万米高空的鸟类，有生存于热带雨林的小型动物，也有生存于冰天雪地寒极地带的大型动物。不同生物有不同生存绝技，出现各种神奇构造和适应性，这些都为人类所望尘莫及。但是，物种是万变不离其宗，每种生物只适应特定环境，只能待在其应该呆的地方，享用自然环境的偶然性快餐和片刻欢乐。而人类具有适应各种环境和创造新环境的本领，人可以到达想去的任何地方，享受自己创造出来的、所希望得到的健康食品和精神美食。这就是人与其他生物生存的本质差别。

当人们置身于都市，看着街道上车水马龙、高楼林立的景色，品尝美味佳肴，或在电脑前，浏览着海量的资讯，欣赏着舞台上精彩的明星表演，感受到精神上的愉悦。此时此刻，人与动物的距离如此遥远，宛如天壤之别。但当进入乡村，与动物相依相随，青山绿水间蝉鸣蛙叫，似乎又发觉人与动物的距离如此之近，动物也有七情六欲，也要吃喝拉撒。这就是人的独特性，既有人类的进步性，又有一般的生物性。

人类进化带来了很多生存的好处，物质、精神、文化的种种巨变，使人们感受到社会的进步，享受到做人的优越性。但在这些享受和满足的背后，又可能要承受更多的精神煎熬，爱与恨，情与仇，淋漓尽致。而面对各种迷茫困惑，产生宗教和信仰等人类精神意识，为人类进化增添了独特性。

人与其他生物生存的本质差别，就是生物演化与人类进化的差别。人类具有适应各种环境的进步性，具有创造新环境、享受健康食品和精神美食的本领，而其他生物只能永远维持它们依存特定环境、享用自然环境偶然性快餐的本领。达尔文曾说过，假如一个阿米巴能够很好地适应环境生存，就像我们能够适应环境生存一样，谁又能说我们是高等生物呢？这是一种极大误解。人类不断地创造出新环境，获得自己希望得到的一切，达成自己的目标，而阿米巴们只有生死由天的本分，两者有着本质的差别。我们必须抛弃这种混淆人的进化性质、不伦不类的“进化论”。

人类进步改变了地球环境，人具有主宰其他物种的能力。但是，人类具有动物属性，与大自然有着千丝万缕的联系，人类未来仍然需要大自然的庇护，自然界的所有一切都应受到人类尊重。换句话说，即使人不再与猩猩们为伍，也并不妨碍与它们和谐相处，人与自然和谐才是人类进步的至高境界。事实上，随着人类社会的进步，人们逐渐认识到保护环境的重要性，自觉纠正破坏自然环境的行为，人类正在承担起维护环境稳定的责任。

结 束 语

在完成本章节之际，刚好是美国在举行第58届总统竞选的第二轮辩论，辩论主角是美国民主党候选人希拉里和共和党候选人特朗普。

这是一场被美国媒体称为“疯子和骗子的大战”。

两人相互攻击、互揭隐私，“女性门”对“邮件门”，各种阴招和阳招运用得淋漓尽致，成为全世界人们茶前饭后的笑料。

相比之下，达尔文进化论的乱象有过之而无不及。

进化论提出后的200年，也是各种观点争吵不休的200年。一种既无生物演化规律，又无生物进步标准的演化理论，却能够打通从生物演化到人类进化的各个不同环节，或将人的特性混入一般生物特性中，其中诡异言词显而易见，逻辑荒谬不胜枚举。它如同皇帝的新衣，华丽的外表之下隐藏着丑陋和虚伪。

我就是要揭露再揭露，剥开皇帝的新衣，不为别的，只因为我是人，不能容忍达尔文进化论的“亦人亦猿”。我认为，人的性质和地位不是由某几个人说了算，必须由生物演化规律和人的进化机制说了算，必须纠正“亦人亦猿”的“进化论”。

我的挑战法宝有两条：一条是生物演化基本规律，一条是人类进化机制。达尔文进化论漠视演化规律，误判进化机制，制造了同一个自然选择既产生猿、又产生人的荒谬故事。但是，再大的谎言也有破灭的一天，让我们拭目以待。

下面引用《生物演化理论十大误区——由大型动物演化规律挑战达尔文进化论》中一段在天堂上的对话，以此为结束语。

猩猩：“你们祖先与我们祖先曾经是兄弟姐妹，为什么如今这么不同：人一生下来就得到了无微不至的照顾，死后还能受到祀奉和亲人的怀念。”

人：“你们祖先只是演化为猩猩，你们未来将成为大猩猩，并没有走出物种演化的循环圈。”

猩猩：“我们同样是进化而来，同样有较大的脑袋和灵活的四肢，与你们差不多呀！”

人：“你们并没有进化，只是演化，仍与猪、狗同类，而我们进化了。”

猩猩：“为什么我们是演化，你们是进化?”

人：“我们祖先打开了智慧的盒子，超越了演化规律。”

猩猩：“这不公平！我们曾经与你们的祖先一样，如今却要与猪、狗同类。”

人：“这很公平！因为我们进化了。”

猩猩：……

附录　哺乳动物和爬行动物的演化规律

哺乳动物和爬行动物具有不同的结构和适应特点，其地理分布与气候变化模式具有对应性。如古生代寒冷气候周期出现了似哺乳类爬行动物为优势种，新生代寒冷气候周期出现了哺乳动物为优势种，即它们都是哺乳动物，对应于气候寒冷模式，中生代温暖气候周期出现了恐龙等爬行动物为优势种，即爬行动物对应于气候温暖模式。这表明哺乳动物和爬行动物遵循不同的演化规律。从动物结构和适应性特点比较，证明哺乳类不可能由爬行类演化产生，“似哺乳类爬行动物”不是中间过渡种，而是“早期哺乳动物”，它起源于古两栖动物。这样，从早期哺乳动物到中期、后期以及现代哺乳动物，呈现了它们清晰的演化脉络。认识哺乳动物和爬行动物演化规律，纠正把哺乳动物置于爬行动物之上的生物“进步观”，才能正确认识生物演化。

1.1　爬行动物的结构和适应特点

爬行动物和哺乳动物都是能较好适应陆地环境的动物种类，它们种类多、形态各异，在地球不同区域都有分布，化石保存较多，是研究动物演化的最好材料。

爬行动物是体被角质鳞片、在陆地繁殖的变温羊膜动物，包括常见的蜥蜴、乌龟、蛇和鳄鱼等。爬行动物和哺乳动物的构造以及机能存在较大差异，两者具有不同的适应环境特点。

第一，爬行类为变温动物，适合温暖环境。爬行类体表由角质鳞片覆盖，缺乏皮腺，保水性较好，但保温性较差，适应温暖

环境而不适宜寒冷环境。身体变温调节可以减少能量消耗，能够较好地适应高温和干旱的季节性食物短缺环境。

第二，爬行类产卵繁殖，相对生殖力较强。由于受精卵仅短暂停留体内，在体外孵化完成，每次繁殖量较大，生产对母体影响小。而哺乳动物胚胎在体内发育，每次繁殖量较少，生产和哺乳对母体影响较大。例如海龟每次可以生产上百只蛋，这对于哺乳类来说是难以想象的。

在热带或亚热带地区，爬行类出现物种多样化，而在较高纬度地区种类稀少，这与它们适应温暖环境特性一致。在演化历史上爬行类体型超过哺乳类，成为陆地动物最大体型，如恐龙，这符合产卵方式特点，因为产卵方式生殖力较大，较好地解决动物体型大而生殖力小的问题。因此在地球温暖气候周期，爬行动物成为优势物种，如中生代出现的恐龙。

中生代气候温暖，旱季和湿季交替，形成广阔无垠的干湿季气候环境，爬行类演化形成种类繁多的优势类群。当干旱气候加剧，环境压力增加，一些较大型爬行动物采取迁徙等行为适应环境变化，体型不断变大。如一些蜥脚类恐龙体长可达到 30 m，它们四足粗壮，显然更适合迁徙的种类。在澳洲一些上新世至更新世地层，出现气候干热环境，陆地上的优势动物为古巨蜥等爬行类。这表明爬行动物是较好适应温暖环境的动物类群，它们遵循爬行动物演化规律，即在地球温暖气候周期，爬行动物演化成为优势种类。

爬行动物起源于古两栖类动物。一般认为最原始的爬行类是头骨不具颞孔的无孔类，如乌龟等。在古生代石炭纪时期开始出现爬行动物，从小型的林蜥到体型较大的槽齿类等，它们与另一类动物，即似哺乳类爬行动物（早期哺乳动物），在不同地层中互现，不断演化和发展。

1.2 哺乳动物的结构和适应特点

哺乳动物是全身被毛、恒温、胎生和哺乳的脊椎动物。包括猫、狗、鲸鱼、蝙蝠等，人类是由哺乳动物的灵长类产生。

在结构功能和适应上，哺乳类身体恒温，表皮具皮腺、毛发，拥有致密的真皮及皮下发达脂肪组织，具有较好的保温功能，胎生和哺乳使后代存活率较高，因而哺乳类能较好适应寒冷气候环境。

在演化历史上，似哺乳类爬行动物在古生代石炭纪出现，形成不同的类群，包括盘龙类和兽孔类，它们适应古生代寒冷气候，是早期的哺乳动物。似哺乳类爬行动物种类较多，体型如牛到鼠都有，如水龙兽、犬齿兽体长1～2 m，肯齿兽、丽齿兽体长达3 m以上，它们成为古生代陆地动物优势种类。

随着中生代温暖气候周期到来，似哺乳类爬行动物优势逐渐被爬行类取代。哺乳动物在温暖气候环境不具有优势，难以适应中生代气候旱季与雨季波动变化，它们要么在气候湿热的雨林活动，体型变小，要么下地洞躲避高温，体型也变小。在中生代上亿年的高温气候周期中，演化产生了上千种的恐龙，而哺乳动物只是维持一些小型化种类，它们难得一见。

当新生代出现气候变冷趋势后，哺乳动物以身体恒温、保温、胎生和哺乳等特征，更好地适应寒冷气候，进入大发展时期。一些种类因适应气候冷暖季节变化，出现迁徙行为或活动区域扩大，体型逐渐变大。例如，在恐龙灭绝后的新生代第三纪早期，由于延续了白垩纪晚期高温湿热气候，哺乳动物体型变化不大，甚至变得更小，如早始新世出现的哺乳动物体型仅为古新世的60%，这与当时气候更热的环境背景一致。但到第三纪晚期气候明显变冷，哺乳动物体型变大，大型种类骤然增加，特别是第四纪冰期出现严寒气候，各种体型巨大的哺乳动物大量涌现，形成数量丰富的第四纪冰期动物化石。可见当地球出现寒冷气候周期时，哺乳动物将演化成为优势种类，即它们遵循哺乳动物演化规律。

1.3 似哺乳类爬行动物

似哺乳类爬行动物出现于3亿年前石炭纪，包括早期盘龙类和后期兽孔类[47]，化石发现于南非、俄罗斯和北美等地，我国也有一些化石发现。

从似哺乳类爬行动物（mammal-like reptile）这一称谓上，可以看出其分类上的困难：它们既像是哺乳动物，又定位于爬行动物，成为一个特殊的动物群体（见附图）。

附图　似哺乳类爬行动物

一类生活在2.5亿年前的具有兽类般结构的动物

从其头骨具有合颞窝、牙齿异齿、表皮和体型等特点来看，它们与哺乳类一致，但从其四肢和下颌骨的结构特点来看，它们接近爬行类。

一些学者根据结构差别，特别是其出现时间较早，认为它们是介于爬行类与哺乳类之间的演化中间过渡种。在分类上将它们被归入了爬行类。

如果它们是爬行类与哺乳类之间的中间过渡种，爬行类就是哺乳类的祖先。这是一个涉及哺乳动物起源的问题，也是决定演化规律的问题，因为如果两者能够进行演化过渡，也就不存在哺乳动物演化规律和爬行动物演化规律。

似哺乳类爬行动物头骨、牙齿和表皮等具有哺乳动物特征，关于其是否存在恒温、胎生等组织结构，并没有留下确切证据。但是，根据似哺乳类爬行动物适应寒冷环境特点，可以确认其具备哺乳动物的基本结构和功能特征。

第一，石炭－二叠纪大冰期持续上千万年，似哺乳类爬行动物是当时的优势种。一些体型较大种类化石多出自较高纬度地区，说明它们适应寒冷气候。一些早期种类（盘龙类）具有高耸的背帆，可能在寒冷时节作为背部覆盖物，起着保温作用，即它们类似恒温动物。

第二，似哺乳类爬行动物是胎生动物，胎生能够较好地适应寒冷气候。据2008年英国《自然》杂志报道，发现在3.8亿年前的盾皮鱼化石有胚胎和脐带构造，这使胎生记录往前推了2亿年[48]。这一时间在似哺乳类爬行动物之前，因此它们是胎生动物，胎生才能更好地适应寒冷环境。

第三，似哺乳类爬行动物体型与哺乳动物相近，并没有出现如恐龙那样的巨大体型，符合陆地恒温、胎生动物的体型特点。

根据似哺乳类爬行动物结构特点，以及它们能够较好地适应寒冷气候，它们就是哺乳动物。以往将它们纳入爬行动物的演化支，或爬行类与哺乳类之间过渡种，并没有任何依据可以支持。

在它们与哺乳类区分上，通常采用下颌骨差异区分：即下颌骨分离为几块小骨的是似哺乳类爬行动物，合并成为大骨的是哺乳类。其实，头骨等骨块合并或减少，既是从两栖类到爬行类演化的一个特点，也应该是从两栖类到哺乳类演化的一个特点，并不是区分爬行类与哺乳类的特征。哺乳动物很可能是从早期的古两栖动物演化而来，早期哺乳动物的头骨合并不够彻底，后期哺乳动物的头骨合并较彻底，显然不能以此将早期的种类剔除出哺乳动物行列。而且，一些种类在下颌骨差异上已经难分彼此，如摩尔根兽（morganucodon）下颌骨已经合并，但因其与头骨的连接是双关节型，被认为是类似爬行类，在分类上存在争议。

这种头骨划分法只是抓住了一些局部或细微差异，却忽视哺乳类和爬行类的整体构造和适应性差异，出现了本末倒置。似哺乳类爬行动物能够生存于寒冷环境，具有哺乳动物适应寒冷环境的结构特征，这才是关键性依据。以往将只有微小差异的似哺乳类爬行动物剔除出哺乳动物队列，让它们与巨大差异的爬行类过渡，制造出演化的中间过渡种，使爬行类成为哺乳类的祖先，这一处理极不靠谱，它造成哺乳动物和爬行动物演化规律的混乱。

哺乳类与爬行类演化是走向两种不同适应性，即适应寒冷与适应温暖气候。哺乳动物适应寒冷的关键在于其恒温调控机制，使动物在低温环境下能维持生物机能，正常觅食、生活。恒温调控机制必须有一系列配套的组织构造，如身体表皮和组织的高效保温构造，或胎生和哺乳方式在寒冷环境中具有更高的生存率，恒温动物一般与胎生、哺乳对应。

爬行类变温机制对适应温暖气候有着重要作用。身体变温调节可以有效减少能量消耗，更好地适应季节性食物短缺环境。变温机制也需要一系列配套的组织构造，如保水性能好的角质表皮等，而卵生方式在温暖环境中效率更高。

因此，似哺乳类爬行动物要么是具有恒温、保暖结构，适应寒冷气候，要么是具有变温、保水结构，适应温暖气候，绝不可能是两者的中间过渡类型，因为不可能先演化出适应温暖的结构，然后再转变为适应寒冷结构，在结构演化上绝不可能出现这种转变过渡，似哺乳类爬行动物就是哺乳动物。

在动物命名上，“似哺乳类爬行动物”应改名为“早期哺乳动物”为妥。这样，从早期哺乳动物到中期和后期以及现代哺乳动物，呈现哺乳动物演化的清晰脉络，成为建立哺乳动物演化规律和爬行动物演化规律的基础。

1.4　哺乳动物和爬行动物演化

哺乳动物具有适应寒冷环境结构，爬行动物具有适应温暖环境结构，将爬行类和哺乳类糅合成前后演化过渡的做法，完全是为了迎合早期进化论观点，即哺乳动物比爬行动物进步。在达尔文之前，一些学者就相信生物是沿着由低等到高等的路线前进，地层化石出现从鱼类—两栖类—爬行类—哺乳类的排列，成为哺乳类比爬行类进步的佐证，即后出的物种要比先出的物种更完善或进步。

迄今，哺乳类比爬行类进步的观点仍然流行。如一些教科书将哺乳动物当作完善或进步的典范，将动物由卵生、卵胎生、有袋类到胎生类排列，认为胎生动物较进步，或哺乳动物是“爬行动物向较高水平发展”[49]。这一观点偏离物种依存特定环境的演化本质，必须予以纠正。

事实上，在地球较热的气候周期出现“爬行动物时代”，哺乳动物向小型化方向发展，即成为较弱势的配角，同样，在地球较冷气候周期出现“哺乳动物时代”，爬行动物主要集中于地球较温暖区域，成为较弱势的配角。显然，两者的角色转换在于其结构和适应特点不同，爬行动物遵循其适应温暖气候环境的演化

规律，哺乳动物遵循其适应寒冷气候环境的演化规律。

地球既存在广阔的寒冷环境，也存在广阔的温暖环境，因此哺乳动物起源与爬行动物起源应该是分开的，即由不同的古两栖动物分别演化，分别产生适应温暖和适应寒冷的构造。事实上，爬行类和哺乳类祖先都在石炭纪时期地层发现，都可以追溯到3亿年前甚至更前年代。

生命演化在5亿年前出现了鱼类。从鱼类到陆地脊椎动物用了数千万年，再经过数千万年的演化，各种脊椎动物，包括两栖类、爬行类和哺乳类等遍布全球，这已经由古生物化石证实。由此推论，当两栖动物出现并发展产生了适应不同环境的各种古两栖类，也就产生了向陆地进军的脊椎动物结构基础，它们分别演化产生爬行动物与哺乳动物。

事实上，现代哺乳类仍然保持了某些两栖纲的类似特征，如头骨有两个枕髁、皮肤富于腺体，排泄尿素等。相比于爬行类头骨单一枕髁、皮肤缺少腺体、排泄尿酸等特点，哺乳类结构更接近两栖类而不是爬行类。证明哺乳动物产生于古两栖动物，而不是从爬行动物演化而来。

气候资料表明，在古生代的石炭－二叠纪大冰期（持续约8000万年）结束后，地球气候进入中生代温暖的大间冰期（持续约1.6亿年），之后来到气候较寒冷的新生代，出现第四纪大冰期（200万年前持续至今），在1.8万年前为第四纪大冰期最盛期[41]。

不同气候周期对应不同的优势动物种类。石炭－二叠纪为早期哺乳动物（似哺乳类爬行动物），即它们是寒冷气候周期优势种类；在三叠纪中后期主龙类等爬行动物兴起，侏罗纪、白垩纪出现大型爬行动物恐龙，即它们是温暖气候周期优势种类；在新生代早期气候温暖，哺乳动物体型较小，中后期气候逐渐趋冷，极地冰川扩大，哺乳动物体型变大，在第四纪冰期出现各种体型巨大的哺乳动物种类。可见哺乳动物和爬行动物的优势取决于气候环境变化。

在我国辽宁省西部的早白垩纪地层（1.3亿年前），发现体长1 m的巨爬兽，它算得上是中生代体型较大的哺乳动物，还有一些体形略小些的，如强壮爬兽等。科学家还发现它们与当时的恐龙竞争，如一些强壮爬兽体内含有吞食后尚未消化的鹦鹉嘴龙骨骼。说明哺乳动物在中生代的温暖气候周期继续竞争、生存，它们虽然体型变小了（化石种类减少），但仍然继续演化。

哺乳动物和爬行动物优势互见的演替历史，就是它们随着气候冷暖周期演替的历史。从古生代的兽孔类到新生代的恐角兽等，从古生代的槽齿类到中生代的恐龙等，它们都是一波又一波的地球气候波动的替换生物。气候寒冷或高温，干燥或湿热轮番转换，产生不同的优势或劣势种类，它们遵循各自的演化规律，展现出生物与环境相依存的演化本质。

必须指出的是，以往将白垩纪末恐龙灭绝当作新生代哺乳动物发展的原因，这是一种错误的观点，它违背了演化规律。在恐龙灭绝后的新生代早期气候仍然较温暖，哺乳动物一直维持较小的体型，中后期气候逐渐变冷，各种哺乳动物体型逐渐变大，它们因迁徙或扩散而纷纷亮相，出现哺乳动物的大发展。可见新生代哺乳动物大发展是气候周期转变所致，与气候改变相关，与恐龙灭绝无关。

澳洲大陆长期处于较温暖、干热的气候环境，哺乳动物的有袋类因孕期较短而能较好适应（有袋类孕期只有5周左右），成为当地的优势动物。澳洲本土爬行动物也有较大优势，因为爬行类适应温暖气候。在较温暖的第三纪早期，有袋类曾遍布南美洲和北美洲以及欧亚大陆，在气候变冷的第三纪晚期，欧亚大陆有袋类被胎生类取代，但因南美洲气候较温暖，直到现代仍然有较多种有袋类分布。可见有袋类地理分布是气候不同模式的作用

结果。

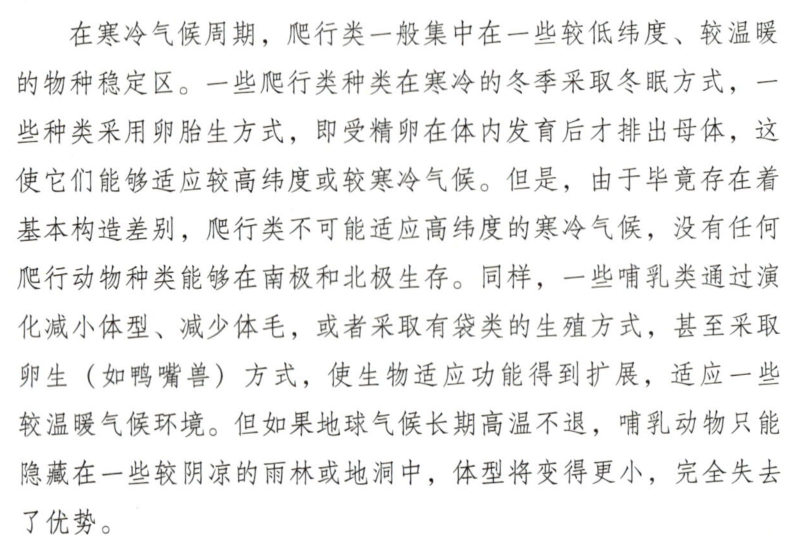

在寒冷气候周期，爬行类一般集中在一些较低纬度、较温暖的物种稳定区。一些爬行类种类在寒冷的冬季采取冬眠方式，一些种类采用卵胎生方式，即受精卵在体内发育后才排出母体，这使它们能够适应较高纬度或较寒冷气候。但是，由于毕竟存在着基本构造差别，爬行类不可能适应高纬度的寒冷气候，没有任何爬行动物种类能够在南极和北极生存。同样，一些哺乳类通过演化减小体型、减少体毛，或者采取有袋类的生殖方式，甚至采取卵生（如鸭嘴兽）方式，使生物适应功能得到扩展，适应一些较温暖气候环境。但如果地球气候长期高温不退，哺乳动物只能隐藏在一些较阴凉的雨林或地洞中，体型将变得更小，完全失去了优势。

可以预期，如果地球气候重新回到中生代温暖的气候周期，在这种气候转变中，现代的哺乳动物优势将逐渐丧失，有袋类将取代胎生类。当温暖期继续和加剧，有袋类将无法维持优势，将由爬行类取代。哺乳动物体型将变得更小，隐藏在雨林或地洞等一些湿润、阴凉环境中。大面积干燥环境将成为爬行类的天下，一些种类将发展成为体型巨大的新恐龙，即重现中生代的恐龙世界。这种气候转换与物种更替，是动物演化历史的重演，符合爬行动物演化规律和哺乳动物演化规律。

因此，以往将哺乳动物置于爬行动物之上的演化观是错误的。爬行类遵循爬行动物演化规律，哺乳类遵循哺乳动物演化规律，两者都遵循共同的生物演化基本规律，即生物演化维持物种与环境依存关系，任何物种演化性质一致。只有正确认识生物演化基本规律，才能正确认识生物演化。

主要参考文献

[1] 刘小明. 生物演化理论十大误区——由大型动物演化规律挑战达尔文进化论 [M]. 北京：清华大学出版社，2013.

[2] 刘小明. 生物演化基本规律与人类进化独特性 [J]. 生物学通报，2015，50 (5)：4－8，(6)：1－4.

[3] 刘小明. 人类进化的新模式及心理选择机制 [J]. 生物学通报，2016，51 (5)：3－7.

[4] 刘小明. 由环境变化和生殖力响应规律揭示大型动物灭绝的必然性 [J]. 生物学通报，2009，44 (10)：1－7.

[5] 刘小明. 新生代大型哺乳动物地理分布和演替模式 [J]. 生物学通报，2011，46 (1)：5－8.

[6] 刘小明. 地球气候对哺乳动物更替及人类进化的影响 [J]. 生物学通报，2010，45 (7)：1－5.

[7] 刘小明. 由环境关系揭示物种演化与人类进化性质及进步实质 [J]. 生物学通报，2011，46 (9)：1－5.

[8] 刘小明. 由演化不均衡性阐明中间过渡种缺失和大灭绝规模 [J]. 生物学通报，2012，47 (2)：1－5.

[9] 刘小明. 岛屿生物地理学理论在物种保育方面的应用误区 [J]. 生物学通报，2012，47 (6)：9－14.

[10] [法] 布丰. 自然史 [M]. 沈玉友，译. 北京：新世界出版社，2016.

[11] [英] 达尔文. 物种源始 [M]. 李虎，译. 北京：清华大学出版社，2012.

[12] [美] 迈尔. 生物学思想发展的历史 [M]. 徐长晟，译.

成都：四川教育出版社，2010.

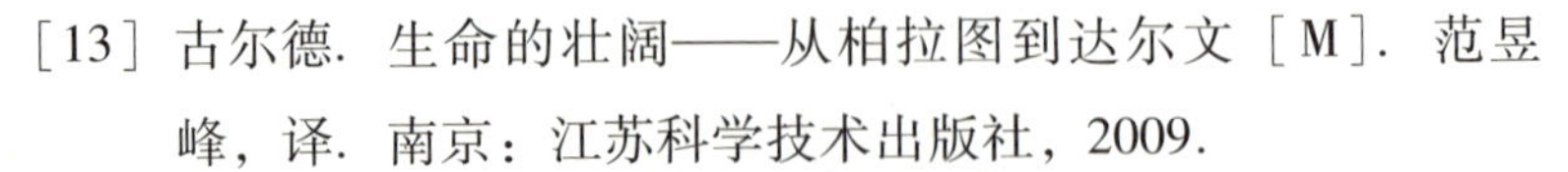

[13] 古尔德. 生命的壮阔——从柏拉图到达尔文 [M]. 范昱峰，译. 南京：江苏科学技术出版社，2009.

[14] [英]达尔文. 人类的由来及性选择 [M]. 叶笃庄，杨习之，译. 北京：科学出版社，1984.

[15] [英] 鲍勒. 进化思想史 [M]. 田名，译. 南昌：江西教育出版社，1999.

[16] 张昀. 生物进化 [M]. 北京：北京大学出版社，1998.

[17] 孙儒泳，李庆芬，牛翠娟，等. 基础生态学 [M]. 北京：高等教育出版社，2002.

[18] 朱盛侃，陈安国. 小家鼠生态特性与预测 [M]. 北京：科学出版社，1993.

[19] 张洁，钟文勤. 布氏田鼠种群繁殖的研究 [J]. 动物学报，1979，25 (3)：250 -259.

[20] 张知彬，朱靖，杨荷芳. 中国啮齿类繁殖参数的地理变异 [J]. 动物学报，1991，37 (1)：36 -46.

[21] 殷宝法，王金龙，魏万红，等. 高寒草甸生态系统中高原鼠兔的繁殖特征 [J]. 兽类学报，2004，24 (3)：222 -228.

[22] 董维惠，侯希贤，张鹏利，等. 灭鼠后布氏田鼠种群特征的研究 [J]. 生态学报，1991，11 (3)：274 -279.

[23] 刘小明. 河蚌外套膜——新结构及分泌物初步研究 [J]. 水生生物学报，1989，13 (3)：294 -296.

[24] 刘小明. 河蚌结缔组织细胞发生及发育观察 [J]. 水产学报，1991，15 (2)：124 -129.

[25] 刘小明. 淡水贝类贝壳多层构造形成研究 [J]. 动物学报，1994，40 (3)：221 -225.

[26] NAYANAH SIVA. Secret of Scotland's shrinking sheep solved [N]. Science now daily news，2009 -07 -02.

[27] 邓涛. 普氏野马的历史分布与气候控制 [J]. 兽类学报, 1999, 19 (1): 10 - 16.

[28] CHARLES DEPéRET. Les transformations du monde animal [M]. Paris: Flammarion, 1907.

[29] DIANA PUSHKINA. 西伯利亚南部旧石器时代晚期哺乳动物群动态学 [J]. 古脊椎动物学报, 2006, 44 (3): 262 - 273.

[30] SMITH C, FRETWELL S D. The optimal balance between size and mumber of offspring [J]. Amarican naturalist, 1974, 108: 499 - 506.

[31] 赵晓爱, 赵亮, 等. 鸟类生态能量学的几个基本问题. 动物学研究 [J], 2001, 22 (3): 231 - 238.

[32] RICKLEFS R E, WIKELSKI M. The physiology life history nexus [J]. Trends in ecology and evolution, 2002, 17 (10): 462 - 468.

[33] BOURLIERE F. The naturehistory of mammals [M]. London: Harrap and Co. Ltd, 1955.

[34] 苏建平, 刘季科. 哺乳动物进化过程中体重增大的原因浅析 [J]. 兽类学报, 2000, 2 (1): 58 - 66.

[35] 李典谟, 徐汝梅. 物种濒危机制和保育原理 [M]. 北京: 科学出版社, 2005.

[36] WARD P D, BOTHA J, BUICK R, et al. Abrupt and gradual extinction among late permian land vertebrates in the karoo basin, South Africa [J]. Science, 2005, 307 (5710): 709 - 714.

[37] ALVAREZ L W, et al. Extraterrestrial cause for the cretaceous-tertiary extinction [J]. Science, 1980, 208: 1095 - 1108.

[38] BENTON M J. When life nearly died: the greatest mass extinc-

tion of all time [M]. London: Thames & Hudson, 2005.
[39] WILSON E O. The diversity of life [M]. Cambridge, Massachusetts: Belknap Press of Harvard Univeristy Press, 1992.
[40] BROCHU C A. Calibration age and quartet divergence date estimation [J]. Evolution, 2004, 58 (6): 1375 -1382.
[41] 周淑贞. 气象学与气候学 [M]. 3 版. 北京: 高等教育出版社, 1997.
[42] 方精云. 全球生态学 [M]. 北京: 高等教育出版社, 2000.
[43] HAPGOOD C H. Path of the pole [M]. New York: Chilton Books, 1970.
[44] 吴国清, 丁铭. 飞不起来的苍鹰 [J/OL]. 新华网, 2002 -03 -20.
[45] ELDREDGE N, GOULD S J. Punctuated equilibria: an alternative to phyletic gradualism [M]. // SCHOPE. Models in paleobiology. San Francisco: T J M Freeman, Cooper & Co, 1972, 82 -115.
[46] [英]考克斯, 穆尔. 生物地理学: 生物进化的途径 [M]. 7 版. 赵铁桥, 译. 北京: 高等教育出版社, 2007.
[47] HOPSON, JAMES A. The mammal-like reptiles: a study of transitional fossils [J]. The American Biology Teacher, 1987, 49 (1): 16 -26.
[48] LONG J A, TRINAJSTIC K, YOUNG G C, et al. Live birth in the devonian period [J]. Nature, 2008, 453: 650 -652.
[49] 刘凌云, 郑光美. 普通动物学 [M]. 4 版. 北京: 高等教育出版社, 2009.
[50] MACARTHUR R H, DIAMOND J M, KARR J R. Density compensation in island faunas [J]. Ecology, 1972, 53: 330 - 342.

[51] DIAMOND J M. Historic extinctions: a rosetta stone for understanding prehistoric extinctions [M]. //Martin P S, Klein R G. Quaternary extinctions: a prehistoric revolution. Tucson: University of Arizona Press, 1984, 824 - 862.

[52] MACARTHUR R H, WILSON E O. The theory of island biogeography [M]. Princeton: Princeton University Press, 1967.

[53] 迟德富，孙凡，严善春，等. 保护生物学 [M]. 哈尔滨：东北林业大学出版社，2005.

[54] 武永华. 雌性藏羚迁徙对青藏高原降水时空分布的适应性分析 [J]. 兽类学报，2007，27 (3)：298 - 307.

[55] 金昌柱，秦大公，潘文石，等. 广西崇左三合大洞新发现的巨猿动物群及其性质 [J]. 科学通报，2009，54 (6)：765 - 773.

[56] SIMPSON G G. The meaning of evolution [M]. Connecticut: Yale University Press, 1949.

[57] DOBZANSKY T. et al. Evolution [M]. San Francisco: Freeman and Co. , 1977.

[58] STEPHEN TOMKINS. The origins of humankind [M]. Cambridge: Cambridge University Press, 1998.

[59] PICKFORD, MARTIN. Discovery of earliest hominid remains [J]. Science, 2000 (December): 2065.

[60] BRUNET M, et al. A new hominid from the upper miocene of chad, Central Africa [J]. Nature, 2002, 418: 145 - 151.

[61] BERGER L R, et al. Australopithecus sediba: a new species of homo-like australopith from South Africa. Science, 2010, 328 (5975): 195 - 204.

[62] [美] 诺埃尔，拉塞尔. 龙骨山——冰河时代的直立人传奇 [M]. 陈淳，等，译. 上海：上海辞书出版社，2011.

[63] 尚玉昌. 动物使用工具. 生物学通报，2001，36 (4)：7-9.

[64] WALLACE A R. Sir Charles Lyell on geological climates and the origin of species [J]. Quarterly review，1869 (April)，391-394.

[65] WILSON E O. Sociobiology：the new synthesis [M]. Cambridge，MA：Belknap Press，1975.

[66] 史钧. 进化！进化？达尔文背后的战争 [M]. 沈阳：辽宁教育出版社，2010.

[67] [美] 弗朗斯·德瓦尔. 人类的猿性——一位权威的灵长类动物学家对人类的解读 [M]. 胡飞飞，等，译. 上海：上海科学技术文献出版社，2011.

[68] DIAMOND J M. The third chimpanzee：the evolution and future of the human animal [M]. New York：HarperCollins Publishers，1992.

[69] [英] 德斯蒙德·莫利斯著. 裸猿 [M]. 何道宽，廖七一，译. 上海：复旦大学出版社，2010.

[70] MAYR E. Toward a new philosophy of biology [M]. Cambridge，Massachusetts：Harvard University Press，1988.

[71] 李建会. 进化不是进步吗？——古尔德的反进化性进步观批判 [J]. 自然辩证法研究，2016 (1)：3-9.

[72] [美] 詹腓力. "审判" 达尔文 [M]. 钱锟，等，译. 北京：中央编译出版社，1999.

[73] 张坚一. 达尔文的妄想：一个 "伟大" 的科学笑话 [M]. 北京：光明日报出版社，2012.

[74] [美] 杰里·科恩. 为什么要相信达尔文 [M]. 叶盛，译. 北京：科学出版社，2009.

[75] [美] 古尔德. 自达尔文以来：进化论的真相和生命的奇迹 [M]. 田名，译. 海南：海南出版社，2016.

[76] 董国安．进化论的结构——生命演化研究的方法论基础［M］．北京：人民出版社，2011.
[77]［美］克里斯多佛·威尔斯．人类演化的未来：普罗米修斯的后代［M］．王晶，译．北京：社会科学文献出版社，2002.

术 语 表

环境（environment）：围绕某一生物周围的生态系统，包括自然环境和其他与它们密切相关的生物。

演化（evolution）：种群内的遗传改变，往往随着时间推移出现可以观察到的物种特征改变。演化包括大演化和小演化，前者指身体形态发生巨大改变，后者指发生微小变化。

适合度（fitness）：演化生物学的专业术语，指不同等位基因的携带者产下的后代数量之比。产下后代越多，适合度越高。也可以有更通俗的理解：指一个有机体对其生活环境及生活方式的适应程度。

物种（species）：生物分类的基本单位。彼此相像和近缘的一个生物种群或系列生物种群。在有性生殖生物中，在自然条件下能相互自由交配而不能与其他物种成员交配的生物种群或系列生物种群。

种群（population）：生物学上同一时期同一地区属于同一物种的生物群体。

基因（gene）：遗传物质的基本单位。

自然选择（natural selection）：物种存在变异和对环境适应差异，使一些个体能更好地生存和繁殖，造成从一代到下一代的传递过程中，等位基因的非随机差异化复制，物种逐渐发生变化。

属（genus）：生物分类法中的一级，一群来源于共同祖先、彼此之间非常相似的生物物种。

科（family）：生物分类法中的一级，界于“属”和“目”

之间，由几个“属”的生物组成一个“科”。

目（order）：生物分类法中的一级，界于“科”和“纲”之间，由几个“科”的生物组成一个“目”。

生物多样性（biological diversity）：在生物的所有层次上所表现出来的多种多样性。从同一物种基因多样性到种属、科直到所有分类等级的多样性等。

生态学（ecology）：研究生物与它们的环境，包括生存环境和在该环境中的其他生物之间相互作用的一门科学。

生态位（ecological niche）：又称小生境或是生态龛位，生态位是一个物种所处的环境以及其本身生活习性的总称。每个物种都有自己独特的生态位，借以跟其他物种做出区别。生态位包括该物种觅食的地点，食物的种类和数量，还有其每日的和季节性的生物节律。

灭绝（extinction）：是指某支生物谱系的演化终结或整支谱系的消亡。当一个物种的最后一个个体死亡后，称该物种灭绝。

脊椎动物（vertebrate）：凡具有由围绕着中枢神经索的骨节组成的脊椎骨的动物。包括鱼类、两栖类、爬行类、鸟类和哺乳类。

爬行类（reptilia）：一类体被角质鳞片、在陆地繁殖的变温羊膜动物，如鳄鱼、蛇和龟等。

哺乳类（mammal）：其特征是具有乳腺分泌乳汁和体表被有毛发，一般为胎生，如猴子、猩猩等。

有袋类（marsupial）：这类动物大多腹部有一育儿袋，内具有乳腺。如袋鼠或负鼠等。

两栖类（amphibian）：一类具有水生脊椎动物和陆生脊椎动物的双重特性动物。如青蛙或蝾螈等。

人族（homolog）：人与黑猩猩的共同祖先分化为两支，一支成为现代黑猩猩，另一支成为现代人类。在上述分化发生后，存在于现代人类这一侧的所有物种，无论是现存的还是已经灭绝的，统称为人族。

古生代（paleozoic era）：时间范围为5.7亿年前至2.5亿年前，相继出现鱼类、两栖类、爬行类以及似哺乳类爬行动物。

中生代（mesozoic era）：时间范围为2.5亿年前至6500万年前，中生代以大型爬行类（恐龙等）占优势。

新生代（cenozoic era）：时间范围为6500万年前一直持续到今天，新生代以哺乳动物的高度繁盛为特征。

大冰期（great ice age）：大冰期是指地球上气候寒冷，极地冰盖增厚、广布，中、低纬度地区有时也有强烈冰川作用的地质时期。大冰期气候并非恒定不变，气候相对较寒冷的时期称为冰期，较温暖的时期称间冰期，它们相互交替。冰期由于大量水分在陆地积聚成冰层，海平面较低，间冰期陆地冰层融化，海平面上升，即产生海退和海浸现象。

石炭－二叠纪大冰期（carboniferous permian great ice age）：即晚古生代大冰期，距今3.5亿～2.7亿年，最冷期在2.7亿～2.8亿年前，温度下降至少在10 ℃以上，对南半球如澳洲、南美和南非等影响较明显，许多地方发现的冰碛岩厚达1000 m。

晚新生代大冰期（late cenozoic great ice age）：即第四纪大冰期，大约从200万年前开始至今。以极地冰川和中高纬度地区的山岳冰川的覆盖为主要特征，依冰川覆盖面积的变化，可划分出几次冰期和间冰期，现代处于较温暖间冰期。据估计，在晚更新世末次冰期的最盛时期，世界大陆有32%的面积被冰川覆盖，冰川总面积为现今的3倍，海平面下降130 m左右，气温较今低7 ℃以上。

二叠纪－三叠纪灭绝事件（rermian-triassic extinction event）：约2.5亿年前。据认为有70%的陆地生物和96%的海洋

生物灭绝，陆地物种灭绝主要有兽孔类和昆虫等，海洋灭绝主要是无脊椎动物等。关于灭绝原因有急剧式和缓慢式两种解释，急剧式认为可能发生了小行星撞击和火山爆发等，缓慢式认为是气候变化。本书由气候周期变化和演化规律解释这次灭绝，灭绝规模远小于以往结果。

白垩纪－第三纪灭绝事件（cretaceous-tertiary extinction event）：约6550万年前，恐龙等大型动物灭绝。关于灭绝原因的解释有多种，目前主流观点认为是小行星撞击或火山爆发。本书由大型动物演化规律解释恐龙灭绝。

晚更新世灭绝事件（late pleistocene extinction event）：约1.1万年前，包括猛犸象、披毛犀等大型动物发生灭绝，最严重灭绝发生在北美，超过65%的大型动物灭绝。关于灭绝原因的解释有多种，主流观点认为人类捕杀等影响较大。本书由大型动物演化规律解释本次灭绝。

生物地理学（Biogeography）：研究动植物在地球表面分布的学科。

古北界（palearctic realm）：以欧亚大陆为主的动物地理区。包括整个欧洲、北回归线以北的非洲和阿拉伯半岛、喜马拉雅山脉和秦岭以北的亚洲。古北界是面积最大的一个动物地理区。

新北界（nearctic realm）：包括整个北美洲，北抵格陵兰岛，南达墨西哥中部高原。

埃塞俄比亚界（Ethiopian realm）：包括阿拉伯半岛南部、撒哈拉沙漠以南的整个非洲大陆、马达加斯加岛及附近岛屿。

新热带界（neotropical realm）：包括整个中美、南美大陆、墨西哥南部以及西印度群岛。新热带界拥有全球最大的亚马逊雨林。

澳洲界（Australian realm）：包括澳洲大陆、新西兰、塔斯马尼亚以及附近的太平洋上的岛屿。

东洋界（oriental realm）：包括亚洲南部喜马拉雅山以南和我国南部、印度半岛、斯里兰卡岛、中南半岛、马来半岛、菲律宾群岛、苏门答腊岛、爪哇岛和加里曼丹岛等大小岛屿。东洋界拥有仅次于新热带界的第二大的热带雨林。

间断平衡论（punctuated equilibrium）：间断平衡论是1972年由艾德里奇和古尔德提出的。1980年在芝加哥召开的有各国生物学家和古生物学家参加的专题讨论会上，人们以压倒多数的意见支持这一理论。其要点是：①认为新种只能通过线系分支产生，古生物学中的“时间种”（即通过线系进化产生的表型上可区别的分类单位）是不存在的；②新种只能以跳跃的方式快速形成，新种一旦形成就处于保守的或进化停滞状态，直到下一次种形成事件发生之前，表型上不会有明显变化；③进化是跳跃与停滞相间，不存在匀速、平滑、渐进的进化；④适应进化只能发生在种形成过程中，因为物种在其长期的稳定时期不发生表型的进化改变。

间断平衡论对古生物化石缺少中间演化类型进行了新的解释。认为生物的进化不像达尔文所言是一个缓慢的连续渐变积累的过程，而是长期的稳定与短暂的剧变交替的过程，一个系谱（pedigree）长期所处的静止或平衡状态被短期的、爆发性的大进化所打破，伴随着产生大量新物种，以此解释了物种的“大灭绝”和“大爆发”现象。

拉马克学说（Lamarckism）：由法国博物学家拉马克创立。拉马克进化学说包括几点：①物种是可变的，而不是神创造的。②生物是从低等向高等转化的。③环境变化可以引起物种变化，环境变化直接导致变异的发生以适应新的环境。④用进废退和获得性遗传，即经常使用的器官发达，不使用就退化，这种变化是可遗传的。

达尔文进化论（Darwin′s theory of evolution）：由英国博物

学家达尔文创立的、以自然选择为核心的进化论。基本观点是：①证明生物是变异的。②变异是逐渐发生的。③物种强大繁殖力超过自然承受力，必然有生存竞争和优胜劣汰。④物种变异各不同，只有适应环境的变种能成功生存和将优势遗传给下一代。⑤对物种竞争胜败的裁决是自然选择。

现代综合进化论（modern synthetic theory of evolution）：即现代达尔文主义，由美国学者杜布赞斯基等人创立。是将达尔文的自然选择学说与现代遗传学、古生物学以及其他学科的有关成就综合起来，用以说明生物进化、发展的理论。基本观点是：①基因突变、染色体畸变和通过有性杂交实现的基因重组是生物进化的原材料。②进化的基本单位是群体而不是个体。③自然选择决定进化的方向。④隔离导致新种的形成。

后　记

本书所有观点都源自于我发表在《生物学通报》上的系列论文。首先以论文形式发表新观点，再集结成书，这成为我的风格。相对而言，发表过的观点比较成熟，因为经过编辑和审稿专家反复审阅，几经修改，论文才得以公开发表。因此，本书背后也有专家们默默的奉献。

在近 10 年的时间里，我一直思考生物演化和人类进化问题。人为何如此不同？什么原因使人与猿分异？在发表一系列的演化文章、出版《生物演化理论十大误区——由大型动物演化规律挑战达尔文进化论》一书之后，我终于明白了人的进化原因和机制，并发表了《人类进化的新模式和心理选择机制》等关键论文。由于新发现与之前的演化规律环环相扣、前后呼应，构成一套比较完整的生物历史观和思想观，如今编撰成书，值得庆贺。

与多数科学大众一样，我曾被一些天文学、地理学、生物学等不解之谜深深吸引，如恐龙的产生和灭绝问题，产生寻求真相的欲望。我通过引经据典查找线索、分析原因，逐渐形成对地球生物演化历史的基本认识。我在大学时期受过系统的生物学基础教育，这对我理解生命演化有很大帮助。

生物大灭绝问题是历史的疑案，感兴趣的研究者既有一些严肃的专家学者，也有一些专业不对口的行外人士，甚至还有一些被称为“民科”的民间高人，大家看法各异。如在恐龙灭绝问题上，主流派认为恐龙灭绝是受到小行星偶然撞击的灾难所致，非主流派人士则以气候、食物、病菌等各种因素进行解释，可查到的结果竟然有百种之多。林林总总的研究报告，令人眼花缭乱，我也成了“恐龙迷”。

经过逻辑分析，去伪存真，我发现动物生殖问题是重大突破口，因为遍布各地的恐龙蛋似乎是在无声地诉说，有蛋不能孵化必有原因。我随后以生殖问题为重点，对不同动物生殖力与环境关系做比较，渐渐发现其规律性，还亲自施以小实验，获得可靠证据，最后归纳成动物生殖力响应规律。通过该规律，我对大型动物灭绝原因进行论证，并撰写论文。但此文发表过程之艰辛，非浓墨重彩不足以抒怀。

论文初稿完成于2005年年底，直至2009年10月发表，几年中前后共寄出40多份修改稿，辗转于国内多家主流生物学期刊。一旦收到退稿通知，又再修改或重新投寄，然则无一成功。曾有权威人士断言，此文章观点“毫无科学价值”，更多的是不明不白的退稿。论文发表之难，难以言表。

在我几乎气馁之际，忽获得高人（某杂志编辑）指点，建议向某些刊物投稿。随后我以“由环境变化和生殖力响应规律揭示大型动物灭绝的必然性”为题，投稿到《生物学通报》，不想此番果真顺利，文章获得发表。至此，所有艰辛和困惑烟消云散。

一鼓作气，乘胜追击。我以大型动物演化规律为突破口，解决历史上大型动物产生和灭绝事件、演化中间过渡种缺失、岛屿物种易灭绝原因等问题。关键脉络打通，一通百通，许多重大的历史纷争和问题迎刃而解。

我的初衷只是想破解恐龙灭绝的历史难题，不料发现大型动物演化规律，生物演化的基本规律也不期而至，从而解决了生物进步标准、进化定义等问题，形成“演化”和“进化”不同的概念。如此一来，达尔文进化论的问题浮出水面，成为非解决不可的“大难题”。

举一个简单例子：生存竞争和自然选择使一些物种越来越强

大，这种观点是包括我在内的多数人从小到大接受过的各层次教材里所宣扬的观点，我一直深信不疑。但是，动物变大、变强却招致退化、灭绝，因为这些动物不能演化出人的智慧脑袋，不能摆脱大型动物演化规律，使物种走到了尽头。这真是一个令人诧异的结论，说明人是超越演化规律的唯一进步动物，人的性质已经发生改变。如此，人的进化不能再混于生物演化中，这就如同皇帝的新衣，一旦被揭穿，也就赤裸裸了。我幸运地成为那个说出了真话的小孩，真感到有点意思。

一种责任感促使我出版此书。有一位生物学博士生在读了我的《生物演化理论十大误区——由大型动物演化规律挑战达尔文进化论》之后，说“彻底被其中的理论所震撼”，认为他有必要打破思维定式，“对知识架构进行重构”。但是，如何重构？谈何容易！我认为他会遇到大麻烦，因为要面对“进化论”这个“科学巨人”。这种担忧促使我再次写作，我应该为后生学者正确的“知识重构”扫除更多的障碍。

达尔文进化论长期主导学术界，每一个挑战者都是一介小人物，要撼动它如同蚍蜉撼树。虽然达尔文已经寿终正寝，但他的理论已经成为一棵荫护的大树，正所谓大树底下好乘凉。世界顶级刊物《自然》《科学》等都是其文章的炮制者，它们不可能认错；还有不少研究机构，花了纳税人的大量资金，或发掘了一大堆的古猿化石当作人的祖先，它们也不能认错。

我有时觉得，自己好像西班牙作家塞万提斯笔下走火入魔的堂吉诃德，手握一支长矛大战邪恶“巨人”。但想想又不太对，毕竟我的观点和系列论文已在国内生物学的核心刊物上发表，说明有一批生物学专家、学者在默默地支持。真正的问题是，“巨人”太强大了，它以沉默就足以抗衡一切！

达尔文推论“姿势产生人”，甚至就连一个实质性证明都没有见到。进化论充斥一些含糊用语，或一些使人迷糊的“陷阱”，也许在理论界已经习以为常。但是，人类的独特性和神奇发展的事实，已经不容许我们再将“进化”与“演化”混为一谈。

进化论经由几代人的构筑，成为生命科学各分支学科的指导思想，各种专著、教材或网络传媒大量引用，资料不难查阅。本书目的只是阐明问题，对一些作者的错误观点或说法，一般不再具体注明出处或指名道姓。由于本人才疏学浅，书中存在错误在所难免，敬请读者批评指正。

现将诸论文观点集结成书出版，首先应感谢《生物学通报》编辑和审稿专家，他们使我的系列论文得以发表面世。每篇论文由收稿、审稿，修改到发表，凝聚着审稿人的真知灼见和辛勤汗水，他们是真正的生物学高手。这里向雷竹光先生表示谢意，承蒙他制作插图。最后向中山大学出版社和责任编辑曾育林等致谢。

刘小明

2017. 12. 15